21 世纪高等院校机械设计制造及其自动化专业系列教材

数控铣床操作与编程

主 编 时 建

副主编 练军峰 王校春 李 举

中国水利水电出版社
www.waterpub.com.cn

内 容 提 要

本教材以 FANUC 0i 系统为例讲述数控铣床、加工中心的编程与操作的知识与技能。根据专业培养目标和数控铣床、加工中心操作工国家职业资格标准逐级分解形成课程教育目标，并细化落实课程单元的教学目标，以工作过程导向重构课程结构和知识序列，设计学习情境，选择实现课程目标的载体，以典型工作任务为中心来重新整合相应的知识、技能，组织课程内容，形成工作任务引领型课程。

本书可作为技师学院、高级技校、高职院校的数控技术专业、机械制造专业、模具设计与制造专业、机电一体化专业的教材，也可作为各类职业技能培训机构的鉴定培训教程。

图书在版编目（C I P）数据

数控铣床操作与编程 / 时建主编. -- 北京 ： 中国
水利水电出版社，2010.1
　（21世纪高等院校机械设计制造及其自动化专业系列
教材）
　ISBN 978-7-5084-7122-8

　Ⅰ . ①数… Ⅱ . ①时… Ⅲ . ①数控机床：铣床－操作
－高等学校－教材②数控机床：铣床－程序设计－高等学
校－教材 Ⅳ . ①TG547

中国版本图书馆CIP数据核字(2009)第241474号

策划编辑：石永峰　　责任编辑：宋俊娥　　封面设计：李 佳

书　　名	21世纪高等院校机械设计制造及其自动化专业系列教材 数控铣床操作与编程
作　　者	主 编 时 建 副主编 练军峰 王校春 李 举
出版发行	中国水利水电出版社 （北京市海淀区玉渊潭南路 1 号 D 座　100038） 网址：www.waterpub.com.cn E-mail: mchannel@263.net（万水） 　　　　sales@waterpub.com.cn 电话：（010）68367658（发行部）、82562819（万水）
经　　售	北京科水图书销售中心（零售） 电话：（010）88383994、63202643、68545874 全国各地新华书店和相关出版物销售网点
排　　版	北京万水电子信息有限公司
印　　刷	三河市鑫金马印装有限公司
规　　格	184mm×260mm　16 开本　17.5 印张　453 千字
版　　次	2010 年 1 月第 1 版　2012 年 12 月第 2 次印刷
印　　数	3001—5000 册
定　　价	29.00 元

前　言

本教材遵循职业成长规律和教育规律，根据数控铣床/加工中心操作工专业培养目标和国家职业资格标准逐级分解形成课程教育目标，并细化落实为各单元的教学目标。

本教材以"工作过程导向"重构课程结构和知识序列，设计学习情境，选择实现课程目标的载体，以典型工作任务为中心来重新整合相应的知识、技能，组织课程内容，形成工作任务引领型教材。

本教材选择典型零件产品为教学载体，充分结合广大院校的教学实习设备的现状，对任务载体进行教学化处理，重点是集中、全面反映工作过程所需知识点，并去除了过多重复、过于烦琐的内容，从而使源于企业的载体更具典型意义，该教材将企业工作流程与规范、先进的企业文化引入教学中，实现教学过程与工作过程融为一体，做到"教、学、做"合一，理论与实践一体化。任务从简单到复杂，从个体到系统（机械零件或机构）。模块一至模块四按中级工标准设置，以理论与仿真为主，实操为辅进行一体化教学。模块五至模块八按高级工标准设置，以理论、仿真、实操相结合进行一体化教学。模块九至模块十一按技师鉴定标准设置，以理论、实操为主，仿真为辅进行一体化教学。

本教材由山东技师学院机械工程系主持编写，本书编者中练军峰、王校春、曲亚冰、李举、蔡文斌、冯建栋、冷雨、龙吉业、李溪、李银涛等教师均在历届全国数控技能大赛中获得优异成绩并具有数控类高级技师职业资格，时建、赵冠琳、孙磊等老师均获得工学硕士学位，多名编写人员具有丰富的企业一线生产经验。

在教材编写过程中，得到了山东技师学院领导的大力支持，各位参编老师和数控专业各位老师提出了许多宝贵意见。在此，向帮助支持本书编写的领导和老师表示衷心的感谢。

由于时间仓促，编著者水平有限，不足之处仍在所难免，欢迎读者和同行们提出宝贵意见和建议，对我们进行鞭策和鼓励。

编　者

2010 年 1 月

目　　录

前言

模块一　数控铣床的基本操作……………………1
　　任务一　数控机床概述……………………1
　　任务二　数控机床编程基础……………10
　　任务三　仿真软件简介……………………12
　　任务四　数控铣床基本操作……………22
　　思考与练习……………………………………33
模块二　平面零件的铣削……………………35
　　思考与练习……………………………………67
模块三　轮廓类零件的加工………………69
　　思考与练习……………………………………85
模块四　多槽类零件的铣削………………86
　　思考与练习…………………………………113
模块五　孔类零件的加工…………………115
　　思考与练习…………………………………137
模块六　坐标系变换类零件的加工……138
　　任务一　五边形零件的铣削…………138
　　任务二　旋转类零件的铣削…………144
　　任务三　比例缩放与镜像类零件的铣削………150
　　思考与练习…………………………………158

模块七　曲面类零件的加工………………161
　　任务一　圆形槽的加工…………………162
　　任务二　椭圆槽的加工…………………165
　　任务三　半圆球曲面的加工…………172
　　任务四　固定循环宏程序的编写……177
　　思考与练习…………………………………187
模块八　配合类零件的加工………………189
　　思考与练习…………………………………202
模块九　薄壁类零件的加工………………203
　　思考与练习…………………………………214
模块十　螺纹的铣削加工…………………215
　　思考与练习…………………………………224
模块十一　零件的多轴加工………………225
　　任务一　旋转体表面刻字……………225
　　任务二　圆柱凸轮零件的加工………234
　　思考与练习…………………………………242
附录一　数控铣床/加工中心技能鉴定练习题……243
附录二　常用数控系统指令格式……………253
参考文献………………………………………………273

模块一 数控铣床的基本操作

能力目标：

- 数控机床的基本概念
- 数控机床编程基础
- 仿真软件简介
- 数控铣床基本操作

相关知识：

- 数控机床的发展史
- 文件的存储与打开，机床、刀具、毛坯的选择等

图 1-1 为汉字"五一"的加工零件图，本模块利用数控机床的手动功能完成此项任务，为了完成该项任务，必须了解数控机床的基本知识、编程基础、仿真软件的使用方法以及数控机床的基本操作方法。

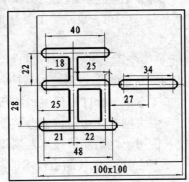

图 1-1 汉字的铣削加工零件图

任务一 数控机床概述

任务分析

随着社会生产和科学技术的不断发展，各行各业都离不开的机械产品日趋精密复杂，同时对机械产品的质量和生产率也提出了越来越高的要求，此时普通机床已经无法满足生产需要，必须有一种技术密集度及自动化程度很高的机电一体化加工设备来代替它，即本任务中提到的数控机床，如图 1-2 所示。

这一部分主要介绍数控机床的一系列基本知识，包括数控机床的发展史及趋势、数控机床的工作原理及组成、数控机床的特点及应用、数控机床的分类等。通过本任务的学习，从整体上对数控机床有所了解。

图 1-2   数控机床

一、数控机床的发展史及趋势

数控机床是用数字化信号对机床的运动及其加工过程进行控制的机床。它是一种技术密集度及自动化程度很高的机电一体化加工设备。数控加工是根据被加工零件的图样和工艺要求，编制成以数字表示的程序，输入到机床的数控装置或控制计算机中，以控制工件和工具的相对运动，使之加工出合格零件的方法。在数控加工过程中，如果数控机床是硬件的话，数控工艺和数控程序则相当于软件，两者缺一不可。数控加工工艺是伴随着数控机床的产生、发展而逐步完善的一种应用技术。

1948 年，美国帕森斯公司接受美国空军委托，研制飞机螺旋桨叶片轮廓样板的加工设备。由于样板形状复杂多样，精度要求高，一般加工设备难以适应，于是提出计算机控制机床的设想。1949 年，该公司在美国麻省理工学院（MIT）伺服机构研究室的协助下，开始数控机床研究，并于 1952 年试制成功第一台由大型立式仿形铣床改装而成的三坐标数控铣床，不久即开始正式生产，于 1957 年正式投入使用。这是制造技术发展过程中的一个重大突破，标志着制造领域中数控加工时代的开始。数控加工是现代制造技术的基础，这一发明对于制造行业而言具有划时代的意义和深远的影响。

半个世纪以来，数控系统经历了两个阶段和六代的发展。两个阶段是数控（NC）阶段（1952～1970 年）和计算机数控（CNC）阶段（1970 年至今）。其中数控阶段历经了三代，即 1952 年的第一代——电子管；1959 年的第二代——晶体管；1965 年的第三代——小规模集成电路。到 1970 年，通用小型计算机业已出现并成批生产，于是将它移植过来作为数控系统的核心部件，从此进入了计算机数控（CNC）阶段，这一阶段到目前为止也经历了三代，即 1970 年的第四代——小型计算机；1974 年的第五代——微处理器和 1990 年的第六代——基于 PC（国外称为 PC-BASED）。

目前来看，数控技术未来主要的发展方向包括以下几方面：

（1）继续向开放式、基于 PC 的第六代方向发展。基于 PC 具有开放性、低成本、高可靠性、软硬件资源丰富等特点，更多的数控系统生产厂家会走上这条道路，至少是采用 PC 机作为它的前端机，来处理人机界面、编程、联网通信等问题，由原有的系统承担数控的任务。PC 机所具有的友好的人机界面，将普及到所有的数控系统。远程通信、远程诊断和维修将更加普遍。

（2）向高速化和高精度化发展。

（3）向智能化方向发展。随着人工智能在计算机领域的不断渗透和发展，数控系统的智能化程度将不断提高。

1）应用自适应控制技术。数控系统能检测过程中的一些重要信息，并自动调整系统的有关参数，达到改进系统运行状态的目的。

2）引入专家系统指导加工。将熟练工人和专家的经验、加工的一般规律和特殊规律存入系统中，以工艺参数数据库为支撑，建立具有人工智能的专家系统。

3）引入故障诊断专家系统。

4）智能化数字伺服驱动装置。可以通过自动识别负载，而自动调整参数，使驱动系统获得最佳的运行。

二、数控机床的工作原理及组成

1. 数控机床的工作原理

数控机床是采用了数控技术的机床，它是用数字信号控制机床运动及其加工过程。具体地说，将刀具移动轨迹等加工信息用数字化的代码记录在程序介质上，然后输入数控系统，经过译码、运算，发出指令，自动控制机床上的刀具与工件之间的相对运动，从而加工出形状、尺寸与精度符合要求的零件，这种机床即为数控机床。

2. 数控机床的组成

数控机床一般由输入输出设备、数控装置（CNC）、伺服单元、驱动装置（或称执行机构）、可编程控制器（PLC）及电气控制装置、辅助装置、机床本体及测量装置组成。图1-3是数控机床的硬件构成。

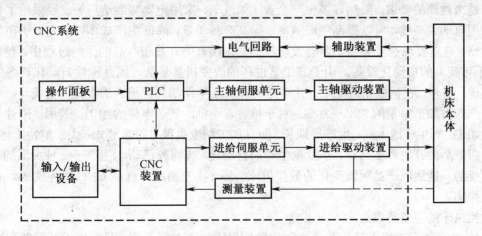

图 1-3　数控机床的硬件构成

（1）输入和输出装置。输入和输出装置是机床数控系统和操作人员进行信息交流、实现人机对话的交互设备。

输入装置的作用是将程序载体上的数控代码变成相应的电脉冲信号，传送并存入数控装置内。目前，数控机床的输入装置有键盘、磁盘驱动器、光电阅读机等。输出装置的作用是数控系统通过显示器为操作人员提供必要的信息。

（2）数控装置（CNC 装置）。数控装置是计算机数控系统的核心，是由硬件和软件两部分组成的。

　　它接收的是输入装置送来的脉冲信号，信号经过数控装置的系统软件或逻辑电路进行编译、运算和逻辑处理后，输出各种信号和指令，控制机床的各个部分，使其进行规定的、有序的动作。这些控制信号中最基本的信号是各坐标轴（即作进给运动的各执行部件）的进给速度、进给方向和位移量指令（送到伺服驱动系统驱动执行部件作进给运动），还有主轴的变速、换向和启停信号，选择和交换刀具的刀具指令信号等。

　　（3）伺服单元。伺服单元接收来自数控装置的速度和位移指令。这些指令经伺服单元变换和放大后，通过驱动装置转变成机床进给运动的速度、方向和位移。因此，伺服单元是数控装置与机床本体的联系环节，它把来自数控装置的微弱指令信号放大成控制驱动装置的大功率信号。伺服单元分为主轴单元和进给单元等，伺服单元就其系统而言又有开环系统、半闭环系统和闭环系统之分。

　　（4）驱动装置。驱动装置把经过伺服单元放大的指令信号变为机械运动，通过机械连接部件驱动机床工作台，使工作台精确定位或按规定的轨迹作严格的相对运动，加工出形状、尺寸与精度符合要求的零件。目前常用的驱动装置有直流伺服电动机和交流伺服电动机，且交流伺服电动机正逐渐取代直流伺服电动机。

　　（5）机床本体。数控机床的机床本体与传统机床相似，由主轴传动装置、进给传动装置、床身、工作台以及辅助运动装置、液压气动系统、润滑系统、冷却装置等组成。但数控机床在整体布局、外观造型、传动系统、刀具系统的结构以及操作机构等方面都已发生了很大的变化。这种变化的目的是为了满足数控机床的要求和充分发挥数控机床的特点。

三、数控机床的特点及应用

　　随着科学技术和市场经济的不断发展，对机械产品的质量、生产率和新产品的开发周期提出了越来越高的要求。虽然许多生产企业（如汽车、家用电器等制造厂）已经采用了自动机床和专用自动生产线，可以提高生产效率、提高产品质量、降低生产成本，但是由于市场竞争日趋激烈，这就要求企业必须不断开发新产品。在频繁的开发新产品的生产过程中，使用"刚性"（不可变）的自动化设备，由于其工艺过程的改变极其复杂，因此刚性自动化设备的缺点暴露无遗。另外，在机械制造业中，并不是所有产品零件都具有很大的批量。据统计，单件小批量生产约占加工总量的75%～80%。对于单件、小批，复杂零件的加工，若用"刚性"自动化设备加工，则生产成本高、生产周期长，而且加工精度也很难符合要求。为了解决上述问题，并满足新产品的开发和多品种、小批量生产的自动化，国内外已研制生产了一种灵活的、通用的、万能的、能适应产品频繁变化的数控机床。图1-4左图所示就是CNC数控铣床，右图所示是数控加工中心。

　　数控机床的主要特点是：

　　（1）加工对象改型的适应性强。利用数控机床加工改型零件，只需要重新编制程序就能实现对零件的加工。它不同于传统的机床，不需要制造、更换许多工具、夹具和量具，更不需要重新调整机床。因此，数控机床可以快速地从加工一种零件转变为加工另一种零件，这就为单件、小批量以及试制新产品提供了极大的便利。它不仅缩短了生产准备周期，而且节省了大量工艺装备费用。

　　（2）加工精度高。数控机床是以数字形式给出指令进行加工的，目前数控装置的脉冲当量（即每输出一个脉冲后数控机床移动部件相应的移动量）一般达到了0.001mm，也就是1μm，而进给传动链的反向间隙与丝杠螺距误差等均可由数控装置进行补偿，因此，数控机床能达到比较高的加工精度和质量稳定性。这是由数控机床结构设计采用了必要的措施以及具有机电结合的特点决定的。首先是在结构上引入了滚珠丝杠螺母机构、各种消除间隙结构等，使机械传动的误差尽可能小；其次是采用了软件精度补偿技术，使机械误差进一步减小；第三是用程序控制加工，减少了人为因素对加工精度的影响。这些措施不仅保证了较高的加工精度，同时保持了较高的质量稳定性。

图 1-4　数控机床

（3）生产效率高。零件加工需要的时间包括在线加工时间与辅助时间两部分。数控机床能够有效地减少这两部分时间，因而加工生产率比一般机床高得多。数控机床主轴转速和进给量的范围比普通机床的范围大，每一道工序都能选用最有利的切削用量，良好的结构刚性允许数控机床进行大切削用量的强力切削，有效地节省了在线加工时间。数控机床移动部件的快速移动和定位均采用了加速与减速措施，由于选用了很高的空行程运动速度，因而消耗在快进、快退和定位上的时间要比一般机床少得多。

数控机床在更换被加工零件时几乎不需要重新调整机床，而零件又都安装在简单的定位夹紧装置中，可以节省用于停机进行零件安装调整的时间。

数控机床的加工精度比较稳定，一般只做首件检验或工序间关键尺寸的抽样检验，因而可以减少停机检验的时间。在使用带有刀库和自动换刀装置的数控加工中心时，在一台机床上实现了多道工序的连续加工，减少了半成品的周转时间，生产效率的提高更为明显。

（4）自动化程度高。数控机床对零件的加工是按事先编好的程序自动完成的，操作者除了操作面板、装卸零件、关键工序的中间测量以及观察机床的运行之外，其他的机床动作直至加工完毕，都是自动连续完成的，不需要进行繁重的重复性手工操作，劳动强度与紧张程度均可大为减轻，劳动条件也得到相应的改善。

（5）良好的经济效益。使用数控机床加工零件时，分摊在每个零件上的设备费用是较昂贵的。但在单件、小批生产情况下，可以节省工艺装备费用、辅助生产工时、生产管理费用及降低废品率等，因此能够获得良好的经济效益。

（6）有利于生产管理的现代化。用数控机床加工零件，能准确地计算零件的加工工时，并有效地简化了检验和工夹具、半成品的管理工作。这些特点都有利于使生产管理现代化。

数控机床在应用中也有不利的一面，如提高了起始阶段的投资，对设备维护的要求较高，对操作人员的技术水平要求较高等。

四、数控机床的分类和特点

1. **数控机床的分类**
数控机床的分类有多种方式。

（1）按数控机床的运动轨迹分类。按照能够控制的刀具与工件间相对运动的轨迹，可将数控机床分为点位控制数控机床、点位直线控制数控机床、轮廓控制数控机床等。

1）点位控制数控机床。这类机床的数控装置只能控制机床移动部件从一个位置（点）精确地移动到另一个位置（点），即仅控制行程终点的坐标值，在移动过程中不进行任何切削加工，至于两相关点之间的移动速度及路线则取决于生产率。为了在精确定位的基础上有尽可能高的生产率，两相关点之间的移动先是快速移动到接近新的位置，然后降速 1～3 级，使之慢速趋近定位点，以保证其定位精度。

这类机床主要有数控坐标镗床、数控钻床、数控冲床和数控测量机等，其相应的数控装置称为点位控制装置。

2）点位直线控制数控机床。这类机床工作时，不仅要控制两相关点之间的位置（即距离），还要控制两相关点之间的移动速度和路线（即轨迹）。其路线一般都由和各轴线平行的直线段组成。它和点位控制数控机床的区别在于：当机床的移动部件移动时，可以沿一个坐标轴的方向（一般也可以沿 45°斜线进行切削，但不能沿任意斜率的直线切削）进行切削加工，而且其辅助功能比点位控制的数控机床多，例如，要增加主轴转速控制、循环进给加工、刀具选择等功能。

这类机床主要有简易数控车床、数控镗铣床和数控加工中心等。相应的数控装置称为点位直线控制装置。

3）轮廓控制数控机床。这类机床的控制装置能够同时对两个或两个以上的坐标轴进行连续控制。加工时不仅要控制起点和终点，还要控制整个加工过程中每点的速度和位置，使机床加工出符合图纸要求的复杂形状的零件。它的辅助功能也比较齐全。

这类机床主要有数控车床、数控铣床、数控磨床和电加工机床等。其相应的数控装置称为轮廓控制装置（或连续控制装置）。

（2）按伺服系统的控制方式分类。数控机床按照对被控制量有无检测反馈装置可以分为开环、闭环和半闭环三种。

1）开环控制数控机床。在开环控制中，机床没有检测反馈装置，如图 1-5 所示。

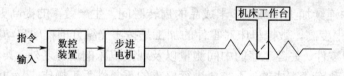

图 1-5　开环控制系统框图

数控装置发出信号的流程是单向的，所以不存在系统稳定性问题。也正是由于信号的单向流程，它对机床移动部件的实际位置不作检验，所以机床加工精度不高，其精度主要取决于伺服系统的性能。工作过程是：输入的数据经过数控装置运算分配出指令脉冲，通过伺服机构（伺服元件常为步进电机）使被控工作台移动。这种机床工作比较稳定、反应迅速、调试方便、维修简单，但其控制精度受到限制。它适用于一般要求的中、小型数控机床。

2）闭环控制数控机床。由于开环控制精度达不到精密机床和大型机床的要求，所以必须检测它的实际工作位置，为此，在开环控制数控机床上增加检测反馈装置，在加工中时刻检测机床移动部件的位置，使之和数控装置所要求的位置相符合，以期达到很高的加工精度。

闭环控制系统框图如图 1-6 所示。图中 A 为速度测量元件，C 为位置测量元件。当指令值发送到位置比较电路时，若工作台没有移动，则没有反馈量，指令值使得伺服电机转动，通过 A 将速度反馈信号送到速度控制电路，通过 C 将工作台实际位移量反馈回去，在位置比较电路中与指令值进行比较,用比较的差值进行控制,直至差值消除时为止,最终实现工作台的精确定位。这类机床的优点是精度高、速度快,但是调试和维修比较复杂。其关键是系统的稳定性,所以在设计时必须对稳定性给予足够的重视。

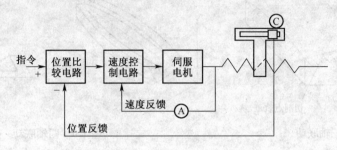

图 1-6　闭环控制系统框图

3)半闭环控制数控机床。半闭环控制系统的组成如图 1-7 所示。

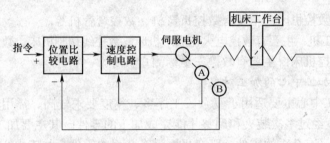

图 1-7　半闭环控制系统框图

这种控制方式对工作台的实际位置不进行检查测量,而是通过与伺服电机有联系的测量元件,如测速发电机 A 和光电编码盘 B(或旋转变压器)等间接检测出伺服电机的转角,推算出工作台的实际位移量,半闭环控制系统框图用此值与指令值进行比较,用差值来实现控制。从图可以看出,由于工作台没有完全包括在控制回路内,因而称之为半闭环控制。这种控制方式介于开环与闭环之间,精度没有闭环高,调试却比闭环方便。

(3)按联动坐标轴数划分。

1)两轴联动数控机床。主要用于数控车床加工旋转曲面或数控铣床加工曲线等。

2)二轴半联动数控机床。主要用于三轴以上机床的控制,其中,两根轴可以联动,而另外一根轴可以做周期性进给。

3)三轴联动数控机床。X、Y、Z 三轴可同时插补联动。用三坐标联动加工曲面时,通常也用行切方法。如图 1-8 所示,三轴联动的数控刀具轨迹可以是平面曲线或者空间曲线。三坐标联动加工常用于复杂曲面的精确加工(如精密锻模)。但编程计算较为复杂,所用的数控装置还必须具备三轴联动功能。

4)四轴联动数控机床。除了 X、Y、Z 三轴平动之外,还有工作台或者刀具的转动。如图 1-9 所示,侧面为直纹扭曲面。若在三坐标联动的机床上用圆头铣刀按行切法加工时,不但生产率低,而且光洁度差。为此,采用圆柱铣刀周边切削,并用四坐标铣床加工,即除三个直角坐标运动外,为保证刀具与工件型面在全长始终贴合,刀具还应绕 O_1(或 O_2)作摆角联动。由于摆角运动,导致直角坐标系(图中 Y)需作附加运动,其编程计算较为复杂。

5)五轴联动数控机床。除了 X、Y、Z 三轴的平动外,还有刀具旋转、工作台的旋转。螺旋桨是五坐标加工的典型零件之一。

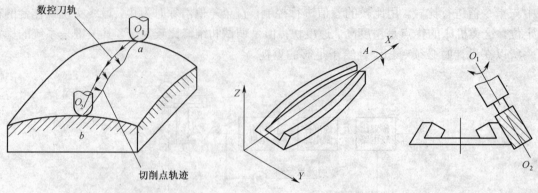

图 1-8　三轴联动　　　　　　　　　　　　图 1-9　四轴联动

（4）按工艺用途分类。

1）金属切削类数控机床：普通数控机床主要有数控车床、数控铣床、数控钻床、数控磨床、加工中心等。

2）金属成形类数控机床：主要有数控折弯机、数控弯管机等。

3）数控特种加工机：主要有数控电火花成形机床、数控线切割机床、数控激光切割机床等。

4）其他类型数控机床：主要有数控三坐标测量机等。

2.　数控铣床、加工中心的加工对象

数控铣床、加工中心主要适用于复杂、工序多、精度要求较高、需用多种类型普通机床和繁多刀具、工装、经过多次装夹和调整才能完成加工的零件。其主要加工对象有以下五类。

（1）既有平面又有孔系的零件。既有平面又有孔系的零件是加工中心首选的加工对象，这类零件常见的有箱体类零件和盘、套、板类零件。

1）箱体类零件，箱体类零件很多。箱体类零件一般要进行多工位孔系及平面加工，如图1-10（a）所示。精度要求较高，特别是形状精度和位置精度较严格，通常要经过铣、钻、扩、镗、铰、锪、攻螺纹等工步，需要刀具较多，在普通机床上加工难度大，工装套数多，精度不易保证。在加工中心上一次安装可完成普通机床的 60%～95% 的工序内容，零件各项精度一致性好，质量稳定，生产周期短。

（a）箱体零件　　　　　　　　　　　（b）十字盘零件

图 1-10　以平面和孔系为主的零件

2）盘、套、板类零件。这类零件端面上有平面、曲面和孔系，径向也常分布一些径向孔，如图1-10（b）所示。加工部位集中在单一端面上的盘、套、板类零件宜选择立式加工中心，加工部位不是位于同一方向表面上的零件宜选择卧式加工中心。

（2）结构形状复杂、普通机床难加工的零件。主要表面由复杂曲线、曲面组成的零件，加工时，需要多坐标联动加工，这在普通机床上是难以甚至无法完成的，加工中心是加工这类零件最有效的设备。最常见的典型零件有以下几类：

1）凸轮类。这类零件有各种曲线，如盘形凸轮、圆柱凸轮、圆锥凸轮和端面凸轮等，加工时，可根据凸轮表面的复杂程度，选用三轴、四轴或五轴联动的加工中心。

2）整体类。如常见叶轮、船舶水下推进器等，它除具有一般曲面加工的特点外，还存在许多特殊的加工难点，如通道狭窄，刀具很容易与加工表面和邻近曲面产生干涉等。图 1-11 所示是叶轮，它的叶面是典型的三维空间曲面，加工这样的曲面可采用四轴以上的加工中心。

3）模具类。常见的模具有锻压模具、铸造模具、注塑模具及橡胶模具等。图 1-12 所示为某型电器盒壳的注塑模具，由于工序高度集中，动模、静模等关键件基本上可在一次安装中完成全部的机加工内容，尺寸累计误差及修配工作量小。同时，模具的可复制性强，互换性好。

图 1-11　叶轮

图 1-12　电器盒壳

（3）外形不规则的异型零件。异型零件是指支架、拨叉这一类外形不规则的零件，例如图 1-13 所示的异型支架，大多要点、线、面多工位混合加工。由于外形不规则，普通机床上只能采取工序分散的原则加工，需用工装较多，周期较长。利用加工中心多工位点、线、面混合加工的特点，可以完成大部分甚至全部工序的内容。

图 1-13　异型支架

（4）加工精度较高的中小批量零件。针对加工中心的加工精度高、尺寸稳定的特点，对加工精度较高的中小批量零件，选择加工中心加工，容易获得所要求的尺寸精度和形状位置精度，并可得到很好的互换性。

（5）特殊加工。在加工中心可以进行特种加工。例如，在主轴上安装高频电火花电源，可对金属表面进行表面淬火。

任务二　数控机床编程基础

任务分析

规定数控机床坐标轴及运动方向，是为了准确地描述机床的运动，简化程序的编制方法，并使所编程序有互换性。目前国际标准化组织已经统一了标准坐标系。我国机械工业部也颁布了 JB3051—82《数字控制机床坐标和运动方向的命名》的标准，对数控机床的坐标和运动方向作了明文规定。

本任务主要针对数控机床坐标系和运动方向进行一系列的介绍，包括坐标和运动方向命名的原则、标准坐标系的规定、运动方向的确定、机床坐标系和工件坐标系以及机床参考点等。

知识链接

一、坐标和运动方向的命名原则

数控机床的进给运动是相对的，为了使编程人员能在不知道是刀具移向工件还是工件移向刀具的情况下，可以根据图样确定机床的加工过程，特规定：永远假定刀具相对于静止的工件坐标系而运动。

二、标准坐标系的规定

在数控机床上加工零件，机床的动作是由数控系统发出的指令来控制的。为了确定机床的运动方向和移动距离，就要在机床上建立一个坐标系，这个坐标系就叫标准坐标系，也叫机床坐标系。在编制程序时，就可以以该坐标系来规定运动方向和距离。

数控机床上的坐标系是采用右手直角笛卡尔坐标系，如图 1-14 所示。在图中，中指所指的方向为传递主切削力的方向及 Z 轴的正方向，大拇指的方向为 X 轴的正方向，食指为 Y 轴的正方向。图 1-15 为标准立式数控铣床的机床坐标系。

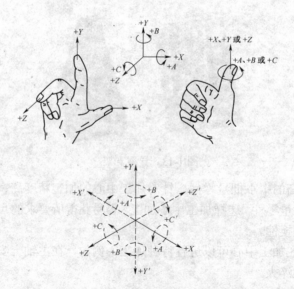

图 1-14　右手直角笛卡尔坐标系统

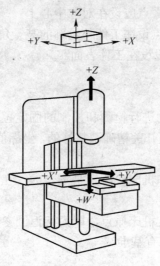

图 1-15　立式升降台铣床

三、运动方向的确定

JB3051—82 中规定：机床某一部件运动的正方向，是增大工件和刀具之间的距离的方向。

1. Z 坐标

Z 坐标的运动，是由传递切削力的主轴决定的。对立式数控铣床而言，主轴是垂直分布的，主轴旋转带动刀具旋转切削工件，是传递切削力的轴，所以确定为 Z 坐标。

2. X 坐标

X 坐标一般是水平的，它垂直于 Z 轴且平行于工件的装夹平面。它是刀具或定位平面内运动的主要坐标。对于立式数控铣床，面对刀具主轴向立柱方向看，刀具向右的方向为 X 方向。

3. Y 坐标

Y 坐标轴垂直于 X、Z 坐标轴。在确定数控机床的坐标系时，一般首先确定 Z 轴，然后确定 X 轴，最后根据右手笛卡尔坐标系确定 Y 坐标。

4. 旋转运动 A、B、C

A、B、C 相应地表示其轴线平行于 X、Y、Z 的旋转运动。A、B、C 正方向相应地表示在 X、Y 和 Z 坐标正方向上，右旋螺纹前进的方向。

四、机床坐标系和工件坐标系

数控机床的坐标系分为机床坐标系和工件坐标系（编程坐标系）。机床坐标系是机床固有的坐标系，它是制造和调整机床的基础，也是设置工件坐标系的基础。机床坐标系在出厂前已经调整好，一般情况下，不允许用户随意变动。机床原点为机床的零点，它是机床上的一个固定点，由生产厂家在设计机床时确定。

工件坐标系又称编程坐标系，是编程时使用的坐标系，用来确定工件几何形体上各要素的位置。工件坐标系的原点即为工件零点。工件零点的位置是任意的，它是编程人员在编制程序时根据零件的特点选定的。在选择工件零点的位置时应注意：

（1）工件零点应选在零件图的尺寸基准上，这样便于坐标值的计算，并减少错误。

（2）工件零点尽量选在精度较高的工件表面上，以提高被加工零件的加工精度。

（3）对于对称的零件，工件零点应设在对称中心上。

（4）对于一般零件，工件零点设在工件外轮廓的某一角上。

（5）Z 轴方向上的零点，一般设在工件表面。

五、机床参考点

机床参考点是用于对机床运动进行检测和控制的固定位置点。机床参考点的位置是由机床制造厂家在每个进给轴上用限位开关精确调整好的，坐标值已输入数控系统中。因此参考点对机床原点的坐标是一个已知数。

通常在数控铣床上机床原点和机床参考点是重合的；在数控车床上机床参考点是离机床原点最远的极限点。

数控机床开机时，必须先确定机床原点，即刀架返回参考点的操作。只有机床参考点被确认后，刀具（或工作台）移动才有基准。

任务三　仿真软件简介

任务分析

宇龙数控加工仿真系统是基于虚拟现实的仿真软件，本软件是为了满足企业数控加工仿真和教育部门数控技术教学的需要，由上海宇龙软件工程有限公司研制开发。本系统可以实现对数控铣床、加工中心和数控车床加工全过程的仿真，其中包括毛坯定义与夹具，刀具定义与选用，零件基准测量和设置，数控程序输入、编辑和调试，加工仿真以及各种错误检测功能。具有仿真效果好，针对性强，宜于普及等特点。本任务主要是介绍该软件的使用方法。

知识链接

一、项目文件

项目文件的内容包括机床、毛坯、经过加工的零件、选用的刀具和夹具、在机床上的安装位置和方法、输入参数、工件坐标系、刀具长度和半径补偿数据、输入的数控程序。

1. 新建项目文件

在"文件"菜单中选择"新建项目"；选择新建项目后，系统被初始化。

2. 保存项目文件

在"文件"菜单中选择"保存项目"或"另存项目"；选择需要保存的内容，单击"确定"按钮。如果保存一个新的项目或者需要以新的项目名保存，选择"另存项目"，当内容选择完毕，还需要输入项目名。

保存项目时，选择项目要保存的位置，此时系统自动以文件名建立一个文件夹，内容都保存在该文件夹之中，如图 1-16 所示。

3. 打开文件

打开项目文件会弹出"是否保存当前修改的项目"对话框，可根据用户的需要选择。打开选中的项目文件夹，在文件夹中选中并打开后缀名为 mac 的文件，如图 1-17 所示。

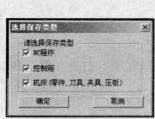

图 1-16 保存文件

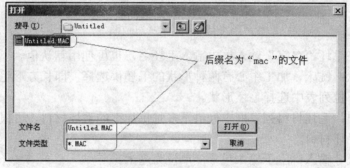

图 1-17 打开文件对话框

4. 选择机床类型

打开菜单"机床→选择机床…",在"选择机床"对话框中选择控制系统类型和相应的机床并单击"确定"按钮,此时界面如图 1-18 所示。

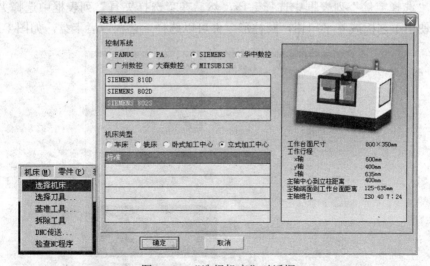

图 1-18 "选择机床"对话框

二、毛坯

1. 定义毛坯

打开菜单"零件→定义毛坯"或在工具条上选择⏀，打开如图1-19所示的对话框。

长方形毛坯定义　　　　　　　　　圆形毛坯定义

图1-19　定义毛坯对话框

输入名字：在毛坯"名字"输入框内输入毛坯名，也可使用默认值。

选择毛坯形状：铣床、加工中心有两种形状的毛坯供选择，即长方形毛坯和圆柱形毛坯。可以在"形状"下拉列表中选择毛坯形状。

选择毛坯材料：毛坯材料列表框中提供了多种供加工的毛坯材料，可根据需要在"材料"下拉列表中选择毛坯材料。

输入参数：尺寸输入框用于输入尺寸，单位为毫米。

保存退出：单击"确定"按钮，保存定义的毛坯并且退出本操作。

取消退出：单击"取消"按钮，退出本操作。

2. 使用夹具

打开菜单"零件→安装夹具"命令或者在工具条上选择图标🪑，打开操作对话框。

首先在"选择零件"列表框中选择毛坯，然后在"选择夹具"列表框中选择夹具，长方体零件可以使用工艺板或者平口钳，圆柱形零件可以选择工艺板或者卡盘，如图1-20所示。

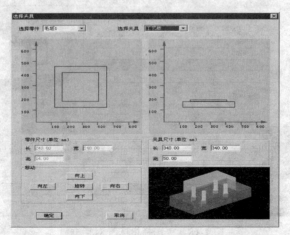

图1-20　选择夹具对话框

"夹具尺寸"输入框显示的是系统提供的尺寸，用户可以修改工艺板的尺寸。

各个方向的移动按钮供操作者调整毛坯在夹具上的位置。

车床没有这一步操作，铣床和加工中心也可以不使用夹具，让工件直接放在机床台面上。

3. 放置零件

打开菜单"零件→放置零件"命令或者在工具条上选择图标 🔧，系统弹出操作对话框，如图 1-21 所示。

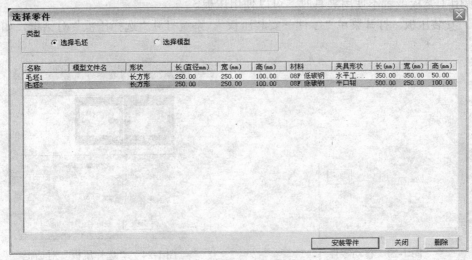

图 1-21　"选择零件"对话框

在列表中单击所需的零件，选中的零件信息加亮显示，单击"安装零件"按钮，系统自动关闭对话框，零件和夹具（如果已经选择了夹具）将被放到机床上。对于卧式加工中心还可以在上述对话框中选择是否使用角尺板。如果选择了使用角尺板，在放置零件时，角尺板同时出现在机床台面上。

如果进行过"导入零件模型"的操作，对话框的零件列表中会显示模型文件名，如图 1-22 所示。若在类型列表中选择"选择模型"，则可以选择导入零件模型文件。选择的零件模型即经过部分加工的成型毛坯被放置在机床台面或卡盘上。

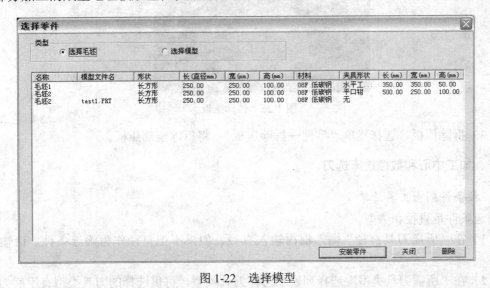

图 1-22　选择模型

4. 调整零件位置

零件可以在工作台面上移动。毛坯放上工作台后，系统将自动弹出一个小键盘，如图 1-23 所示，通过按动小键盘上的方向按钮，实现零件的平移和旋转或车床零件调头。小键盘上的"退出"按钮用于关闭小键盘。选择菜单"零件→移动零件"也可以打开小键盘。请在执行其他操作前关闭小键盘。

5. 使用压板

当使用工艺板或者不使用夹具时，可以使用压板。

（1）安装压板。打开菜单"零件→安装压板"。系统打开"选择压板"对话框，如图 1-24 所示。

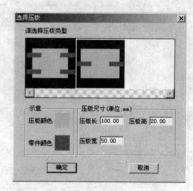

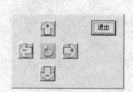

图 1-23　移动零件　　　　　　　　图 1-24　"选择压板"对话框

对话框中列出各种安装方案，可以拉动滚动条浏览全部许可的方案。然后选择所需要的安装方案，单击"确定"按钮，压板将出现在台面上。

在"压板尺寸"框中可更改压板长、高、宽。范围：长 30～100；高 10～20；宽 10～50。

（2）移动压板。打开菜单"零件→移动压板"。系统弹出小键盘，操作者可以根据需要平移压板，但是不能旋转压板。首先用鼠标选择需移动的压板，被选中的压板变成灰色；然后按动小键盘中的方向按钮操纵压板移动，如图 1-25 所示。

图 1-25　移动压板

（3）拆除压板。选择菜单"零件→拆除压板"，将拆除全部压板。

三、加工中心和数控铣床选刀

1. 按条件列出工具清单

筛选条件是直径和类型。

（1）在"所需刀具直径"输入框内输入直径，如果不把直径作为筛选条件，请输入数字 0。

（2）在"所需刀具类型"选择列表中选择刀具类型。可供选择的刀具类型有平底刀、平底带 R 刀、球头刀、钻头、镗刀等。

（3）单击"确定"按钮，符合条件的刀具在"可选刀具"列表中显示。

2．指定刀位号

对话框下半部中的序号，如图 1-26 所示，就是刀库中的刀位号。卧式加工中心允许同时选择 20 把刀具；立式加工中心允许同时选择 24 把刀具。对于铣床，对话框中只有 1 号刀位可以使用。单击"已经选择刀具"列表中的序号指定刀位号。

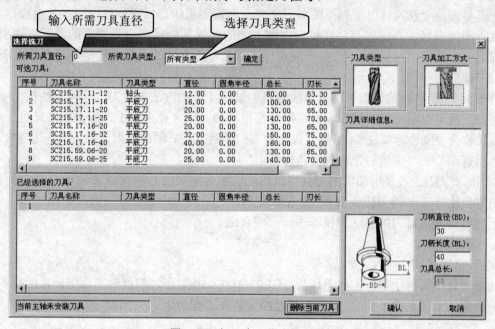

图 1-26　加工中心指定刀位号

3．选择需要的刀具

指定刀位号后，单击"可选刀具"列表中的所需刀具，选中的刀具对应显示在"已经选择的刀具"列表中选中的刀位号所在行。

4．输入刀柄参数

操作者可以按需要输入刀柄参数。参数有直径和长度两个。总长度是刀柄长度与刀具长度之和。

5．删除当前刀具

单击"删除当前刀具"按钮可删除此时"已经选择的刀具"列表中光标所在行的刀具。

6．确认选刀

选择完全部刀具，单击"确认"按钮完成选刀操作。或者单击"取消"按钮退出选刀操作。

加工中心的刀具在刀库中，如果在选择刀具的操作中同时要指定某把刀安装到主轴上，可以先用光标选中，然后单击"添加到主轴"按钮。铣床的刀具自动装到主轴上。

四、工件坐标系

1．对刀概述

对刀操作就是设定刀具上某一点在工件坐标系中坐标值的过程，对于圆柱形铣刀，一般是指刀刃底平面的中心，对于球头铣刀，也可以指球头的中心。实际上，对刀的过程就是在机床坐标系中建立工件坐标系的过程。

数控铣床或加工中心建立工件坐标系的指令是 G54~G59，根据程序中所用的不同坐标系指令，我们需要在刀具补偿画面的[工件系]子画面中相应的 G54~G59 里面设定相应的数值，这个数值是工件坐标系原点位置在机床坐标系中的坐标值。在没有特殊说明的情况下，以下举例一律认为程序中的工件坐标系是用 G54 建立的。

根据以上原理，在对刀之前必须要进行过返回参考点操作，即建立了机床坐标系，否则对刀数据将变得无意义。以下列举的对刀实例全部假定机床已经进行过返回参考点操作。

由于不同直径大小的刀具装在机床主轴上去的时候其回转中心是固定的，所以如果多把刀具同用一个工件坐标系 X、Y 轴只需对一次，而每把不同的刀具长度是不一样的，所以 Z 轴每把刀都要对一次。

对于 X 轴和 Y 轴的对刀，可以直接用铣刀试切工件的方法来对刀，这种方法称为"试切法"对刀。也可以将一根精度和表面粗糙度都很高的光轴夹在主轴上，配合着塞尺进行对刀，这种方法称为"刚性靠棒法"。另外还有几种专门的对 X、Y 轴的仪器，称为"寻边器"，常见的寻边器有偏心式寻边器和光电式寻边器。

Z 轴的对刀，一般是用相应的刀具用试切法或配合塞尺的方法找到 Z 轴对刀点。另外有一种专门方便进行 Z 轴对刀的仪器——Z 轴设定器。

下面将对常用对刀的方法和仪器进行一些介绍。

2. 试切法对刀

（1）单边试切法对 X、Y、Z 轴。

针对一具体实例：某一工件毛坯为一 100×100×50 矩形。编程时工件坐标系的原点在毛坯的一个角点上（见图 1-27），并且工件已经安装在工作台上。

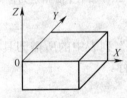

图 1-27　工件坐标系原点示意

加工这一工件的刀具为 φ10 的直柄立铣刀，我们已经将这把铣刀装到了主轴上。

先对 X 轴，步骤如下：

1）工作方式切换到[手动]或[手轮]工作方式，将刀具快速移动到工件左侧，即 X 轴负方向位置，刀具落到工件以下大约 10mm 左右位置，如图 1-28 所示。

2）主轴正转。如果开机后已执行 S 指令指定过转速，可以直接单击操作面板上的[主轴正转]按钮转动主轴，如果没有执行过 S 指令，可以打到[MDI]工作方式指定转速后，再切换到[手动]或[手轮]模式下转动主轴。

3）切换到[手轮]模式下，将刀具沿 X 轴正方向靠近工件，在刀具非常接近工件的时候要转换到小倍率移动，以提高对刀精度，观察到刀具一旦切到工件立即停止移动。切到工件越少对刀精度越高。

4）这时需要计算一下现在的 X 轴坐标应该是多少，考虑到这条边是 X0 位置，而刀具半径为 5mm，所以此位置刀具中心的坐标应该是 X-5.。

图 1-28 刀具移动到工件左侧

5）打开刀补画面的[坐标系]子画面，将光标移动到 G54 的 X 位置，如图 1-29 所示，在输入缓冲区输入 X 轴的当前坐标 X-5.（注意加小数点），单击软键[测量]，如图 1-30 所示。

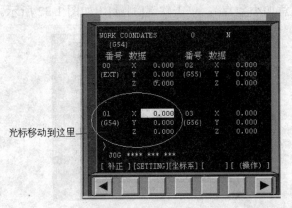

图 1-29 刀补画面

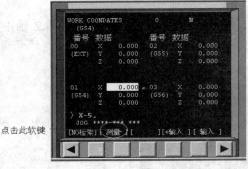
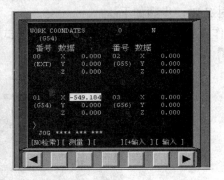

图 1-30 输入 X-5.后单击[测量]

再对 Y 轴，步骤如下：

1）工作方式切换到[手动]或[手轮]工作方式，将刀具快速移动到工件前侧，即 Y 轴负方向位置，刀具落到工件以下大约 10mm 左右位置，如图 1-31 所示。

2）主轴正转。

3）切换到[手轮]模式下，将刀具沿 Y 轴正方向靠近工件，在刀具非常接近工件的时候要转换到小倍率移动，观察到刀具一旦切到工件立即停止移动。

4）这时需要计算一下现在的 Y 轴坐标应该是多少，考虑到试切的这条边是 Y0 位置，而刀具半径为 5mm，所以此位置刀具中心的坐标应该是 Y-5.。

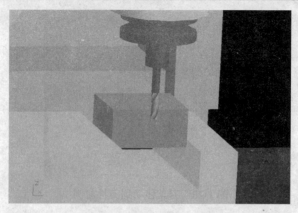

图 1-31　刀具移动到工件前侧

5）打开刀补画面的[坐标系]子画面，将光标移动到 G54 的 Y 位置，在输入缓冲区输入 Y 轴的当前坐标 Y-5.（注意加小数点），单击软键[测量]，如图 1-32 所示。

图 1-32　Y 轴坐标系设置画面

最后对 Z 轴，步骤如下：

1）工作方式切换到[手动]或[手轮]工作方式，将刀具快速移动到工件上方，即 Z 轴正方向位置，如图 1-33 所示。

图 1-33　刀具移动到工件上方

2）主轴正转。

3）切换到[手轮]模式下，将刀具沿 Z 轴负方向靠近工件，在刀具非常接近工件的时候要转换到小倍率移动，观察到刀具一旦切到工件立即停止移动。

4）这时需要计算一下现在的 Z 轴坐标应该是多少，考虑到试切的高度是 Z0 位置，所以此位置刀具的底部坐标应该是 Z0 。

5）打开刀补画面的[坐标系]子画面，将光标移动到 G54 的 Z 位置，在输入缓冲区输入 Z 轴的当前坐标 Z0。单击软键[测量]。

三轴都对好后的[坐标系]画面如图 1-34 所示。

注意事项：

① 显然，试切法对刀精度受操作者操作水平和经验影响较大。另外，单边试切对刀精度还与铣刀本身的精度有关。据笔者实践，在对刀表面比较光滑的钢件上用试切法对刀，对刀精度可以控制在 0.05mm 左右。

② 试切法对刀过程中会切到工件表面，所以，试切法对刀适用于对刀的基准表面比较粗糙，或允许有切伤的工件表面（比如对刀表面在加工完毕后会被切除）。

③ 试切法对刀方法快捷简单，不需要其他工具，甚至在对刀后不用换刀而直接进行加工操作，所以试切法对刀是对于一些对刀精度不高的工件常用的对刀方法。

（2）双边试切取中法对 X、Y 轴。

如图 1-35 所示，工件毛坯为一 100×100×50 矩形。编程时工件坐标系的原点在毛坯的中间上方，并且工件已经安装在工作台上。

图 1-34　三轴都对好后的[坐标系]画面

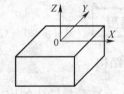

图 1-35　工件坐标系原点示意图

同样假定加工这一工件的刀具为 φ10 的直柄立铣刀，并且我们已经将这把铣刀装到了主轴上。

先对 X 轴，步骤如下：

1）工作方式切换到[手动]或[手轮]工作方式，将刀具快速移动到工件左侧，即 X 轴负方向位置，刀具落到工件以下大约 10mm 左右位置。

2）主轴正转。

3）切换到[手轮]模式下，将刀具沿 X 轴正方向靠近工件，在刀具非常接近工件的时候要转换到小倍率移动，观察刀具切到工件马上停止移动。

4）将 X 轴的相对坐标清零。

5）在[手动]或[手轮]工作模式下，将刀具抬起高于工件，然后移动到工件的右侧，即 X 轴正方向位置，刀具落到工件以下大约 10mm 左右位置。

6）切换到[手轮]模式下，将刀具沿 X 轴负方向靠近工件，在刀具非常接近工件的时候要转换到小倍率移动，观察刀具切到工件马上停止移动。

7）观看 X 轴的相对坐标值（假设读数为 X109.8），计算中间值（计算结果为 X54.9），抬起刀具，手动移动刀具到 X 坐标的中间位置（X54.9）。

8）打开刀补画面中的[坐标系]子画面，将光标移动到 G54 的 X 上，在输入缓冲区输入 X0，单击[测量]软键。

对 Y 轴，步骤如 X 轴，这里不再重复。

注意事项：

① 在试切 X 轴两边的过程中一般 Y 轴不要移动，同样在对 Y 轴的时候，X 轴位置不要移动，这样能够减少由于毛坯面的不对称度引起的对刀误差。

② 双边试切取中可以抵消刀具直径误差对对刀精度的影响，同时也会抵消刀具切入工件深浅的一部分误差，所以对刀精度较单边试切法要高许多。

③ 双边试切可以不用考虑工件的实际尺寸大小而将零点对在工件的中心，这个特点十分适用于不必明确知道毛坯尺寸的工件。

④ 双边试切法同样会切伤工件，所以试切的位置也要选择允许有切痕的地方。

任务四　数控铣床基本操作

任务分析

如何对数控铣床进行操作是本部分的主要内容，本任务以 FANUC 0i 标准立式铣床面板为例进行系统的学习，主要包括面板的分类和组成、面板功能键的作用及扩展、如何合理使用控制面板和操作面板等。本任务以汉字的铣削"五一"为例，通过实际操作来巩固铣床操作的基本知识。

知识链接

一、面板结构

FANUC 0i 系统数控铣床的控制面板如图 1-36 所示。

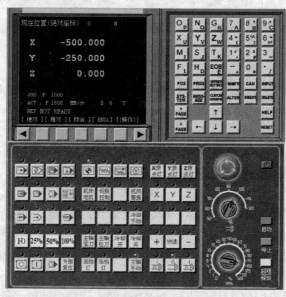

图 1-36　数控铣床/加工中心的控制面板

机床面板分为上下两大部分：上半部分为 FANUC 0i 系统操作面板，下半部分为机床操作面板。

对于不同机床厂家制造的数控铣床/加工中心，如果采用的是 FANUC 0i 系统，其系统面板部分是一样的，但机床操作面板部分的各功能按钮布局与结构会有所不同。各厂家提供的按钮功能多少也会略有不同。

二、系统操作面板

如图 1-37 所示为 FANUC 0i 系统的操作面板，分为 MDI 键盘（右半部分）和 CRT 显示器（左半部分）。

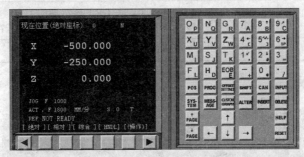

图 1-37　FANUC 0i 系统操作面板

MDI 键盘用于程序编辑、参数输入等功能。MDI 键盘上各个键的功能说明列于表 1-1 中。

表 1-1　FANUC 0i 系统操作面板上的按键功能

序号	名称	按键	功能
1	翻页键	PAGE PAGE	按键 PAGE 实现左侧 CRT 中显示内容的向上翻页；按键 PAGE 实现左侧 CRT 显示内容的向下翻页
2	光标移动键	↑ ← ↓ →	移动 CRT 中的光标位置。按键 ↑ 实现光标的向上移动；按键 ↓ 实现光标的向下移动；按键 ← 实现光标的向左移动；按键 → 实现光标的向右移动
3	字符键	O N G 7 8 9 X Y Z 4 5 6 M S T 1 2 3 F H EOB 0 .	实现字符的输入，单击 SHIFT 键后再单击字符键，将输入右下角的字符。例如：单击 O 将在 CRT 的光标所处位置输入 O 字符，单击软键 SHIFT 后再单击 O 将在光标所处位置处输入 P 字符；按键 EOB 中的 EOB 将输入"；"号表示换行结束
4	画面显示功能键	POS	在 CRT 中显示坐标值画面
		PROG	在 CRT 中显示程序画面
		OFFSET SETTING	CRT 将进入补偿值显示画面
		SYSTEM	CRT 将进入系统参数显示界面
		MESSAGE	CRT 将进入系统信息显示界面
		CUSTOM GRAPH	在自动运行状态下 CRT 将显示图形模拟画面
5	上挡键	SHIFT	输入字符切换键
6	取消键	CAN	取消输入区的字符
7	输入键	INPUT	用于参数以及刀补值的输入
8	修改键	ALTER	字符替换

续表

序号	名称	按键	功能
9	插入键	INSERT	插入字符
10	删除键	DELETE	删除字符
11	帮助键	HELP	显示系统提供的帮助画面
12	复位键	RESET	机床复位
13	软键	□	共5个,在CRT显示器的下方,根据不同的画面,软键有不同的功能,软键的功能显示在CRT屏幕的底端
14	软键翻页	◀ ▶	可以切换不同的软键功能

三、机床操作面板

如图 1-38 所示为机床操作面板。

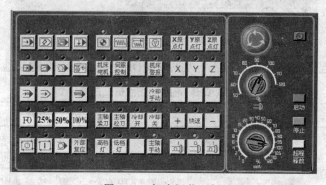

图 1-38　机床操作面板

机床操作面板主要用来切换机床的不同工作方式,以及各工作方式下的基本操作。表 1-2 列举了机床操作面板上各个按钮的功能。

表 1-2　机床操作面板按钮介绍

序号	名称	按钮	功能说明
1	自动方式	⊡	此按钮被按下后,系统进入自动工作方式
2	编辑方式	⊡	此按钮被按下后,系统进入编辑工作方式
3	MDI 方式	⊡	此按钮被按下后,系统进入 MDI 工作方式
4	远程执行方式	⊡	此按钮被按下后,系统进入远程执行模式,即 DNC 模式,输入输出资料
5	回原点方式	⊡	此按钮被按下后,机床处于回零工作方式
6	手动方式	⊡	机床处于手动模式,连续移动
7	示教功能	⊡	机床处于示教功能模式
8	手动脉冲	⊡	机床处于手轮控制模式
9	单段	⊡	此按钮被按下后,运行程序时每次执行一条数控指令
10	单节忽略	⊡	此按钮被按下后,数控程序中的注释符号"/"有效
11	选择性停止	⊡	此按钮被按下后,M01 代码有效
12	机械锁定	⊡	按此按钮后将锁定机床

序号	名称	按钮	功能说明
13	空运行		按此按钮后程序进入空运行状态
14	循环启动		程序运行开始；系统处于"自动运行"或 MDI 位置时按下有效，其余模式下使用无效
15	进给保持		程序运行暂停，在程序运行过程中，按下此按钮运行暂停。按"循环启动"恢复运行
16	X 轴选择按钮		手动状态下 X 轴选择按钮
17	Y 轴选择按钮		手动状态下 Y 轴选择按钮
18	Z 轴选择按钮		手动状态下 Z 轴选择按钮
19	正向移动按钮		手动状态下，单击该按钮系统将向所选轴正向移动。在回零状态时，单击该按钮将所选轴回零
20	负向移动按钮		手动状态下，单击该按钮系统将向所选轴负向移动
21	快速按钮		单击该按钮将进入手动快速状态
22	主轴控制按钮		依次为主轴正转、主轴停止、主轴反转
23	启动		系统启动
24	停止		系统停止
25	超程释放		系统超程释放
26	主轴倍率选择旋钮		调节主轴转速的倍率
27	进给倍率		调节运行时的进给速度倍率
28	快速倍率		调节快速移动的倍率
29	急停按钮		按下急停按钮，使机床移动立即停止，并且所有的输出（如主轴的转动等）都会关闭

另外在通常面板上还有一个[松刀]按钮，用来在手动方式下换刀。

四、手摇脉冲发生器

手摇脉冲发生器也叫手轮，它是连接在机床控制面板上的一个单独的操作站，在手轮工作方式下可以用它来控制机床的移动。手轮的结构和主要按钮如图 1-39 所示。

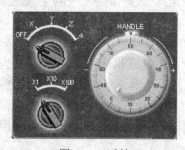

图 1-39　手轮

手轮上的主要按钮介绍如表 1-3 所示。

表 1-3　手轮主要旋钮介绍

序号	名称	旋钮	功能介绍
1	手轮轴选择旋钮		手轮状态下，此旋钮用来选择进给轴
2	手轮进给倍率旋钮		手轮状态下，用此旋钮调节点动/手轮步长。X1、X10、X100 分别代表移动量为 0.001mm、0.01mm、0.1mm
3	手轮		手轮状态下，选择此旋钮来移动机床进给轴

五、开关机操作

1. 开机操作步骤

开机应按以下操作步骤进行：

（1）检查数控铣床的各润滑油箱油量是否正常，检查空气压缩泵所提供的气压是否正常（一般工作压力在 0.4～0.8MPa，具体要求请参考机床说明书），如有异常及时处理。

（2）打开机床电源（在机床后侧有一空气开关），检查机床各散热风扇是否能正常工作。

（3）打开操作面板上的系统电源■，等待系统启动完毕，CRT 显示器进入初始画面，在闭合状态打开急停开关，观察机床有无报警，如有报警及时处理。

（4）执行手动返回参考点操作。

2. 关机操作步骤

（1）关机前应先检查或执行以下内容：

1）程序是否已经停止运行。

2）机床各移动部件是否都已停止。

3）如果有外部的输入/输出设备连接到机床上，请先关闭外部输入/输出设备的电源，避免在数控铣床关机过程中由于电流的瞬间变化而冲击电脑等外部设备。

4）机床有没有报警等异常情况，如有应及时处理。

5）如果机床长时间不用，应将各个坐标轴移动到各行程中间位置，防止由于长时间重心不平衡引起机床水平等几何精度超差。

（2）关机操作步骤。

1）关掉系统电源。

2）机床断电。

3）断开外部机床电源，关闭给机床提供高压气的空气压缩机电源。

六、机床手动返回参考点

机床开机时要手动返回参考点以建立机床坐标系，在某些操作或故障引起的机床对机械原点记忆丢失的情况下，也要执行手动返回参考点，以重新建立机床坐标系。具体步骤如下：

（1）检查机床各个轴位置是否离开机床参考点一定的距离（一般要 100mm 以上），如果离参考点位置过近，执行手动操作或手轮操作，移动机床各个坐标轴离开参考点 100mm 以上，然后执行下一步。

（2）按 按钮将工作方式打到"回零工作方式"，按 Z ，选择 Z 轴，按 + ，从正方向回零，等待 Z 轴原点指示灯 变亮，Z 轴回零完毕。

（3）按 X ，选择 X 轴，按 + ，X 轴从正方向回零，按 Y ，选择 Y 轴，按 + ，轴从正方向回零。等待 X、Y 轴原点指示灯 变亮，X、Y 轴回零完毕。

回参考点注意事项：

（1）为避免在返回参考点过程中碰撞到工作台上的工件和工装，应先 Z 轴回零完毕后再返回 X 与 Y 轴，X、Y 轴返回次序可任意或同时返回。

（2）某些机床 X 轴返回方向是 X 轴的负方向，在 X 轴返回时应按 按钮，具体参考机床的操作说明书。

（3）机床在回参考点结束后，最好手动往回原点的相反方向移动一下，这样能避免某些误操作产生的超程。

七、手动操作

在手动工作方式（JOG）下可以用操作面板上的按钮 和 进行机床的移动操作。手动移动可分为手动进给移动（较慢速度）和手动快速移动两种。

1. 手动进给运动

在[快速]按钮没有按下去时移动是以较慢的速度移动。

按 其中一个，选择要移动的坐标轴。

按住 + 或 - 往所选择的坐标轴的正方向或负方向移动，松开按钮即停止移动。

注意：手动进给运动的速度可以用进给倍率开关 调节。

2. 手动快速移动

在[快速]按钮按下去时移动是以较快的速度移动。

（1）按其中一个选择要移动的坐标轴。

（2）按下 开关。

（3）按住 + 或 - 往所选择的坐标轴的正方向或负方向快速移动，松开按钮即停止移动。

注意事项：

（1）如果机床没有执行过手动回零操作，[快速]开关将不起作用。

（2）手动快速移动的速度不受[进给倍率]开关的影响，它的速度用[快速倍率]开关来调节。

（3）一般的手动移动机床一次只能移动一个坐标轴，不能同时移动两个或多个坐标轴。有些机床如果移动坐标轴按钮和移动方向按钮是一体的，在机床参数允许的情况下也可以同时移动两个或多个坐标轴（详情请查看具体机床的操作说明书）。

八、手轮操作

在手轮工作方式（HND）下可以用手摇脉冲发生器（也叫手轮）控制机床各个进给坐标轴的移动，移动方法如下：

（1）选择[手轮]工作方式。

（2）转动选择开关 选择移动的坐标轴：X、Y 或 Z 轴 。

（3）选择移动的倍率开关 ，其中 X100 为手轮转动一小格坐标轴移动 0.1mm，X10 为手轮转动一小格坐标轴移动 0.01mm，X1 为手轮转动一小格坐标轴移动 0.001mm。

（4）转动手轮即可移动坐标轴，手轮顺时针旋转坐标轴往正方向移动，手轮逆时针旋转坐标轴往负方向移动。

小窍门：如果想快速地移动机床，可以用手指捏住手轮的小柄快速地转动手轮。在需要精确移动或小距离移动的时候可以用手掌握住手轮转动，这样容易控制移动距离。

九、程序编辑操作和程序的管理

数控铣床与普通铣床相比，最大的优势在于可以编写一段连续的指令来控制机床的移动和运行，这段指令叫做程序。手工编写的程序可以通过系统面板上的编辑区域的字符键和编辑键输入存储到系统中去。对于已有的程序也可以进行修改、编辑或者删除。首先要知道的是如何新建一个程序。

1. 新建程序

新建一个程序的步骤如下：

（1）把工作方式打到[编辑]工作方式。

（2）按下[PROG]按钮，切换画面到程序画面。

（3）按下字母键[O]输入程序号码（数字）。

（4）按下[INSERT]键。

（5）输入程序内容。

注意：新建的程序号码必须是系统里没有的新程序号，如果输入的程序号是一个已有的程序号，在按下[INSERT]键后会报警。如果不知道系统里哪些程序号已被使用，可以先查看一下程序列表画面。

2. 当前程序的切换

当前程序是当前正在运行的程序或正在编辑的程序，当前程序只能有一个，在新建一个程序后，新建的程序会被自动切换为当前程序。

如果想把一个已有的程序切换为当前程序，步骤如下：

（1）工作方式打到[编辑]或[自动]方式下。

（2）按[PROG]切换当前画面到程序画面。

（3）在输入缓冲区输入字母键[O]+程序号码（数字）。

（4）按下光标键，如果这个程序存在即切换为当前程序。

注意：如果输入的程序号码不存在，系统会报警。

3. 程序的编辑

程序的编辑包括插入、修改和删除字符，还包括字符的检索和删除整个程序的操作。

（1）字的插入。字是一个地址字母后面带着一个数字。系统所能插入、修改或删除的最小单位是一个字。

1）在[编辑]工作方式下。

2）切换到[程序]画面。

3）将光标移动到要插入字的语句上。

4）在输入缓冲区输入要插入的字。

5）按[INSERT]键。

注意：插入是插入到光标所在字的后边。

（2）字的修改。

1）在[编辑]工作方式下。

2）切换到[程序]画面。

3）将光标移动到被修改的字上。

4）在输入缓冲区输入要修改的字。

5）按[ALTER]键。

注意：修改是修改光标所在处的字。

（3）字的删除。

1）在[编辑]工作方式下。

2）切换到[程序]画面。

3）将光标移动到要删除的字上。

4）按[DELETE]键。

注意：[DELETE]键是删除已经输入到程序中的字，在输入缓冲区的内容应按[CAN]键来取消。

（4）程序的删除。

1）单个程序的删除。

① 在[编辑]工作方式下。

② 切换到[程序]画面。

③ 在输入缓冲区输入字母[O]+要删除的程序号（数字）。

④ 按[DELETE]键。

2）多个程序的删除。

① 在[编辑]工作方式下。

② 切换到[程序]画面。

③ 在输入缓冲区输入字母[O]+要删除的起始程序号+[,]+字母[O]+要删除的终止程序号。

④ 按[DELETE]键。

注意：有些机床在删除程序的时候还需要按一个确认执行键，确认执行键是一个软键[EXEC]。要删除系统中的所有程序可以在输入缓冲区输入 O0，O9999 再按[DELETE]键，此方法要慎用，删除的程序将不可恢复。

（5）字符的检索。

对于一个较长的程序，要寻找一个特定的字符可以用检索的方法，步骤如下：

1）在[编辑]或[自动]工作方式下。

2）切换到[程序]画面。

3）在输入缓冲区输入要检索的字符。

4）按光标移动键↓。

5）再次按下↓将寻找下一个符合条件的字符。

注意：如果没有找到要搜索的字符系统会报警。

十、自动运行程序的操作

1. 自动运行操作

（1）检查机床是否回零，若未回零，先将机床回零。

（2）导入数控程序或自行编写一段程序。

（3）单击操作面板上的"自动运行"按钮，使其指示灯变亮。

（4）单击操作面板上的"循环启动" ⊡，程序开始执行。

2．[自动]工作方式下的常见功能按钮

（1）单段。单段运行是在[自动]或[MDI]工作方式下的一种运行程序的方法，单段运行状态下程序每运行一句都会暂停，当操作者再次按下[循环启动]按钮，继续执行下一条语句。

（2）单节忽略。单节忽略功能是程序是否执行程序段的开头带"/"的语句。当单节忽略按钮按下去时，程序段开头带"/"的语句将成为注释语句，不再执行。

（3）选择停止。如果打开选择停止功能，程序中的 M01 代码将执行，如果关闭，M01 代码不被执行。

（4）空运行。空运行是程序运行的一种方式，在这种方式下运行程序时，进给速度将不再受程序给定的 F 值限制，而是以很快的速度运行，其速度受[进给倍率]开关的影响。

（5）机床锁定。机床锁定功能是将机床的各个进给轴锁定，如果在机床锁定状态下移动机床进给轴（包括自动运行和手动移动），机床进给轴不会移动但机床的绝对坐标和相对坐标值会有相应变化。在机床锁定功能使用过之后，机床的工件坐标系的零点会有所变化，在进行正常工作之前需要手动回零一次。

另外可以利用机床的图像功能，在机床锁定的情况下观察程序的运行轨迹来检验程序的正确性，在轨迹仿真的过程中常常利用机床的空运行功能来加快程序的运行速度。

3．程序运行的中断

程序在运行过程中可以随时中断程序的运行，中断程序的运行有以下几个方法。

（1）按下[进给保持]按钮。程序运行过程中如果按下[进给保持]按钮，程序将暂停运行，程序暂停在当前位置，进给轴停止，但主轴不会停止运行，系统的各种模态信息将会保存，如果再次按下[循环启动]按钮，程序将继续运行。

（2）按下[RESET]按钮。程序运行过程中如果按下[RESET]按钮，程序将停止运行，进给轴与主轴都停止运行，程序运行中的各种模态信息会消失。这种情况下如果再次按下[循环启动]按钮，一般不能继续运行程序。

（3）按下[急停]按钮。[急停]按钮是机床操作面板上一个非常醒目的按压式的开关，这个开关用于在紧急情况下的总停。[急停]按钮按下去后所有运动部件都将停止运动，程序也停止运行。[急停]按钮按下去机床会丢失对零点的记忆，所以在[急停]按钮恢复后应执行手动回零操作。

十一、MDI 操作

1．MDI 操作说明

在 MDI 工作方式下，通过 MDI 面板画面，可以执行一个程序号是 O0000 的特殊程序，这个程序有如下特点：

（1）MDI 程序格式和通常程序一样，但最多编制 10 行。

（2）MDI 程序中执行 M30 指令将不能控制返回程序起始部分，M99 指令可以完成这一功能。

（3）MDI 程序不能使用刀具半径补偿功能。

（4）如果执行了程序结束指令 M02 或 M30 指令，MDI 程序将会被自动删除。

（5）MDI 程序不能被保存，即重新开机后原来已有的 MDI 程序将会消失。

（6）如果参数 No.3203 的第 6 位设为 1，在单程序段操作时，执行完 MDI 程序的最后一段后，MDI 程序被自动删除。

（7）如果参数 No.3203 的第 7 位 MCL 设为 1，并执行了复位操作，MDI 程序将被删除。MDI 程序运行适用于一些简单的测试操作。比如主轴转动、加工中心的换刀等简单动作。

2.　MDI 操作步骤

（1）将工作方式选择 MDI 工作方式。

（2）选择[程序]画面的 MDI 界面。

（3）用通常的编辑程序的方法编制一个要运行的程序，在程序编辑过程中可以用前面所讲的插入、修改、删除、字检索等操作。另外，如果想让程序能够自动返回头部重新运行，在程序结尾加上 M99 指令。

（4）移动程序光标到程序头部。

（5）按[循环启动]按钮 ，执行程序。

3.　注意事项

（1）MDI 程序运行时，单段、单节忽略、选择停止、空运行等功能按钮作用与自动运行程序的作用相同。

（2）MDI 程序运行时的中断同自动运行程序。

十二、数控铣床的换刀

换刀是把刀柄（刀具装夹在刀柄上）安装到主轴上的过程。加工中心是带有刀库和自动换刀系统的数控铣床，所以加工中心与数控铣床的唯一区别是加工中心能够自动换刀，而数控铣床只能手动换刀。

数控铣床和加工中心都能进行手动换刀，换刀步骤如下：

（1）工作方式打到[手动]模式。

（2）一只手握住主轴上的原有刀柄，另一只手按住机床面板上的[松刀]按钮，刀柄即被拿下。

（3）一只手按住[松刀]按钮，另一只手拿起要换的刀柄，将刀柄上的键槽和主轴上的键对齐插入主轴，松开[松刀]按钮。

注意：

（1）卸刀的时候要先握住刀柄再按[松刀]按钮，否则刀柄有可能掉落。

（2）如果主轴上没有刀柄可省略第 2 步。

（3）换刀时需要检查空气压缩机给机床提供的气压是否达到要求。

任务实施

完成如图 1-1 所示汉字的铣削。

一、仿真操作步骤

（1）打开软件选择"FANUC 0i—数控铣床—标准"的机床。

（2）对机床进行开机、回零点操作，使机床达到正常工作的状态。

（3）按零件图要求对毛坯进行设置（铝 100×100×50），如图 1-40 所示。

（4）安装夹具、放置毛坯、安装压板等，将毛坯调整到适当的位置。

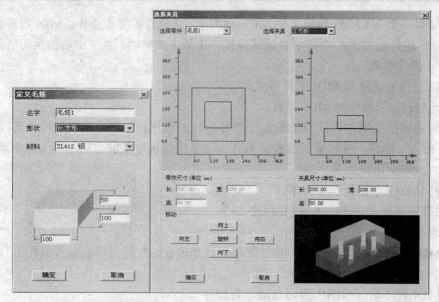

图 1-40　定义毛坯

（5）选择刀具，因为零件图中各槽宽均为 6mm，可选择直径为 6mm 的键槽铣刀。

（6）分析零件图，该图为对称零件，可选择工件的中心作为工件坐标系原点，将刀具靠向工件的左侧，进行 X 向对刀。将机床页面显示调整到位置显示——相对坐标系，对正 X 轴后将当前的各轴进行归零处理（Y 轴、Z 轴对刀方法同上述）。

归零操作：当前页面中，操作——起源——全轴，如图 1-41 所示。归零操作后各轴显示当前坐标均为零。

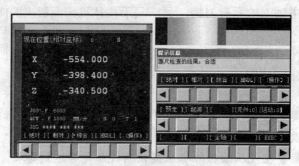

图 1-41　相对坐标归零

对刀操作完成后，G54 坐标系零点的显示如图 1-42 所示。

图 1-42　设定工件坐标系

（7）分析零件图。找到必要的尺寸关系进行简单的数学计算，如图 1-43 所示。

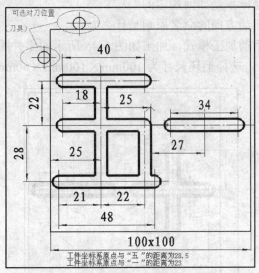

图 1-43　分析零件图

（8）将工作方式调整到手轮方式，根据计算的数据进行刀具的定位（观察 POS 中当前坐标位置，见图 1-44）。最终加工成如图 1-1 所示零件。

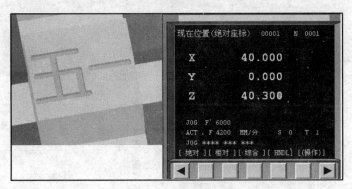

图 1-44　坐标位置

二、注意事项

（1）对刀时注意测量数值的正负及数值的正确性。

（2）注意手轮的正负方向，移动过程中当刀具快要到达目标点时，应使用小一点的进给倍率，以使工件尺寸容易保证。

思考与练习

1. 什么是数控机床？
2. 简述数控机床的发展历史与发展趋势。
3. 什么是机床坐标系？什么是编程坐标系？如何确定编程坐标系的原点？
4. 什么是机床原点、机床参考点、编程原点？
5. 如何进行机床回参考点操作？开机后的回参考点操作有何作用？

6．简要说明对刀操作的过程。

7．数控机床对标准坐标系是如何规定的？

8．数控机床坐标和运动方向的命名原则是什么？

9．利用数控机床的手动加工模式，加工如图 1-45 所示的零件图，选用 6mm 键槽铣刀，Z 轴方向加工深度为 1mm，选择毛坯尺寸为 100mm×100mm×80mm，材料为 45#钢。

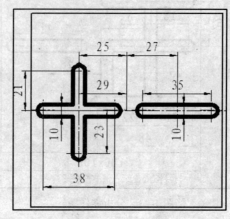

图 1-45　零件图

模块二　平面零件的铣削

能力目标：

- 数控机床编程基础
- 刀具的材料和数控刀具的分类
- 程序的编写和编写步骤
- 平面铣削的注意事项和工艺分析

相关知识：

- 加工刀具的介绍
- 常用 FANUC 0i 系列的 G 代码表

任务分析

图 2-1 为模块一的手动零件加工图，在上一模块我们利用数控机床的手动模式对零件进行了手动加工，在本模块利用数控机床的自动加工模式，进行平面的铣削及汉字"五一"的加工。在完成该任务的加工过程中，需掌握数控机床的编程基础、基本编程指令、刀夹具的基本知识等。

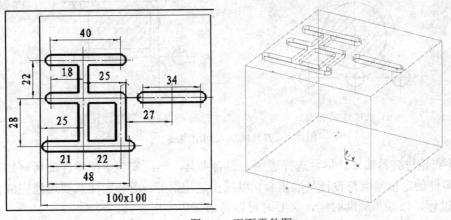

图 2-1　平面零件图

知识链接

一、数控机床编程基础

所谓程序就是按规定格式描述零件几何形状和加工工艺的数控指令集。在数控铣床上加工零件时，需要把加工零件的全部工艺过程及工艺参数，以相应的 CNC 系统所规定的数控指令编制程序来控制机床动作，最终完成零件的加工。

1. 数控编程的步骤

数控编程的步骤一般如图 2-2 所示。

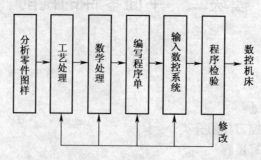

图 2-2 数控编程过程

（1）分析零件图样和工艺处理。这一步骤的内容包括：对零件图样进行分析，以明确加工的内容及要求，选择加工方案、确定加工顺序、走刀路线、选择合适的数控机床、设计夹具、选择刀具、确定合理的切削用量等。工艺处理涉及的问题很多，编程人员需要注意以下几点：

1）工艺方案及工艺路线。应考虑数控机床使用的合理性及经济性，充分发挥数控机床的功能；尽量缩短加工路线，减少空行程时间和换刀次数，以提高生产率；尽量使数值计算方便，程序段少，以减少编程工作量；合理选取起刀点、切入点和切入方式，保证切入过程平稳，没有冲击；在连续铣削平面内外轮廓时，应安排好刀具的切入、切出路线。尽量沿轮廓曲线的延长线切入、切出，以免交接处出现刀痕，如图 2-3 所示。

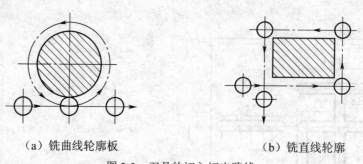

（a）铣曲线轮廓板   （b）铣直线轮廓

图 2-3 刀具的切入切出路线

2）零件安装与夹具选择。尽量选择通用、组合夹具，一次安装中把零件的所有加工面都加工出来，零件的定位基准与设计基准重合，以减少定位误差；应特别注意要迅速完成工件的定位和夹紧过程，以减少辅助时间，必要时可以考虑采用专用夹具。

3）编程原点和编程坐标系。编程坐标系是指在数控编程时，在工件上确定的基准坐标系，其原点也是数控加工的对刀点。要求所选择的编程原点及编程坐标系应使程序编制简单；编程原点应尽量选择在零件的工艺基准或设计基准上，并在加工过程中便于检查的位置；引起的加工误差要小。

4）刀具和切削用量。应根据工件材料的性能、机床的加工能力、加工工序的类型、切削用量以及其他与加工有关的因素来选择刀具。对刀具总的要求是：安装调整方便，刚性好，精度高，使用寿命长等。

切削用量包括主轴转速、进给速度、切削深度等。切削深度由机床、刀具、工件的刚度确定，在刚度允许的条件下，粗加工取较大切削深度，以减少走刀次数，提高生产率；精加工取较小切削深度，以获得表面质量。主轴转速由机床允许的切削速度及工件直径选取。进给速度则按零件加工精度、表面粗糙度要求选取，粗加工取较大值，精加工取较小值。最大进给速度受机床刚度及进给系统性能限制。

（2）数学处理。在完成工艺处理的工作以后，下一步需根据零件的几何形状、尺寸、走刀路线及设定的坐标系，计算粗、精加工各运动轨迹，得到刀位数据。一般的数控系统均具有直线插补与圆弧插补功能。对于点定位的数控机床（如数控冲床）一般不需要计算；对于加工由圆弧与直线组成的较简单的零件轮廓加工，需要计算出零件轮廓线上各几何元素的起点、终点、圆弧的圆心坐标、两几何元素的交点或切点的坐标值；当零件图样所标尺寸的坐标系与所编程序的坐标系不一致时，需要进行相应的换算；若数控机床无刀补功能，则应计算刀心轨迹；对于形状比较复杂的非圆曲线（如渐开线、双曲线等）的加工，需要用小直线段或圆弧段逼近，按精度要求计算出其节点坐标值；自由曲线、曲面及组合曲面的数学处理更为复杂，需利用计算机进行辅助设计。

（3）编写零件加工程序单。在加工顺序、工艺参数以及刀位数据确定后，就可按数控系统的指令代码和程序段格式，逐段编写零件加工程序单。编程人员应对数控机床的性能、指令功能、代码书写格式等非常熟悉，才能编写出正确的零件加工程序。对于形状复杂（如空间自由曲线、曲面）、工序很长、计算烦琐的零件采用计算机辅助数控编程。

（4）输入数控系统。程序编写好之后，可通过键盘直接将程序输入数控系统，比较老一些的数控机床需要制作控制介质（穿孔带），再将控制介质上的程序输入数控系统。

（5）程序检验和首件试加工。程序送入数控机床后，还需经过试运行和试加工两步检验后，才能进行正式加工。通过试运行，检验程序语法是否有错，加工轨迹是否正确；通过试加工可以检验其加工工艺及有关切削参数指定得是否合理，加工精度能否满足零件图样要求，加工工效如何，以便进一步改进。

试运行方法对带有刀具轨迹动态模拟显示功能的数控机床，可进行数控模拟加工，检查刀具轨迹是否正确，如果程序存在语法或计算错误，运行中会自动显示编程出错报警，根据报警号内容，编程员可对相应出错程序段进行检查、修改。对无此功能的数控机床可进行空运转检验。

试加工一般采用逐段运行加工的方法进行，即每按一次自动循环键，系统只执行一段程序，执行完一段停一下，通过一段一段的运行来检查机床的每次动作。不过，这里要提醒注意的是，当执行某些程序段，比如螺纹切削时，如果每一段螺纹切削程序中本身不带退刀功能时，螺纹刀尖在该段程序结束时会停在工件中，因此，应避免由此损坏刀具等。对于较复杂的零件，也先可采用石蜡、塑料或铝等易切削材料进行试切。

2. 程序编制的基本概念

每种数控系统，根据系统本身的特点及编程的需要，都有一定的程序格式。对于不同的系统，其程序格式也不尽相同。因此，编程人员必须严格按照机床说明书的规定格式进行编程。数控程序的指令由一系列的程序字组成，而程序字通常由地址（address）和数值（number）两部分组成，地址通常是某个大写字母。数控程序中的地址代码意义如表2-1所示。

表2-1　地址字

功能	地址	意义
程序号	：（ISO），O（EIA）	程序序号
顺序号	N	顺序号

续表

功能	地址	意义
准备功能	G	动作模式（直线、圆弧等）
尺寸字	X、Y、Z	坐标移动指令
	A、B、C、U、V、W	附加轴移动指令
	R	圆弧半径
	I、J、K	圆弧中心坐标
进给功能	F	进给速率
主轴旋转功能	S	主轴转速
刀具功能	T	刀具号、刀具补偿号
辅助功能	M	辅助装置的接通和断开
补偿号	H、D	补偿序号
暂停	P、X	暂停时间
子程序号指定	P	子程序序号
子程序重复次数	L	重复次数
参数	P、Q、R	固定循环

（1）程序结构。一个完整的程序由程序号、程序的内容和程序结束三部分组成。例如：

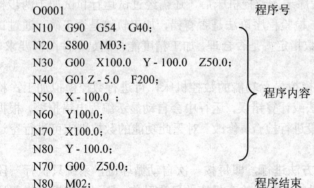

```
O0001                                      程序号
N10  G90  G54  G40;
N20  S800  M03;
N30  G00  X100.0  Y - 100.0  Z50.0;
N40  G01 Z - 5.0  F200;
N50  X - 100.0 ;                           程序内容
N60  Y100.0;
N70  X100.0;
N80  Y - 100.0;
N70  G00  Z50.0;
N80  M02;                                  程序结束
```

1）程序号。在程序的开头要有程序号，以便进行程序检索。程序号就是给零件加工程序一个编号，并说明该零件加工程序开始。如 FUNUC 数控系统中，一般采用英文字母 O 及其后 4 位十进制数表示（"O××××"），4 位数中若前面为 0，则可以省略，如"O0101"等效于"O101"。而其他系统有时也采用符号"%"或"P"及其后 4 位十进制数表示程序号。

2）程序内容。程序内容部分是整个程序的核心，它由许多程序段组成，每个程序段由一个或多个指令构成，它表示数控机床要完成的全部动作。

3）程序结束。程序结束是以程序结束指令 M02、M30 或 M99（子程序结束）作为程序结束的符号，用来结束零件加工。

（2）程序段格式。零件的加工程序是由许多程序段组成的，每个程序段由程序段号、若干个数据字和程序段结束字符组成，每个数据字是控制系统的具体指令，它是由地址符、特殊文字和数字集合而成，它代表机床的一个位置或一个动作。

程序段格式是指一个程序段中字、字符和数据的书写规则。目前国内外广泛采用字—地址可变程序段格式。

所谓字—地址可变程序段格式，就是在一个程序段内数据字的数目以及字的长度（位数）都是可以变化的格式。不需要的字以及与上一程序段相同的续效字可以不写。一般的书写顺序按表 2-2 所示从左往右进行书写，对其中不用的功能应省略。

该格式的优点是程序简短、直观以及容易检验、修改。

表 2-2　程序段书写顺序格式

1	2	3	4	5	6	7	8	9	10	11
N-	G-	X- U- P- A- D-	Y- V- Q- B- E-	Z- W- R- C-	I-J-K- R-	F-	S-	T-	M-	LF（或；）
程序段 序号	准备 功能	坐标字				进给 功能	主轴 功能	刀具 功能	辅助 功能	结束符号
		数据字								

3. 数控系统的准备功能和辅助功能

数控机床的运动是由程序控制的，准备功能和辅助功能是程序段的基本组成部分，也是程序编制过程中的核心问题。目前国际上广泛应用的是 ISO 标准，我国根据 ISO 标准，制订了 JB3208—83《数控机床穿孔带程序段格式中的准备功能 G 和辅助功能 M 代码》。

（1）准备功能。准备功能也叫 G 功能或 G 代码。它是使机床或数控系统建立起某种加工方式的指令。

G 代码由地址 G 和后面的两位数字组成，G00~G99，共 100 种。表 2-3 为 G 指令代码表。G 代码分为模态代码（又称续效代码）和非模态代码。

模态代码表示该代码一经在一个程序段中指定（如 01 组的 G01），直到出现同组的（01 组）的另一个 G 代码（如 G02）时才失效。

非模态代码只在有该代码的程序段中有效。如 00 组的 G04 指令。

表 2-3　准备功能 G 代码

代码	分组	意义	格式
G00	01	快速进给、定位	G00 X-- Y-- Z--
G01		直线插补	G01 X-- Y-- Z--
G02		圆弧插补 CW（顺时针）	XY 平面内的圆弧： $G17 \begin{Bmatrix} G02 \\ G03 \end{Bmatrix} X----- Y----- \begin{Bmatrix} R----- \\ I----- J----- \end{Bmatrix}$
G03		圆弧插补 CCW（逆时针）	ZX 平面的圆弧： $G18 \begin{Bmatrix} G02 \\ G03 \end{Bmatrix} X----- Z----- \begin{Bmatrix} R----- \\ I----- K----- \end{Bmatrix}$ YZ 平面的圆弧： $G19 \begin{Bmatrix} G02 \\ G03 \end{Bmatrix} Y----- Z----- \begin{Bmatrix} R----- \\ J----- K----- \end{Bmatrix}$
G04	00	暂停	G04 [P|X]，单位秒，增量状态单位毫秒，无参数状态表示停止

代码	分组	意义	格式
G15		取消极坐标指令	G15　取消极坐标方式
G16	17	极坐标指令	Gxx Gyy G16 开始极坐标指令 G00 IP_　极坐标指令 Gxx：极坐标指令的平面选择（G17，G18，G19） Gyy：G90 指定工件坐标系的零点为极坐标的原点 G91 指定当前位置作为极坐标的原点 IP：指定极坐标系选择平面的轴地址及其值 第 1 轴：极坐标半径 第 2 轴：极角
G17		XY 平面	G17 选择 XY 平面
G18	02	ZX 平面	G18 选择 XZ 平面
G19		YZ 平面	G19 选择 YZ 平面
G20	06	英制输入	
G21		米制输入	
G30	00	回归参考点	G30 X-- Y-- Z--
G31		由参考点回归	G31 X-- Y-- Z--
G40		刀具半径补偿取消	G40
G41	07	左半径补偿	$\left.\begin{matrix} G41 \\ G42 \end{matrix}\right\}$ Dnn
G42		右半径补偿	
G43	08	刀具长度补偿+	$\left.\begin{matrix} G43 \\ G44 \end{matrix}\right\}$ Hnn
G44		刀具长度补偿-	
G49		刀具长度补偿取消	G49
G50		取消缩放	G50　缩放取消
G51	11	比例缩放	G51 X_Y_Z_P_：缩放开始 X_Y_Z_：比例缩放中心坐标的绝对值指令 P_：缩放比例 G51 X_Y_Z_I_J_K_：缩放开始 X_Y_Z_：比例缩放中心坐标值的绝对值指令 I_J_K_：X、Y、Z 各轴对应的缩放比例
G52	00	设定局部坐标系	G52 IP_：设定局部坐标系 G52 IP0：取消局部坐标系 IP：局部坐标系原点
G53		机械坐标系选择	G53 X-- Y-- Z--
G54		选择工作坐标系 1	GXX
G55		选择工作坐标系 2	
G56	14	选择工作坐标系 3	
G57		选择工作坐标系 4	
G58		选择工作坐标系 5	
G59		选择工作坐标系 6	

续表

代码	分组	意义	格式
G68	16	坐标系旋转	（G17/G18/G19）G68 a_ b_ R_ : 坐标系开始旋转 G17/G18/G19：平面选择，在其上包含旋转的形状 a_ b_ : 与指令坐标平面相应的 X，Y，Z 中的两个轴的绝对指令，在 G68 后面指定旋转中心 R_ : 角度位移，正值表示逆时针旋转。根据指令的 G 代码（G90 或 G91）确定绝对值或增量值 最小输入增量单位：0.001deg 有效数据范围：-360.000 到 360.000
G69		取消坐标轴旋转	G69：坐标轴旋转取消指令
G73		深孔钻削固定循环	G73 X-- Y-- Z-- R-- Q-- F--
G74	09	左螺纹攻螺纹固定循环	G74 X-- Y-- Z-- R-- P-- F--
G76		精镗固定循环	G76 X-- Y-- Z-- R-- Q-- F--
G90	03	绝对方式指定	GXX
G91		相对方式指定	
G92	00	工作坐标系的变更	G92 X-- Y-- Z--
G98	10	返回固定循环初始点	GXX
G99		返回固定循环 R 点	
G80		固定循环取消	
G81		钻削固定循环、钻中心孔	G81 X-- Y-- Z-- R-- F--
G82		钻削固定循环、锪孔	G82 X-- Y-- Z-- R-- P-- F--
G83		深孔钻削固定循环	G83 X-- Y-- Z-- R-- Q-- F--
G84	09	攻螺纹固定循环	G84 X-- Y-- Z-- R-- F--
G85		镗削固定循环	G85 X-- Y-- Z-- R-- F--
G86		退刀形镗削固定循环	G86 X-- Y-- Z-- R-- P-- F--
G88		镗削固定循环	G88 X-- Y-- Z-- R-- P-- F--
G89		镗削固定循环	G89 X-- Y-- Z -- R-- P-- F--

（2）辅助功能。辅助功能主要控制机床或系统的各种辅助动作，如主轴的旋转方向、启动、停止、冷却液的开关，工件或刀具的夹紧和松开，刀具的更换等功能。辅助功能字又称为 M 代码，辅助功能字由地址符 M 和其余的两位数字组成。辅助功能指令由字母 M 和其后两位数字组成，M00～M99，共有 100 种。同样在 JB3208—83 标准中规定了 M 指令的功能，如表 2-4 所示。

在同一程序段中，既有 M 指令又有其他指令时，M 指令与其他指令执行的先后次序由机床系统参数设定，因此，为保证程序以正确的次序执行，有很多 M 指令，如 M30、M02、M98 等最好以单独的程序段进行编程。

（3）坐标功能字。坐标功能字由坐标的地址代码、正负号、绝对坐标值或增量坐标值表示的数值等三部分组成，用来指定机床各坐标轴的位移量和方向。坐标的地址代码为 X、Y、Z、U、V、W、P、Q、R、I、J、K、A、B、C、D、E 等。坐标的数量由插补指令决定，数值的位数由数控系统规定。

表 2-4　M 指令代码表

M 代码	功能	M 代码	功能
M00	程序停止	M01	计划停止
M02	程序结束	M03	主轴顺时针旋转
M04	主轴逆时针旋转	M05	主轴停止旋转
M06	换刀	M08	冷却液开
M09	冷却液关	M30	程序结束并返回
M74	错误检测功能打开	M75	错误检测功能关闭
M98	子程序调用	M99	子程序调用返回

（4）进给功能字。进给功能字由字母 F 和其后的几位数字组成，表示刀具相对于工件的运动速度。在 F 后面按照规定的单位直接写出要求的进给速度，单位为 mm/min。在加工螺纹时，进给速度为主轴每转的走刀量，单位为 mm/r。

（5）主轴转速功能字。主轴转速功能字由字母 S 和其后的几位数字组成，用以设定主轴速度。在 S 后面直接写上要求的主轴速度，单位为 r/min。

（6）刀具功能字。刀具功能字由字母 T 和其后的几位数字组成，用来指定刀具号和刀具长度补偿。不同的数控系统有不同的指定方法和含义，例如 T10，可表示选择 10 号刀具，又如数控车床 T1012，表示 10 号刀具，按存储在内存中的 12 号补偿值进行长度补偿。

二、基本编程指令

1. 常用准备功能指令

（1）建立工件坐标系、坐标尺寸和平面选择。

1）与坐标系有关的编程指令。

① 用 G92 指令建立工件坐标系。

编程格式：G92 X_ Y_ Z_；

G92 指令是将加工原点设定在相对于刀具起始点的某一空间点上。这一指令通常出现在程序的开头，该指令只改变当前位置的用户坐标，不产生任何机床移动，该坐标系在机床重开机时消失。若程序格式设置为：G92 X20.0 Y10.0 Z10.0，其确立的工件原点在距离刀具起始点 X=-20，Y=-10，Z=-10 的位置上，如图 2-4 所示。

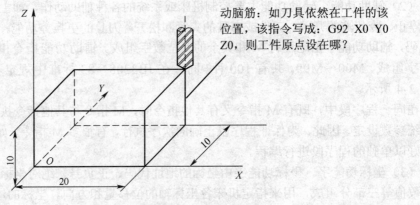

动脑筋：如刀具依然在工件的该位置，该指令写成：G92 X0 Y0 Z0，则工件原点设在哪？

图 2-4　G92 设定工件坐标系

② 用 G54～G59 设置程序原点。这些指令可以分别用来建立相应的加工坐标系。

编程格式：G54 G90 G00（G01）X_ Y_ Z_（F_）；

该指令执行后，所有坐标值指定的坐标尺寸都是选定的工件加工坐标系中的位置。1～6号工件加工坐标系是通过 CRT/MDI 方式设置的，在机床重开机时仍然存在，在程序中可以分别选取其中之一使用。一旦指定了 G54～G59 之一，则该工件坐标系原点为当前程序原点，后续程序段中的工件绝对坐标均为相对此程序原点的值，例如以下程序：

N01 G54 G90 G00 X30.0 Y40.0;

N02 G59;

N03 G00 X30.0 Y40.0;

…

执行 N01 时，系统会选定 G54 坐标系作为当前工件坐标系，然后执行 G00 移动到该坐标中的 A 点；执行 N02 句时，系统又会选择 G59 坐标系作为当前工件坐标系；执行 N03 时，机床就会移动到刚指定的 G59 坐标系中的 B 点，如图 2-5 所示。

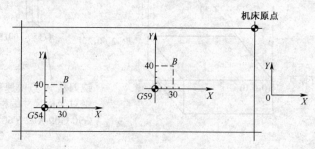

图 2-5 工件坐标系的使用

G92 指令与 G54～G59 指令都是用于设定工件坐标系的，但它们在使用中是有区别的：G92 指令是通过程序来设定工件坐标系的，G92 设定的加工坐标原点是与当前刀具所在位置有关的，这一加工原点在机床坐标系中的位置是随当前刀具的不同而改变的。G54～G59 指令是通过 CRT/MDI 在设置参数方式下设定工件坐标系的，一经设定，加工坐标原点在机床坐标系中的位置是不变的，它与刀具的当前位置无关，除非再通过 CRT/MDI 方式更改。G92 指令程序段只是设定工件坐标系，而不产生任何动作；G54～G59 指令程序段则可以和 G00、G01 指令组合，在选定的工件坐标系中进行位移。

③ 选择机床坐标系 G53。

编程格式：G53 G90 X_ Y_ Z_ ；

G53 指令使刀具快速定位到机床坐标系中的指定位置上，式中 X、Y、Z 后的值为机床坐标系中的坐标值，其尺寸均为负值。

例：G53 G90 X-100 Y-100 Z-20

则执行后刀具在机床坐标系中的位置如图 2-6 所示。

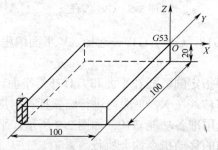

图 2-6 G53 选择机床坐标系

使用 G53 需注意以下事项：

- G53 是非模态指令，仅在本程序段有效。
- G53 指令在 G90 状态下有效，在 G91 状态下无效。
- G53 指令取消刀具半径补偿和长度补偿。
- 执行 G53 指令前必须以手动或自动完成机床回零操作。

2）坐标尺寸。数控系统的位置/运动控制指令可采用两种坐标方式进行编程，即采用绝对坐标尺寸编程和增量坐标尺寸编程。

①绝对坐标尺寸编程 G90。G90 指令规定在编程时按绝对值方式输入坐标，即移动指令终点的坐标值 X、Y、Z 都是以工件坐标系坐标原点（程序零点）为基准来计算，如图 2-7 所示。

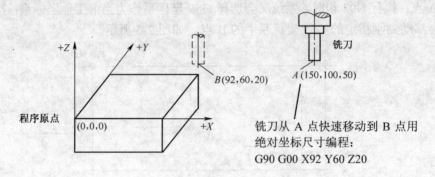

图 2-7　G90 编程

②增量坐标尺寸编程 G91。G91 指令规定在编程时按增量值方式输入坐标，即移动指令终点的坐标值 X、Y、Z 都是以起始点为基准来计算，再根据终点相对于始点的方向判断正负，与坐标轴同向取正，反向取负，如图 2-8 所示。

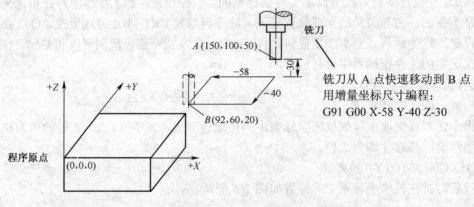

图 2-8　G91 编程

3）平面选择指令 G17、G18、G19。G17—选择 XY 平面编程；G18—选择 XZ 平面编程；G19—选择 YZ 平面编程。

平面指定指在铣削过程中指定圆弧插补平面和刀具补偿平面。铣削时在 XY 平面内进行圆弧插补，则应选用准备功能 G17；在 XZ 平面内进行圆弧插补，应选用准备功能 G18；在 YZ 平面内进行插补加工，则需选用准备功能 G19，如图 2-9 所示。平面指定与坐标轴移动无关，不管选用哪个平面，各坐标轴的移动指令均会执行。

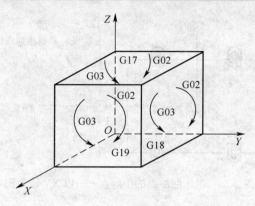

图 2-9　平面选择

（2）回参考点操作。自动返回参考点（G27、G28、G29），G27、G28、G29 为非模态指令，必须在使用它的所有程序段中重复编写。

1）参考点校验功能 G27。

格式：G27 X_ Y_ Z_；

其中，X、Y、Z 是程序原点到机床原点的距离。程序中使用 G27 时，切削刀具将自动快进（不需要 G00）到由 G27 程序段中的轴指定的位置，这一运动可以是绝对模式或增量模式。使用 G27 指令时，应取消刀具的补偿功能。

现代数控机床通常是 24 小时运转做切削加工，为了提高加工的可靠性及工件尺寸的正确性，可用此指令检查（也就是确认），看包含 G27 程序段中的编程位置是否在机床原点参考位置。如果是，控制面板上的指示灯亮，表示每根轴均能到达该位置；如果到达的点不是机床原点，屏幕上，将显示错误条件警告，并中断程序执行。程序如下：

M06 T01；　　　　　　（换 1 号刀）

…

G40 G49；　　　　　　（将刀具补偿取消）

G27 X -38.612 Y21.812 Z42.226；（其中 X、Y、Z 值是指 1 号刀的程序原点到机床原点的距离）

2）返回参考点 G28。

格式：G28 X_ Y_ Z_；

其中，X、Y、Z 为中间点位置坐标，指令执行后，所有的受控轴都将快速定位到中间点，然后再从中间点返回到参考点。

设置中间点的目的有两个，其一，可以缩短程序，通常可缩减一个程序段；其二，是为防止刀具返回参考点时与工件或夹具发生干涉。如图 2-10 所示，从工件中间孔开始的刀具运动，这样一个运动，如果直接编写到原点位置的运动，刀具在到达机床原点的过程中，可能会跟右上角的夹具碰撞。故在不加长程序的情况下，可以在一个安全的位置编写中间点，可使刀具安全返回机床原点。程序构造如下：

G90

…

G00 X5.0 Y4.0；　　　　（已加工孔）

G28 X12.0 Y4.0；　　　　（机床经中间点回原点的运动）

G28 指令一般用于自动换刀，所以使用 G28 指令时，应取消刀具的补偿功能。

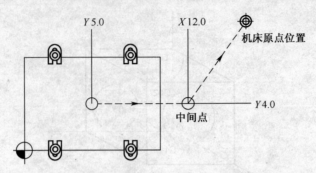

图 2-10　机床回原点的中间点——以 XY 轴为例

3）从参考点返回（G29）。

格式：G29 X_ Y_ Z_；

G29 通常跟在 G28 之后，执行这条指令可以使刀具从参考点出发，经过由 G28 指定的中间点到达由 G29 指令的目标点。

指令中 X_Y_Z_是到达点的坐标，由 G90/G91 状态决定是绝对值还是增量值，若为增量值时，指到达点相对于 G28 中间点的增量值。

在选择 G28 之后，这条指令不是必需的，使用 G00 定位有时可能更为方便。使用 G29 之前应取消刀具半径补偿功能和固定循环。

G28 和 G29 的应用举例，如图 2-11 所示。

```
M06 T01;
...
G90 G28 Z50.0;            由 A 点经中间点 B 回到机床参考点（Z 轴）
M06 T02;                  换 2 号刀
G29 X35.0 Y30.0 Z5.0;     2 号刀由机床参考点经中间点 B 快速定位到 C 点
```

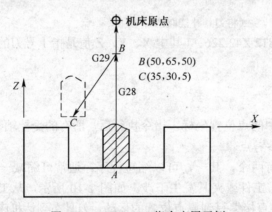

图 2-11　G28、G29 指令应用示例

（3）英制/公制转换（G20、G21）。

1）指令格式。

G20：英寸输入

G21：毫米输入

2）说明：该 G 代码必须在设定坐标系之前，在程序的开头以单独程序段指定。

在指定英制/公制转换的 G 代码以后，输入数据的单位切换到最小英制或公制输入增量单位，输入的角度数据的单位保持不变。在英制/公制转换之后，将改变下列值的单位制：

- 由 F 代码指令的进给速度。
- 位置指令。
- 工件零点偏移值。
- 刀具补偿值。
- 手摇脉冲发生器的刻度单位。
- 在增量进给中的移动距离。
- 某些参数。

当电源接通时，G 代码与电源断开之前的状态相同。

3）注意事项。

①电源接通时，G 代码与电源断开之前的状态相同。

②程序执行期间，绝对不能切换 G20 和 G21。

③英制输入（G20）切换到公制输入（G21）或进行相反的切换时，刀具补偿值必须根据最小输入增量单位预先设定。

（4）进给速度控制指令（G94/G95）。

1）每分钟进给模式（G94）。

指令格式：G94 F_;

其中 F 后面的数字表示的是主轴每分钟进给量，单位为 mm/min。G94 为模态指令，在程序中指定后一直有效，直到程序段中出现 G95 指令来取消它。另外，该指令是系统默认指令。用机床操作面板上的开关，对每转进给可以应用倍率，倍率值为 0%～120%（间隔 10%）。

2）每转进给模式（G95）。

指令格式：G95 F_;

其中 F 后面的数字表示的是主轴每转进给量，单位为 mm/r。G95 为模态指令，在程序中指定后一直有效，直到程序段中出现 G94 指令来取消它。用机床操作面板上的开关，对每转进给可以应用倍率，倍率值为 0%～120%（间隔 10%）。

（5）主轴转速控制指令（G96/G97）。

1）指令格式。

①恒表面速度控制指令　　　　　　G96 S_;　　　表面速度（m/min ）

②恒转速控制指令　　　　　　　　G97 S_;　　　主轴速度（rpm/min）

③最高主轴速度指令　　　　　　　G92 S_;　　　S 后指定最高主轴速度（rpm）

2）说明。S 后指定表面速度（刀具和工件之间的相对速度）。不管刀具的位置如何，主轴旋转使表面切削速度维持恒定。

（6）暂停指令（G04）。

1）指令格式：G04 X_; 或 G04 P_;

2）说明。暂停指令应用于以下几种情况：主轴有高速、低速挡切换时，用 M05 指令后，用 G04 指令暂停几秒，使主轴真正停止时，再行换挡，以免损伤主轴的伺服马达。

① 孔底加工时暂停几秒，使孔的深度正确及增加孔底面的光洁度。

② 切削大直径螺纹时，暂停几秒使转速稳定后再行切削螺纹，使螺距正确。

如暂停两秒：G04 X2. ；G04 X2000；或 G04 P2000；

由上可知 X 后面的数值可以用小数点表示，也可以不用小数点表示，但 P 后面的数值不能用小数点表示。

2. 常用辅助功能指令

（1）主轴控制。

1）主轴旋转方向的确定（M03、M04、M05）。

指令格式：

M03 S_；主轴正转

M04 S_；主轴反转

M05 S_；主轴停转

一般规定沿主轴中心线，垂直于工件表面往下看来判断主轴旋转方向。这种方法可能很不实用，常见标准视图是从操作人员的位置，面向立式机床的前部观看，基于这种视图，可以准确地使用跟主轴选择相关的术语——顺时针（CW）和逆时针（CCW），如图 2-12 所示。

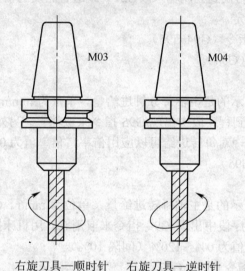

右旋刀具—顺时针　　右旋刀具—逆时针

图 2-12　主轴旋转方向（图中所示为立式加工中心的前视图）

2）方向说明与主轴启动。如果主轴顺时针旋转，则程序中使用 M03；如果是逆时针旋转，则程序中使用 M04。程序中的 S 依赖于主轴旋转功能 M03 或 M04，所以其在 CNC 程序中的作用非常重要。

主轴地址 S 和主轴旋转功能 M03 或 M04 必须同时使用，只使用其中一个对控制器没有任何意义，尤其是在接通机床电源时。主轴转速和主轴旋转编程至少有两种正确方法：

● 如果将主轴转速和主轴旋转方向编写在同一程序段中，主轴转速和主轴旋转方向将同时有效。

● 如果将主轴转速和主轴旋转方向编写在不同程序段中，主轴将不会旋转，直到将转速和旋转方向指令都处理完毕。

例 1：N1 G20

　　　N2 G17 G40 G80

　　　N3 G90 G00 G54 X14.0 Y9.5

　　　N4 G43 Z1.0 H01 S600 M03　　（转速和旋转方向）

N5······

该例是在铣削中应用较好的格式，它将主轴转速和主轴旋转方向与趋近工件的 Z 轴运动设置在一起。同样流行的方法是用 XY 运动来启动主轴——下面例子中的 N3。

N3 G90 G00 G54 X14.0 Y9.5 S600 M03

怎样选择凭个人的喜好了，对于 FANUC 系统，G20 并不一定要放在单独的程序段中。

例 2：N1 G20

　　　　N2 G17 G40 G80

　　　　N3 G90 G00 G54 X14.0 Y9.5 S600　　　（只有转速）

　　　　N4 G43 Z1.0 H01 M03　　　　　　　　（开始旋转）

　　　　N5······

该例从技术角度上说是正确的，但逻辑上有缺陷。在两个程序段中分开编写主轴转速和主轴旋转方向是没有任何好处的，这种方法使得程序难以编译。

注意：将 M03 或 M04 与 S 地址编写在一起或在它后面编写，不要将它们编写在 S 地址前。

3）主轴定向 M19。与主轴相关的最后一个 M 功能是 M19。该功能最常见的应用是将机床主轴设置在一个确定位置。主轴定向功能非常特殊，极少出现在程序中，M19 功能主要用于调试过程的手动数据输入模式（MDI）中。系统在执行 M19 功能时，将产生以下运动：主轴会在两个方向（顺时针和逆时针）上轻微转动，并在短时间内会激活内部锁定机构，有时也可听到锁定的声音，这样就将主轴锁定在一个精确位置，如果用手转动，则做不到这一点。准确的锁定位置由机床生产厂家决定，它用角度表示，主轴定向角度由机床生产厂家决定且不可更改，如图 2-13 所示。

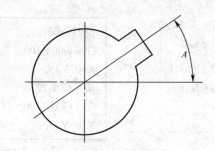

A－主轴定向角度

图 2-13　主轴定向

警告：错误的刀架定位可能会导致损坏工件或机床。

注意：对于有多切削刃的刀具，如钻头、立铣刀、铰刀和面铣刀等，跟主轴停止位置相关的切削刃的定位并不是那么重要。但对于单点刀具，比如镗刀杆，调试过程中的切削刃定位极其重要，尤其是在某些固定循环时。有两种固定循环中使用内置主轴定向功能，即 G76 和 G87，从已加工孔中退刀时主轴并不旋转。为了防止破坏加工完毕的孔，必须对退刀进行控制，主轴定向可确保刀具从加工完毕的孔中退到非工作方向。精确的初始调试是必需的！

（2）冷却控制。

1）M07：开启雾状冷却液。有喷雾装置的机械，令其开启喷雾泵，喷出雾状冷却液。

2）M08：开冷却液。程序执行至 M08，即启动冷却液泵，但必须配合执行操作面板上的 CLNT AUTO 键，处于 ON（灯亮）状态（冷却液程序键，处于 ON），否则泵不会启动。

一般 CNC 机械主轴附近有一阀门，可以手动调节冷却液流量大小。

3）M09：喷雾及冷却液关闭。命令喷雾及冷却剂泵关闭，停止冷却液喷出。常用于程序执行完毕之前（但常可省略，因为一般 M02、M30 指令皆包含 M09）。

三、快速点定位 G00

（1）格式：G00 X_ Y_ Z_ ;

（2）说明：G00 指令刀具相对于工件以各轴预先设定的快移速度从当前位置快速移动到程序段指令的定位终点（目标点）。其中，X_ Y_ Z_：快速定位终点，在 G90 时为定位终点相对于起点的位移量。

（3）注意事项。

1）G00 是模态代码。如果上一段程序为 G00，则本段的 G00 可以不写。

2）G00 一般用于加工前快速定位趋近加工点或加工后快速退刀以缩短加工辅助时间，不能用于加工过程。

3）G00 的快移速度一般由机床参数对各轴分别设定，不能用进给速度指令 F 规定。快移速度可由机床控制面板上的快速修调旋钮修正。

4）在执行 G00 指令时，由于各轴以各自速度移动，不能保证各轴同时到达终点，因而联动直线轴的合成轨迹不一定是直线。操作者必须格外小心，以免刀具与工件发生碰撞。常见的做法是，将 Z 轴移动到安全高度，再执行 G00 指令。

例：如图 2-14 所示，使用 G00 编程，要求刀具从 A 点快速定位到 B 点。

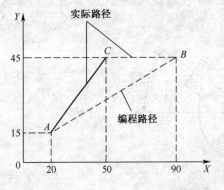

从 A 到 B 快速定位

绝对值编程：
G90 G00 Z100.;　先抬到安全高度
X90. Y45.;　　　再快移到目标点
增量值编程：
G91 G00 Z100.;　先抬到安全高度
X70. Y30.;　　　再快移到目标点

图 2-14　G00 编程

四、直线插补指令 G01

（1）格式：G01 X_ Y_ Z_ F_ ;

（2）说明。

X_ Y_ Z_：为切削终点坐标位置，可三轴联动或二轴联动或单轴移动。

F_：指定切削进给速度，单位一般设定为 mm/min。

现以图 2-15 说明 G01 用法。假设刀具由程序原点往上铣削轮廓外形。

```
G90 G01 Y17.0 F80;
X -10.0 Y30.0;
G91 X -40.0;
Y -18.0;
G90 X -22.0 Y0;
X0;
```

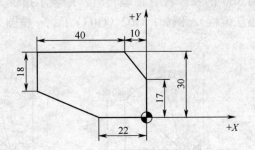

图 2-15 G01 指令用法

F 功能具有续效性，故切削速度相同时，下一程序段可省略，如上面程序所示。

五、圆弧插补指令（G02、G03）

1. 指令格式

G02 为按指定进给速度的顺时针圆弧插补。

G03 为按指定进给速度的逆时针圆弧插补。

在 X-Y 平面上的圆弧：

$$G17 \begin{Bmatrix} G20 \\ G03 \end{Bmatrix} X\_ Y\_ \begin{Bmatrix} I\_ J\_ \\ R\_ \end{Bmatrix} R\_$$

在 Z-X 平面上的圆弧：

$$G18 \begin{Bmatrix} G20 \\ G03 \end{Bmatrix} X\_ Z\_ \begin{Bmatrix} I\_ K\_ \\ R\_ \end{Bmatrix} F\_$$

在 Y-Z 平面上的圆弧：

$$G19 \begin{Bmatrix} G20 \\ G03 \end{Bmatrix} X\_ Z\_ \begin{Bmatrix} J\_ K\_ \\ R\_ \end{Bmatrix} F\_$$

X_Y_Z_：圆弧终点坐标位置。

R_：圆弧半径，当圆弧圆心角≤180°时，R 值为正；当圆弧圆心角＞180°，而＜360°时，R 值为负。

I_J_K_：分别为 X、Y、Z 轴圆心相对于圆弧起点的坐标增量（矢量值，有正负之分），为零时可省略。

2. 圆弧顺逆方向的判别

沿着不在圆弧平面内的坐标轴，由正方向向负方向看，顺时针方向 G02，逆时针方向 G03，如图 2-16 所示。

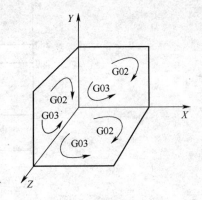

图 2-16 圆弧方向判别

各平面内圆弧情况见图 2-17，图 2-17（a）表示 XY 平面的圆弧插补，图 2-17（b）表示 ZX 平面的圆弧插补，图 2-17（c）表示 YZ 平面的圆弧插补。

3. 说明

（1）X、Y、Z 的值指圆弧插补的终点坐标值。

（2）G02、G03 时，刀具相对工件以 F 指令的进给速度从当前点向终点进行插补加工，G02 为顺时针方向圆弧插补，G03 为逆时针方向圆弧插补。

（3）同一程序段中指令 I、J、K、R 同时使用时，R 优先，I、J、K 无效。

（4）X、Y、Z 同时省略时，表示起点和终点重合，若用 I、J、K 指定圆心，相当于指令为 360°的弧，若用 R 编程时，则表示指令为 0°的弧（即在加工整圆时，只能使用 I、J、K 圆心法编程）。例如：G02（G03）I...；　整圆　　　G02（G03）R...；　不动。

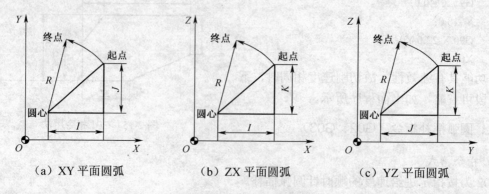

(a) XY 平面圆弧　　　　　(b) ZX 平面圆弧　　　　　(c) YZ 平面圆弧

图 2-17　各平面内圆弧情况

（5）无论用绝对还是用相对编程方式，I、J、K 都为圆心相对于圆弧起点的坐标增量（矢量值，有正负之分），为零时可省略（也有的机床厂家的指令 I、J、K 为起点相对于圆心的坐标增量）。

例：在图 2-18 中，当圆弧 A 的起点为 P1，终点为 P2，圆弧插补程序段为：
G02 X321.65 Y280.0 I40.0 J140.0 F50，或：G02 X321.65 Y280.0 R-145.6 F50
当圆弧 A 的起点为 P2，终点为 P1 时，圆弧插补程序段为：
G03 X160.0 Y60.0 I-121.65 J-80.0 F50，或：G03 X160.0 Y60.0 R-145.6 F50

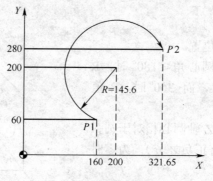

图 2-18　圆弧插补应用

六、刀具基本知识

1. 数控机床对刀具的要求

为了保证数控机床的加工精度，提高生产率及降低刀具的消耗，在选用数控机床所用刀具时，对刀具提出更高的要求，如可靠的断屑、高的耐用度、快速调整与更换等。

（1）适应高速切削要求，具有良好的切削性能。为提高生产效率和加工高硬度材料的要求，数控机床向着高速度、大进给、高刚性和大功率发展。中等规格的加工中心，其主轴最高转速一般为 3000～5000r/min，工作进给由 0～5m/min 提高到 0～15m/min。

（2）适应高硬度工件材料（如淬火模具钢）的加工。数控机床所用刀具必须有承受高速切削和较大进给量的性能，而且要求刀具有较高的耐用度。新型刀具材料，如涂层硬质合金、陶瓷和超硬材料（如聚晶金刚石和立方氮化硼）的使用，更能发挥数控机床的优势。

（3）高的可靠性。数控机床加工的基本前提之一是刀具的可靠性，加工中不会发生意外的损坏。刀具的性能一定要稳定可靠，同一批刀具的切削性能和耐用度不得有较大差异。

（4）较高的刀具耐用度。刀具在切削过程中不断地被磨损而造成工件尺寸的变化，从而影响加工精度。刀具在两次调整之间所能加工出合格零件的数量，称为刀具的耐用度。在数控机床加工过程中，提高刀具耐用度非常重要。

（5）高精度。为了适应数控机床的高精度加工，刀具及其装夹机构必须具有很高的精度，以保证它在机床上的安装精度（通常在 0.005mm 以内）和重复定位精度。

（6）可靠的断屑及排屑措施。切屑的处理对保证数控机床正常工作有着特别重要的意义。在数控机床加工中，紊乱的带状切屑会给加工过程带来很多危害，在可靠卷屑的基础上，还需要畅通无阻地排屑。对于孔加工刀具尤其如此。

（7）精确迅速的调整。数控机床及加工中心所用刀具一般带有调整装置，这样就能够补偿由于刀具磨损而造成的工件尺寸的变化。

（8）自动快速的换刀。数控机床一般采用机外预调尺寸的刀具，而且换刀是在加工的自动循环过程中实现的，即自动换刀。这就要求刀具应能与机床快速、准确地接合和脱开，并能适应机械手或机器人的操作。所以连接刀具的刀柄、刀杆、接杆和装夹刀头的刀夹，已发展成各种适应自动化加工要求的结构，成为包括刀具在内的数控工具系统。

（9）刀具标准化、模块化、通用化及复合化。数控机床所用刀具的标准化，可使刀具品种规格减少，成本降低。数控工具系统模块化、通用化，可使刀具适用于不同的数控机床，从而提高生产率，保证加工精度。

2. 数控刀具的种类

数控机床在加工中必须使用数控刀具。其中齿轮刀具、花键及孔加工刀具、螺纹专用刀具等属于成形刀具。数控刀具主要指数控车床、数控铣床、加工中心等机床上使用的刀具。

数控刀具从结构上可以分为：

（1）整体式。由整块材料磨制而成。使用时根据不同用途将切削部分磨成所需形状。优点是结构简单、使用方便、可靠、更换迅速等。

（2）镶嵌式。分为焊接式和机夹式。机夹式又可根据刀体结构的不同，分为不转位刀具和可转位刀具。

（3）减振式。当刀具的工作长度与直径比大于 4 时，为了减少刀具的振动，提高加工精度，应该采用特殊结构的刀具。主要应用在镗孔加工上。

（4）内冷式。刀具的切削冷却液通过机床主轴或刀盘流到刀体内部，并从喷孔喷射到刀具切削刃部位。

（5）特殊式。包括强力夹紧、可逆攻丝、复合刀具等。

现在数控机床的刀具主要采用不重磨机夹可转位刀具。

3. 数控机床所用刀具材料的类型与选择

（1）刀具切削部分的材料必须具备以下性能条件：

1）较高的硬度和耐磨性。

2）足够的强度和韧性。

3）较高的耐热性。

4）较好的导热性。

5）良好的工艺性。

（2）刀具材料。目前所采用的刀具材料，主要有高速钢、硬质合金、陶瓷、立方氮化硼和聚晶金刚石。

1）高速钢。高速钢是一种加入了较多的钨、钼、铬、钒等合金元素的的高合金工具钢。高速钢具有较高的热稳定性、高的强度和韧性、一定的硬度和耐磨性，在 600℃仍然能保持较高的硬度。按用途不同，高速钢可分为通用型高速钢和高性能高速钢。

通用型高速钢广泛用以制造各种复杂刀具，可以切削硬度在 250～280HBS 以下的结构钢和铸铁材料。其典型牌号有 W18Cr4V（简称 W18）、W14Cr4VMnXt、W6M05Cr4v2（简称 M2）、W9Mo3Cr4V（简称 W9）。高性能高速钢包括高碳高速钢、高钒高速钢、钴高速钢和超硬高速钢等。其刀具耐用度约为通用型高速钢刀具的 1.5～3 倍，适合于加工超高强度等难加工材料。其典型牌号有 W2Mo9Cr4Vo8（M42），是应用最广的含钴超硬高速钢，具有良好的综合性能；W6Mo5Cr4V2AI 和 W10Mo4Cr4V3AI（5F-6）是两种含铝的超硬高速钢，具有良好的切削性能。

2）硬质合金。硬质合金是将钨钴类（WC）、钨钴钛（WC-TiC）、钨钛钽（铌）钴（WC-TiC-TaC）等难熔金属碳化物，用金属粘结剂 Co 或 Ni 等经粉末冶金方法压制烧结而成。

按照 ISO 标准，以硬质合金的硬度、抗弯强度等指标为依据，将切削用硬质合金分为三类：P 类（相当于我国的 YT 类）、K 类（相当于我国的 YG 类）和 M 类（相当于我国的 YW 类）。

在 ISO 标准中，通常又在 K、P、M 三种代号之后附加 01、05、10、20、30、40、50 等数字进一步细分。一般说来，数字越小，硬度越高，韧度降低；数字越大，韧度提高，但硬度降低。

3）陶瓷刀具材料。陶瓷刀具材料的品种牌号很多。按其主要成分大致可分为以下三类。

① 氧化铝系陶瓷。此类陶瓷的突出优点是硬度及耐磨性高，缺点是脆性大，抗弯强度低，抗热冲击性能差，目前多用于铸铁及调质钢的高速精加工。

② 氮化硅系陶瓷。这种陶瓷的抗弯强度和断裂韧性比氧化铝系陶瓷有所提高，抗热冲击性能也较好，在加工淬硬钢、冷硬铸铁、石墨制品及玻璃钢等材料时有很好的效果。

③ 复合氮化硅—氧化铝（$Si_3N_4+Al_2O_3$）系陶瓷。该材料具有极好的耐高温性能、抗热冲击和抗机械冲击性能，是加工铸铁材料的理想刀具。其特点之一是能采用大进给量，加之允许采用很高的切削速度，因此可以极大地提高生产率。

4）立方氮化硼（CBN）。立方氮化硼是靠超高压、高温技术人工合成的新型材料，其结构与金刚石相似。它的硬度略逊于金刚石，但热硬性远高于金刚石，且与铁族元素亲和力小，加工中不易产生切屑瘤。

5）聚晶金刚石（PCD）。聚晶金刚石是用人造金刚石颗粒，通过添加 CO、硬质含金、NiCr、Si-SiC 以及陶瓷结合剂，在高温（1200℃）、高压下烧结成形的刀具，在实际中得到了广泛应用。

上述几类刀具材料，从总体上来说，在材料的硬度、耐磨性方面，金刚石最高，立方氮化硼、陶瓷、硬质合金到高速钢依次降低；而从材料的韧性来看，则高速钢最高，硬质合金、陶瓷、立方氮化硼、金刚石依次降低。如图 2-19 所示，显示了目前实用的各种刀具材料硬度和韧性排列的大致位置。涂层刀具材料具有较好的实用性能，也是将来实现刀具材料硬度和韧性并存的重要手段。在数控机床中，目前采用最为广泛的刀具材料是硬质合金。因为从经济性、适应性、多样性、工艺性等多方面，硬质合金的综合效果都优于陶瓷、立方氮化硼、聚晶金刚石。

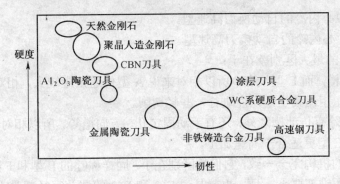

图 2-19 刀具材料硬度和韧性

4. 刀柄的种类

加工中心的主轴锥孔通常分为两大类，即锥度为 7:24 的通用系统和 1:10 的 HSK 真空系统。

（1）7:24 锥度的通用刀柄。刀具必须装在标准的刀柄内，我国提出了 TSG 工具系统，并制定了刀柄标准（参见 TSG 系统标准），标准中有直柄及 7:24 锥度的锥柄两类，分别用于圆柱形主轴孔及圆锥形主轴孔。为了使机械手能可靠地抓取刀具，刀柄必须有合理的夹持部分。图 2-20 是强力刀柄结构图。

1—键槽；2—机械手夹持槽；3—与主轴的定位面；4—螺孔

图 2-20 强力刀柄结构图

（2）1:10 的 HSK 真空刀柄。HSK 真空刀柄的德国标准是 DIN69873，如图 2-21 所示，有六种标准和规格，即 HSK-A、HSK-B、HSK-C、HSK-D、HSK-E 和 HSK-F，常用的有三种：HSK-A（带内冷自动换刀）、HSK-C（带内冷手动换刀）和 HSK-E（带内冷自动换刀，高速型）。7:24 的通用刀柄是靠刀柄的 7:24 锥面与机床主轴孔的 7:24 锥面接触定位连接的，在高速加工、连接刚性和重合精度三方面有局限性。HSK 真空刀柄靠刀柄的弹性变形，不但刀柄的 1:10 锥面与机床主轴孔的 1:10 锥面接触，而且使刀柄的法兰盘面与主轴面也紧密接触，这种双面接触系统在高速加工、连接刚性和重合精度上均优于 7:24 的，HSK 刀柄有 A 型、B 型、C 型、D 型、E 型、F 型等多种规格，其中常用于加工中心（自动换刀）上的有 A 型、E 型和 F 型。HSK 高精度高速刀柄（液压柄、热装柄、加长柄、侧固柄、弹簧夹头刀柄、及精密镗刀）优越的动平衡性能能满足转速高达 45000r/min 的高速机床。

HSK 刀柄的 6 种形式：

● A 型，带中心内冷的自动换刀型。

● B 型，带端面内冷的自动换刀型。

● C 型，带中心内冷的手动换刀型。

● D 型，带端面内冷的手动换刀型。

- E 型，带中心内冷的自动换刀高速型。
- F 型，无中心内冷的自动换刀高速型。

1）A 型和 E 型的最大区别就在于：

① A 型有传动槽，而 E 型没有。所以相对来说 A 型传递扭矩较大，相对可进行一些重切削。而 E 型传递的扭矩比较小，只能进行一些轻切削。

② A 型刀柄上除有传动槽之外，还有手动固定孔、方向槽等，所以相对来说平衡性较差。而 E 型没有，所以 E 型更适合于高速加工。

2）E 型和 F 型的机构完全一致，它们的区别在于：同样称呼的 E 型和 F 型刀柄（比如 E63 和 F63），F 型刀柄的锥部要小一号。也就是说 E63 和 F63 的法兰直径都是 φ63，但 F63 的锥部尺寸只和 E50 的尺寸一样。所以和 E63 相比，F63 的转速会更快（主轴轴承小）。

5. 刀具的选取

采用的刀具要根据被加工零件的材料、几何形状、表面质量要求、热处理状态、切削性能及加工余量等，选择刚性好、耐用度高的刀具。常见刀具如图 2-22 所示。

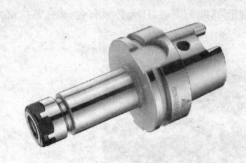

图 2-21　HSK-A 简夹式刀柄

图 2-22　常见刀具

（1）铣刀类型选择。

被加工零件的几何形状是选择刀具类型的主要依据。

1）加工曲面类零件时，为了保证刀具切削刃与加工轮廓在切削点相切，避免刀刃与工件轮廓发生干涉，一般采用球头刀，粗加工用两刃铣刀，半精加工和精加工用四刃铣刀，如图 2-23 所示。

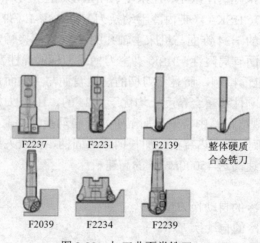

F2237　　F2231　　F2139　　整体硬质合金铣刀

F2039　　F2234　　F2239

图 2-23　加工曲面类铣刀

2）铣较大平面时，为了提高生产效率和提高加工表面粗糙度，一般采用刀片镶嵌式盘形铣刀，如图 2-24 所示。

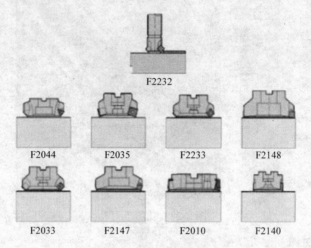

图 2-24 加工大平面铣刀

3）铣小平面或台阶面时一般采用通用铣刀，如图 2-25 所示。

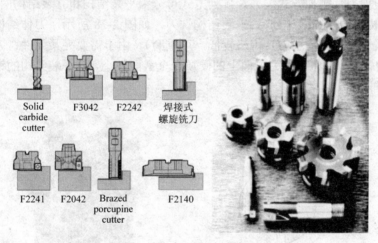

图 2-25 加工台阶面铣刀

4）铣键槽时，为了保证槽的尺寸精度，一般用两刃键槽铣刀，如图 2-26 所示。

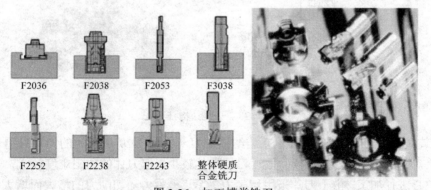

图 2-26 加工槽类铣刀

5) 孔加工时，可采用钻头、镗刀等孔加工类刀具，如图 2-27 所示。

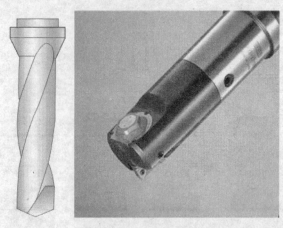

图 2-27　孔加工刀具

（2）铣刀结构选择。

铣刀一般由刀片、定位元件、夹紧元件和刀体组成。由于刀片在刀体上有多种定位与夹紧方式，刀片定位元件的结构又有不同类型，因此铣刀的结构形式有多种，分类方法也较多。选用时，主要根据刀片排列方式。刀片排列方式可分为平装结构和立装结构两大类。

1) 平装结构（刀片径向排列）。平装结构铣刀，如图 2-28 所示，刀体结构工艺性好，容易加工，并可采用无孔刀片（刀片价格较低，可重磨）。由于需要夹紧元件，刀片的一部分被覆盖，容屑空间较小，且在切削力方向上的硬质合金截面较小，故平装结构的铣刀一般用于轻型和中量型的铣削加工。

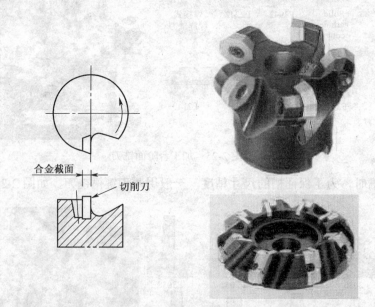

图 2-28　平装结构铣刀

2) 立装结构（刀片切向排列）。立装结构铣刀（如图 2-29 所示）的刀片只用一个螺钉固定在刀槽上，结构简单，转位方便。虽然刀具零件较少，但刀体的加工难度较大，一般需用五坐标加工中心进行加工。由于刀片采用切削力夹紧，夹紧力随切削力的增大而增大，因此可省去夹紧元件，增大了容屑空间。由于刀片切向安装，在切削力方向的硬质合金截面较大，因而可进行大切深、大走刀量切削，这种铣刀适用于重型和中量型的铣削加工。

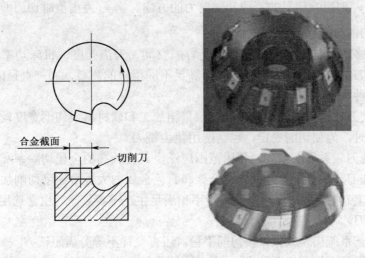

图 2-29　立装结构铣刀

（3）铣刀角度的选择。

铣刀的角度有前角、后角、主偏角、副偏角、刃倾角等。为满足不同的加工需要，有多种角度组合形式。各种角度中最主要的是主偏角和前角（制造厂的产品样本中对刀具的主偏角和前角一般都有明确说明）。

1）主偏角 κ_r。主偏角为切削刃与切削平面的夹角，如图 2-30 所示。铣刀的主偏角有 90°、88°、75°、70°、60°、45° 等几种。

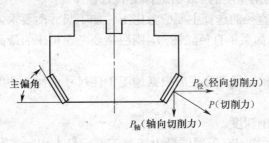

图 2-30　主偏角

主偏角对径向切削力和切削深度影响很大。径向切削力的大小直接影响切削功率和刀具的抗振性能。铣刀的主偏角越小，其径向切削力越小，抗振性也越好，但切削深度也随之减小。

90° 主偏角，在铣削带凸肩的平面时选用，一般不用于单纯的平面加工。该类刀具通用性好（既可加工台阶面，又可加工平面），在单件、小批量加工中选用。由于该类刀具的径向切削力等于切削力，进给抗力大，易振动，因而要求机床具有较大功率和足够的刚性。在加工带凸肩的平面时，也可选用 88° 主偏角的铣刀，较之 90° 主偏角铣刀，其切削性能有一定改善。

60°～75° 主偏角，适用于平面铣削的粗加工。由于径向切削力明显减小（特别是 60° 时），其抗振性有较大改善，切削平稳、轻快，在平面加工中应优先选用。75° 主偏角铣刀为通用型刀具，适用范围较广；60° 主偏角铣刀主要用于镗铣床、加工中心上的粗铣和半精铣加工。

45° 主偏角，此类铣刀的径向切削力大幅度减小，约等于轴向切削力，切削载荷分布在较长的切削刃上，具有很好的抗振性，适用于镗铣床主轴悬伸较长的加工场合。用该类刀具加工平面时，刀片破损率低，耐用度高；在加工铸铁件时，工件边缘不易产生崩刃。

2）前角 γ。铣刀的前角可分解为径向前角 γ_f 和轴向前角 γ_p，径向前角 γ_f 主要影响切削功率；轴向前角 γ_p 则影响切屑的形成和轴向力的方向，当 γ_p 为正值时切屑即飞离加工面。

（4）铣刀的齿数（齿距）选择。

铣刀齿数多，可提高生产效率，但受容屑空间、刀齿强度、机床功率及刚性等的限制，不同直径的铣刀的齿数均有相应规定。为满足不同用户的需要，同一直径的铣刀一般有粗齿、中齿、密齿三种类型。

1）粗齿铣刀。适用于普通机床的大余量粗加工和软材料或切削宽度较大的铣削加工；当机床功率较小时，为使切削稳定，也常选用粗齿铣刀。

2）中齿铣刀。系通用系列，使用范围广泛，具有较高的金属切除率和切削稳定性。

3）密齿铣刀。主要用于铸铁、铝合金和有色金属的大进给速度切削加工。在专业化生产（如流水线加工）中，为充分利用设备功率和满足生产节奏要求，也常选用密齿铣刀（此时多为专用非标铣刀）。

为防止工艺系统出现共振，使切削平稳，还有一种不等分齿距铣刀。如某公司的 NOVEX 系列铣刀均采用了不等分齿距技术。在铸钢、铸铁件的大余量粗加工中建议优先选用不等分齿距的铣刀。

（5）铣刀直径的选择。

铣刀直径的选用视产品及生产批量的不同差异较大，刀具直径的选用主要取决于设备的规格和工件的加工尺寸。

1）平面铣刀。选择平面铣刀直径时主要需考虑刀具所需功率应在机床功率范围之内，也可将机床主轴直径作为选取的依据。平面铣刀直径可按 $D=1.5d$（d 为主轴直径）选取。在批量生产时，也可按工件切削宽度的 1.6 倍选择刀具直径。

2）立铣刀。立铣刀直径的选择主要应考虑工件加工尺寸的要求，并保证刀具所需功率在机床额定功率范围以内。如系小直径立铣刀，则应主要考虑机床的最高转数能否达到刀具的最低切削速度（60m/min）。

3）槽铣刀。槽铣刀的直径和宽度应根据加工工件尺寸选择，并保证其切削功率在机床允许的功率范围之内。

（6）铣刀的最大切削深度。

不同系列的可转位面铣刀有不同的最大切削深度。最大切削深度越大的刀具所用刀片的尺寸越大，价格也越高，因此从节约费用、降低成本的角度考虑，选择刀具时一般应按加工的最大余量和刀具的最大切削深度选择合适的规格。当然，还需要考虑机床的额定功率和刚性应能满足刀具使用最大切削深度时的需要。

（7）刀片牌号的选择。

合理选择刀片硬质合金牌号的主要依据是被加工材料的性能和硬质合金的性能。一般选用铣刀时，可按刀具制造厂提供加工的材料及加工条件，来配备相应牌号的硬质合金刀片。

由于各厂生产的同类用途硬质合金的成分及性能各不相同，硬质合金牌号的表示方法也不同，为方便用户，国际标准化组织规定，切削加工用硬质合金按其排屑类型和被加工材料分为三大类：P 类、M 类和 K 类。根据被加工材料及适用的加工条件，每大类中又分为若干组，用两位阿拉伯数字表示，每类中数字越大，其耐磨性越低、韧性越高。

P 类合金（包括金属陶瓷）用于加工产生长切屑的金属材料，如钢、铸钢、可锻铸铁、不锈钢、耐热钢等。其中，组号越大，可选用越大的进给量和切削深度，而切削速度则应越小。

M 类合金用于加工产生长切屑和短切屑的黑色金属或有色金属，如钢、铸钢、奥氏体不锈钢、耐热钢、可锻铸铁、合金铸铁等。其中，组号越大，可选用越大的进给量和切削深度，而切削速度则应越小。

K 类合金用于加工产生短切屑的黑色金属、有色金属及非金属材料，如铸铁、铝合金、铜合金、塑料、硬胶木等。其中，组号越大，则可选用越大的进给量和切削深度，而切削速度则应越小。

上述三类牌号的选择原则如表 2-5 所示。

表 2-5 P、M、K 类合金切削用量的选择

	P01	P05	P10	P15	P20	P25	P30	P40	P50
	M10	M20	M30	M40					
	K01	K10	K20	K30	K40				
进给量				→→→					
背吃刀量				→→→					
切削速度			←←←						

七、夹具基本知识

1. 机床夹具的组成

机床夹具根据其作用和功能通常可由定位元件、夹紧装置、安装连接元件和夹具体等几部分组成，如图 2-31 所示。

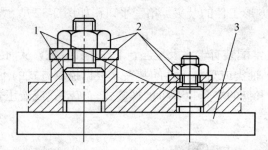

1—定位元件；2—夹紧装置及安装连接元件；3—夹具体

图 2-31 机床夹具结构图

2. 数控机床对夹具的基本要求

（1）精度和刚度要求。

（2）定位要求。

（3）敞开性要求。

（4）快速装夹要求。

（5）排屑容易。

3. 夹具的选用原则

在选用夹具时，通常需要考虑产品的生产批量、生产效率、质量保证及经济性，选用时可参考下列原则：在生产量小或研制时，应广泛采用万能组合夹具，只有用组合夹具无法解决时才考虑采用其他夹具。小批量或成批生产时可考虑采用专用夹具，但应尽量简单。在生产批量较大时可考虑采用多工位夹具和气动、液压夹具。

4. 常用夹具种类

数控铣削加工常用的夹具大致有下列几种：

（1）万能组合夹具。适用于小批量生产或研制时的中、小型工件在数控铣床上进行铣加工。

（2）专用铣切夹具。是特别为某一项或类似的几项工件设计制造的夹具，一般在批量生产或研制时非要不可时采用。

（3）多工位夹具。可以同时装夹多个工件，可减少换刀次数，也便于一面加工，一面装卸工件，有利于缩短准备时间，提高生产率，较适宜于中批量生产。

（4）气动或液压夹具。适用于生产批量较大，采用其他夹具又特别费工、费力的工件。能减轻工人劳动强度和提高生产率，但此类夹具结构较复杂，造价往往较高，而且制造周期较长。

（5）真空夹具。适用于有较大定位平面或具有较大可密封面积的工件。有的数控铣床（如壁板铣床）自身带有通用真空平台，在安装工件时，对形状规则的矩形毛坯，可直接用特制的橡胶条（有一定尺寸要求的空心或实心圆形截面）嵌入夹具的密封槽内，再将毛坯放上，开动真空泵，就可以将毛坯夹紧。对形状不规则的毛坯，用橡胶条已不太适应，须在其周围抹上腻子（常用橡皮泥）密封，这样做不但很麻烦，而且占机时间长，效率低。为了克服这种困难，可以采用特制的过渡真空平台，将其叠加在通用真空平台上使用。

5. 数控铣床/加工中心用夹具类型

除上述几种夹具外，数控铣削加工中也经常采用虎钳、分度头和三爪夹盘等通用夹具。

（1）装夹单件、小批量工件的夹具。

1）平口钳。这是数控铣床/加工中心最常用的夹具之一，这类夹具具有较大的通用性和经济性，适用于尺寸较小的方形工件的装夹。精密平口钳如图 2-32 所示，通常采用机械螺旋式、气动式或液压式夹紧方式。

2）分度头。这类夹具常配装有卡盘及尾座，工件横向放置，从而实现对工件的分度加工，如图 2-33 所示，主要用于轴类或盘类工件的装夹。根据控制方式的不同，分度头可分为普通分度头和数控分度头，其卡盘的夹紧也有机械螺旋式、气动式或液压式等多种形式。

图 2-32　精密平口钳　　　　　　　　　　　　图 2-33　分度头

3）压板。对于形状较大或不便使用平口钳等夹具夹紧的工件，可用压板直接将工件固定在机床工作台上（见图 2-34（a）），但这种装夹方式只能进行非贯通的挖槽或钻孔、部分外形等加工；也可在工件下面垫上厚度适当且加工精度较高的等高垫块后再将其紧（见图 2-34（b）），这种装夹方法可进行贯通的挖槽或钻孔、部分外形加工。另外，压板通过 T 形螺母、螺栓、垫铁等元件将工件压紧。

（2）装夹中、小批量工件的夹具。中、小批量工件在数控铣床/加工中心上加工时，可采用组合夹具进行装夹。组合夹具由于具有可拆卸和重新组装的特点，是一种可重复使用的专用夹具系统。但组合夹具各元件间相互配合的环节较多，夹具刚性、精度比不上其他夹具。其次，使用组合夹具首次投资大，总体显得笨重，还有排屑不便等不足。

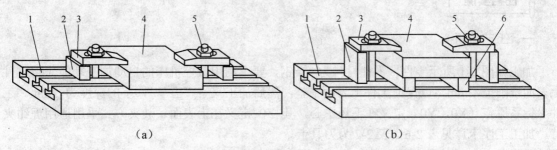

（a） （b）

1—工作台；2—支撑块；3—压板；4—工件；5—双头螺栓；6—等高垫块

图 2-34 用压板夹紧工件

目前，常用的组合夹具系统有槽系组合夹具系统和孔系组合夹具系统，如图 2-35 所示。

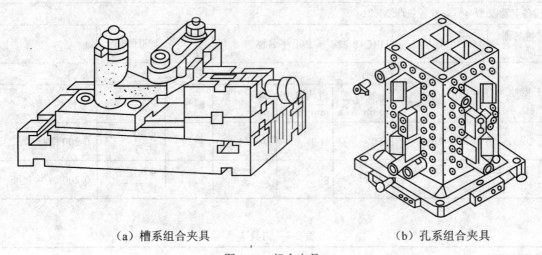

（a）槽系组合夹具 （b）孔系组合夹具

图 2-35 组合夹具

（3）装夹大批量工件的夹具。大批量工件加工时，为保证加工质量，提高生产率，可根据工件形状和加工方式采用专用夹具装夹工件。

专用夹具是根据某一零件的结构特点专门设计的夹具，具有结构合理、刚性强、装夹稳定可靠、操作方便、装夹速度快等优点，因而可大大提高生产效率。但是，由于专用夹具加工适用性差（只能定位夹紧某一种零件），且设计制造周期长、投资大等，因而通常用于工序多、形状复杂的零件加工。图 2-36 所示为装夹行星轮架的专用夹具。

图 2-36 专用夹具

任务实施

一、工艺分析

加工如图 2-1 所示零件，零件材料为 45# 钢，要求利用数控机床的自动加工功能先将零件上表面铣削掉 2mm，以保证工件上表面平整，然后加工汉字"五一"，字的深度为 2mm。工件坐标系原点（X0，Y0）定义在毛坯中心，其 Z0 定义在上表面。装夹方式采用通用虎钳夹持。加工工序卡详见表 2-6，表 2-7 为刀具卡。

表 2-6　平面零件加工序卡

数控加工工序卡							
零件名称	平面零件	零件图号	010			夹具名称	精密虎钳
设备名称及型号	数控铣床 XK713						
材料名称及牌号	45	硬度	HRC18-22	工序名称	数控综合加工	工序号	1
工步号	工步内容	切削用量			刀具		量具
		主轴转速 r/min	进给速度 mm/min	背吃刀量 mm	编号	名称	名称
1	精加工上表面	550	160	0.5	T1	φ80 端面铣刀	0-200 游标卡尺
2	汉字"五一"的铣削	1200	80	2	T2	φ6 键槽铣刀	0-200 游标卡尺

表 2-7　刀具卡

数控铣床刀具调整卡							
零件名称			平面零件			零件图号	010
设备名称		数控铣床	设备型号	数控铣床 XK713		程序号	0000001
材料名称及牌号		45	硬度	HRC18-22	工序名称	数控综合加工	工序号	1
序号	刀具编号	刀具名称	刀片材料牌号	刀具参数		刀补地址	
						半径	长度
1	T1	φ80 端面铣刀（5 个刀片）	硬质合金	φ80			H1
2	T2	φ6 键槽铣刀	高速钢	φ6			H2

二、编写加工程序

（1）分析零件各尺寸之间的关系，选择工件的中心作为工件坐标系原点。

（2）进行平面程序的编辑，如表 2-8 所示。

表 2-8　平面铣削程序

O0001；	程序头
G54　G90　M03　S550；	程序前的准备
G00　X100.0　Y-30.0；	快速点定位
Z10.0；	快速下刀
G01　Z-2.0　F200；	Z 优先下刀切削
G01 X-100 F160；	直线插补至 X-100mm 处
G00　Y30.；	快速定位至 Y30.mm 处
G01　X100.；	直线插补至 X100mm 处
G90　G00　Z50.0；	退刀到安全高度
G28　G91　Y0；	移动机床到便于测量位置
M05；	主轴停止
M30；	程序结束

（3）"五一"图形的加工程序，如表 2-9 所示。

表 2-9　五一加工程序

O0002；	程序头
G54　G90　M03　S800；	程序前的准备
G00　X-43.0　Y22.0；	快速定位
Z10.0；	快速下刀
G01　Z-2.0　F200；	Z 优先下刀切削
X-5.0；	
G01　Z10.0　F300；	
X-25.0　Y22.0；	
G01　Z-2.0　F200；	
Y-28.0	
X-46.0	
X2.0	
G01　Z10.0　F300	
X-43.0　Y0	
G01　Z-2.0　F200	
X-3.0	
Y-28.0	
G01　Z10.0　F300	
X10.0　Y0	
G01　Z-2.0　F200	
X44.0	
G00　Z50.0	退刀到安全高度
G28　G91　Y0	移动机床到便于测量位置
M05	主轴停止
M30	程序结束

（4）程序输入及加工。

1）前期操作请参考模块一中的步骤。

2）在编辑工作方式下进行加工程序的输入。

步骤：选择编辑方式键——选择编辑页面键——进行程序的输入，如图 2-37 所示。

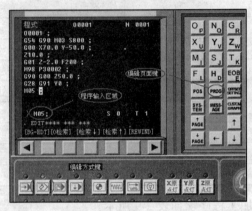

图 2-37　程序输入步骤

3）图形模拟功能。为了检验编好的程序是否正确，可利用图形模拟功能键完成，如图 2-38 所示。

步骤：程序输入完成后，选择自动运行方式键——图形模拟功能键——循环启动键。

此时工作区域会自动切换成刀具轨迹路线显示页面，刀具不进行切削加工，只进行模拟轨迹的显示，当轨迹路线无误时，即可将图形模拟功能关闭（再次选择图形模拟功能键即可取消），进行正常的切削加工。

4）"五一"的加工步骤同上两步，加工完成后如图 2-39 所示。

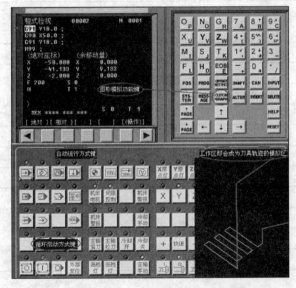

图 2-38　图形模拟

图 2-39　"五一"零件加工

三、加工方法与技巧

此零件的毛坯尺寸为 $100 \times 100 \times 80$，采用平口钳装夹工件。

（1）平口虎钳的安装。在安装平口钳之前，应先擦净钳座底面和机床工作台面，然后将平口钳轻放到机床工作台面上。应根据加工工件的具体要求，选择好平口钳的安装方位。通常平口钳有两种安装方式，如图 2-40 所示。

（a）固定钳口与主轴轴心线垂直　　　　（b）固定钳口与主轴轴心线平行

图 2-40　平口钳的安装方式

（2）用百分表校正平口钳。在校正平口钳之前，用螺栓将其与机床工作台固定约六成紧。将磁性表座吸附在机床主轴或导轨面上，百分表安装在表座接杆上，通过机床手动操作模式，使表测量触头垂直接触平口钳固定钳口平面，百分表指针压缩量为 2 圈（5mm 量程的百分表），来回移动工作台，根据百分表的读数调整平口钳位置，直至表的读数在钳口全长范围内一致，并完全紧固平口钳，如图 2-41 所示。

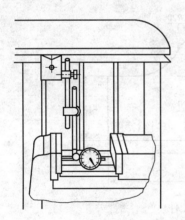
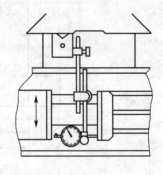

（a）校正固定钳口与主轴轴心线垂直　　　　（b）校正固定钳口与主轴轴心线平行

图 2-41　用百分表校正平口钳

思考与练习

1. 什么是数控程序？编程的一般步骤是什么？
2. 程序是由哪几个部分组成的？程序段是由哪几个部分组成的？
3. 什么是准备功能？什么是辅助功能？
4. 编程基本 G 指令及常用 M 指令的含义及格式是什么？
5. 简述 G00、G01 指令的含义、格式及其注意事项。
6. 数控刀具从结构上可以分为哪几类？
7. 数控机床对夹具的基本要求是什么？简述夹具的选有原则？
8. 完成如图 2-42 所示工件的编程与加工。毛坯尺寸 60×60×20，长方体毛坯。

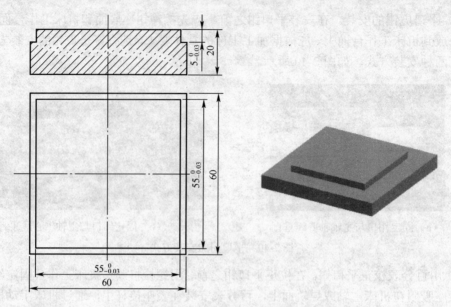

图 2-42 台阶面外轮廓

9. 加工如图 2-43 所示平面轮廓类零件。

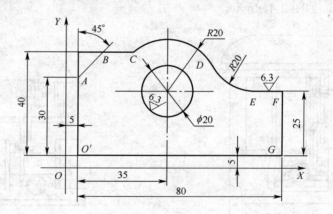

图 2-43 平面轮廓工件

模块三　轮廓类零件的加工

能力目标:

- 刀具半径补偿 G41、G42、G40 的应用
- 刀具长度补偿 G43、G44、G49 的应用
- 轮廓类零件的加工工艺及注意事项

相关知识:

- 刀具知识
- 加工的顺逆铣

任务分析

模板是模具生产中经常加工的零件,相对于模具的其他零件,它的形状比较简单,主要由各种槽和孔的形状组成。如图 3-1 所示为常见的一块动模固定板模板,材料为 45#钢,主要形状由中间槽和相应的孔组成,四个角上有四个导柱过孔。

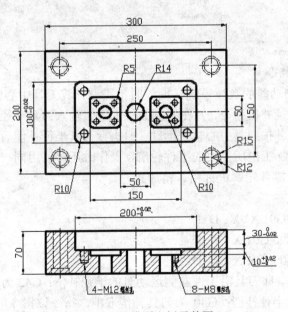

图 3-1　动模固定板零件图

本模板使用数控铣床设备的型号为 XK713,数控系统为 FANUC 0i MC 系统。

确定本模板由数控工序加工的内容为:

(1) 中间长 200mm,宽 100mm,深 30mm 的型腔,由于为配合尺寸,所以要求加工的精度比较高,可以采用立铣刀进行加工。

(2) 大槽内的两个 50mm×50mm×10mm 的小槽也由数控设备一起加工出来,这样有利于保证加工完后在高度方向的公差尺寸。

（3）其他的各个孔可以由做孔的专业设备分别完成。

在进行平面轮廓加工过程中，刀具沿轮廓铣削，其刀具中心轨迹与实际切削轮廓线将偏移一个刀具半径的距离，在编程的过程中只用零件的轮廓尺寸，就需要采用刀具半径补偿功能；而且在加工中要采用多把刀具，如果每把刀具都需要对刀也会影响到加工效率，所以还需要采用刀具长度补偿功能来简化程序的编辑。

加工完成后的零件如图 3-2 所示。

图 3-2　动模固定板实体图

📜 知识链接

一、基本编程指令

1.　刀具半径补偿指令

具备刀具半径补偿功能的数控系统，编程时不需要计算刀具中心的运动轨迹，只按零件轮廓编程。使用刀具半径补偿指令，并在控制面板上手工输入刀具半径，数控装置便能自动地计算出刀具中心轨迹，并按刀具中心轨迹运动。即执行刀具半径补偿后，刀具自动偏离工件轮廓一个刀具半径，从而加工出所需的工件轮廓。操作时还可以用同一个加工程序，通过改变刀具半径的偏移量，对零件轮廓进行粗、精加工。

刀具半径补偿格式：

G17 G41/G42 G00/G01 X_ Y_ D_；

或 G18 G41/G42 G00/G01 X_ Y_ D_；

或 G19 G41/G42 G00/G01 X_ Y_ D_；

G41 为半径左补偿，即刀具沿工件左侧运动时的半径补偿；G42 为刀具半径右补偿，即刀具沿工件右侧运动时的半径补偿；G40 为刀具补偿取消，指令该指令后，G41/42 指令取消，G40 必须和 G41 或 G42 成对使用；D 为刀补号地址，是系统中记录刀具半径的存储器地址，后面跟的数字是刀具号。

（1）刀具半径左补偿 G41 和右补偿 G42 的判定。

刀具半径左补偿是指沿着刀具运动方向向前看（假设工件不动），刀具位于零件左侧的刀具半径补偿，指令代码为 G41，如图 3-3（a）所示。

刀具半径右补偿是指沿着刀具运动方向向前看（假设工件不动），刀具位于零件右侧的刀具半径补偿，指令代码为 G42，如图 3-3（b）所示。

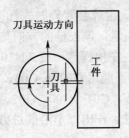

（a）刀具半径左补偿 G41

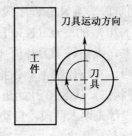

（b）刀具半径右补偿 G42

图 3-3　刀具半径补偿指令 G41、G42

（2）刀具半径补偿动作说明。

示例：编制如图 3-4 所示零件的加工程序。

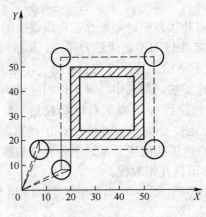

图 3-4　外轮廓零件图

按增量值编程如下：

O0001
N10 G54 G91 G17 M03 S800;
N20 G00 G41 X20.0 Y10.0 D01;
N30 G01 Y40.0 F200;
N40　　　 X30.0;
N50　　　 Y-30.0;
N60　　　 X-40.0
N70 G00 G40 X-10.0 Y-20.0 M05;
N80 M02;

按绝对编程方式如下：

O0002
N10 G54 G91 G17 M03 S800;
N20 G00 G41 X20.0 Y10.0 D01;
N30 G01 Y50.0 F200;
N40　　　 X50.0;
N50　　　 Y20.0;
N60　　　 X10.0
N70 G00 G40 X0 Y0 M05;
N80 M02;

刀具半径补偿动作说明如下：

1）启动阶段。当 N20 程序段写上 G41 和 G42 指令后，运算装置同时先行读入 N30、N40 程序段，在 N20 段的终点（N30 段的起始点），作出一个矢量，该矢量的方向与下一段的前进方向垂直向左，大小等于刀补值（即 D01 的值）。刀具中心在执行这一段（N20 段）时，就移向该矢量终点。在该段中，动作指令只能用 G00 或 G01，不能用 G02 或 G03。

2）刀补状态。从 N30 开始进入刀补状态，在此状态下，G01、G00、G02、G03 都可以使用，也是每段都先读入两段，自动按照启动阶段的矢量做法，作出每个沿前进方向左侧，加上刀补的矢量路径。

3）取消刀补。当 N70 程序段中用 G40 指令时，则在 N60 段的终点（N70 段的起始点），作出一个矢量，方向与 N60 段的前进方向垂直朝左，大小为刀补值。刀具中心就停止在这个矢量的终点，而后从这一位置开始，一边取消刀补一边移向 N70 段的终点。同样要注意，这里也只能用 G01 或 G00，而不能用 G02 或 G03 等。

4）注意事项。

① 在启动阶段开始后的刀补状态中，如果存在两段以上的没有移动的指令或存在非指定平面轴的移动指令段，则可能产生进刀不足或进刀超差。其原因是因为进入刀具状态后，只能读出连续的两段，这两段都没有进给，也没有矢量，确定不了前进的方向。

② 建立和撤销刀具半径补偿时，刀具中心离工件相应轮廓的距离应大于刀具半径值。

③ 刀具偏移状态从 G41 转换到 G42 或从 G42 转换到 G41，通常都需要经过偏移取消状态，即 G40 程序段。但是在点定位 G00 或直线插补 G01 状态时，可以直接转换。

④ 偏移量正负与刀具中心轨迹的位置关系。半径补偿偏移量可取正值，也可以取负值。与刀具长度类似，G41 和 G42 可以互相取代。

⑤ G41、G42 与顺逆铣的关系。G41 相当于顺铣，G42 相当于逆铣。

2. 刀具长度补偿

（1）刀具长度补偿原理。

数控铣床或加工中心的主要加工特点是要使工件在一次装夹中连续完成多工序的加工。在多工序加工中，必然会调用多把不同的刀具，这些刀具中有些长度不同，所以在编程中，这些长度不同的刀具在 Z 方向的实际坐标值相对工件坐标系的零点就会各不相同，如果没有刀具长度补偿的功能，在编程前就要一一分别确定各刀具的长度，然后分别找出各刀具的长度相对于坐标零点的位置关系，并编入程序。一旦加工中刀具磨损或损坏需要更换刀具时，由于刀具长度的变化，还需要改变程序中的相关参数，这样编程在实际操作中显然很不方便。因为数控加工程序是一个非常严格、规范的工艺文件，修改数控程序就是修改工艺。由于刀具磨损而非要修改图样尺寸发生的修改工艺，在企业的技术管理中往往是行不通的。为解决这个问题，刀具应相对工件设一个基准位置，不同长度工具的刀具相对于工件基准的尺寸就称为刀具长度补偿。

刀具长度补偿值作为补偿数据应便于随时设定和修改，这些设定和修改不应对加工程序产生任何改变，所以在编制程序中，不同序号的刀具便有对应的刀具长度补偿号（H01～H99）。每把刀具对应一个刀具补偿号，一经设定后，即使机床断电后也不会丢失。有了长度补偿功能，编程者可在不知道刀具长度的情况下，按假定的标准刀具长度编程，即编程不必考虑刀具的长短，实际用刀长度和标准刀长度不同时，可用长度补偿功能进行补偿。

（2）刀具长度补偿指令 G43/G44、G49。

G43/G44 指令的程序段格式：

G43/G44　Z_　H_ ;

刀具长度补偿指令一般用于轴向（Z方向）的补偿。它使刀具在Z方向的实际位移量比程序给定值增加或减少一个偏移量。这样当刀具在长度方向的尺寸发生变化时，可以在不改变程序的情况下，通过改变偏置量，加工出所需要的零件尺寸。

使用G43、G44指令时，无论用绝对尺寸还是用增量尺寸编程，程序中指定的Z轴移动的终点坐标值，都要与H所指定的寄存器中的偏置值进行运算，G43是相加，G44是相减，然后把运算结果作为终点坐标值进行加工。G43、G44均为模态代码，如图3-5所示。

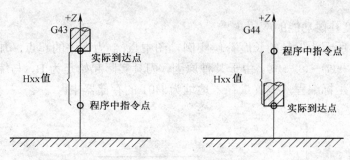

图3-5 刀具长度补偿G43、G44

执行G43时，Z实际值=Z指令值+（Hxx）。

执行G44时，Z实际值=Z指令值-（Hxx）。

其中，Hxx是指编号为xx寄存器中的刀具长度补偿量。采用取消刀具长度补偿指令G49或用G43H00和G44H00可以取消刀具长度补偿。

（3）刀具长度的测量方法。

常用的刀具长度测量有两种方法，即基准刀具对刀法及基准工件对刀法。这两种方法从原理上讲是相同的，只是参照的基准面不同而已。

1）基准刀具对刀法。基准刀具对刀法的基本原则就是在使用的刀具中，以其中的一把刀具作为基准刀具，比如1号刀具。在对刀时，基准刀具刀长补偿设为0，若被测量刀具比基准刀短，刀长补偿值为负值；若实际刀具比基准刀长，刀长补偿值为正值。这种对刀方式确定的只是刀具之间相互长度的尺寸关系，刀具相对于工件坐标系的坐标关系在对刀过程中还没有确定。这只是对刀的第一步，本测量可以采用机外测量装置或手工测量。

第二步是测量基准刀相对工件零点的坐标值，基准刀以Z轴的参考点作为测量的起点，移动Z轴至工件表面（工件坐标系零点），机床显示出绝对移动距离。这个数值为工件坐标G54的Z坐标值，为负值。测量中，为了提高测量精度，通常采用Z向刀具设定装置，设定装置有压表式和光电感应式两种，测量精度在0.01mm左右。

目前很多机床都设有机内自对刀系统，自对刀系统是安装在机床内部的测量传感器将刀具自动记忆后再自动输入到机床的刀补参数内，通常机内自对刀系统采用的对刀原理就是这种基准对刀原理，对刀仪自动对刀的刀补值也是刀具之间的长度差，所以操作一定要理解对刀的确切含义，不要以为是自动对刀，而忽略了工件坐标系的设定。

基准对刀法的特点是灵活、方便，可以在机床内进行，也可以在机床外进行。现在广泛使用的是机外光学（或数码）测量对刀仪。其最大好处是可以减少机床内的辅助时间，提高机床实际加工效率，减少机床停机时间。

2）刀具长度直接测量法。刀具长度直接测量法就是将所有刀具相对工件的零点位置尺寸直接测量出来并作为刀补值输入到刀补偏置参数中的一种对刀方式，是一种在机内面对工件直接测量出各刀具相对坐标零点的补偿值,是手动对刀经常采用的方法。

该方式中由于将 Z 轴零点至工件零点的距离全部看成刀长补偿值,所以工件坐标系中的 G54 为零,这点请读者特别注意。

刀长直接测量的特点是:第一,刀补值均为负值(G43)或均为正值(G44),不会有正负值同时存在的情况,便于操作者发现补偿方向的设定错误;第二,刀具之间的补偿值没有相对关系,每个刀补值对应一把刀具,如果修磨或更换刀具,只对该刀具的刀补值进行重新测量即可,与其他刀具无关。

(4)刀具长度补偿功能的应用。

示例:图 3-6 所示为刀具的长度补偿实例,图中点 A 为程序的起点,加工路线为①→②→③→④→⑤→⑥→⑦→⑧→⑨。由于某种原因,刀具实际起始点为 B,与编程的起点偏离了 3mm,先按照相对坐标编程,偏置量存入地址为 H01 的存储器中。

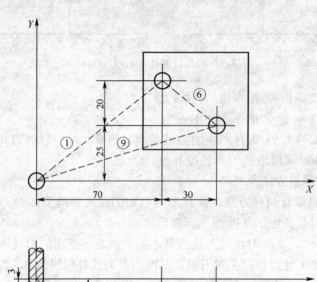

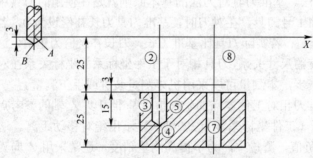

图 3-6　刀长补偿实例

程序如下:

```
O0001
……
N10 G91 G00 X70.0 Y45.0 S800 M03;
N20 G43 Z-22.0 H01;
N30 G01 Z-18.0 F100 M08;
N40 G04 P2000;
N50 G00 Z18.0;
N60      X30.0 Y-20.0;
N70 G01 Z-33.0;
```

```
N80 G00 G49 Z55.0 M09;
N90 100.0 Y-20.0;
N100 M30;
```

二、铣削加工时的刀具路径

1. 安全高度的确定

对于铣削加工，起刀点和退刀点必须离开加工零件上表面一个安全高度，保证刀具在停止状态时，不与加工零件和夹具发生碰撞。在安全高度位置时刀具中心（或刀尖）所在的平面也称为安全平面，如图 3-7 所示。

2. 进刀、退刀方式的确定

对于铣削加工，刀具切入工件的方式不仅影响加工质量，同时直接关系到加工的安全。对于二维轮廓加工，一般要求从侧向直线进刀或沿切线圆弧方向进刀，尽量避免垂直进刀，如图 3-8 所示。

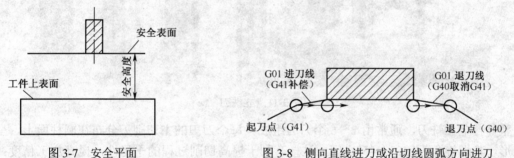

图 3-7　安全平面　　　　　图 3-8　侧向直线进刀或沿切线圆弧方向进刀

退刀方式也应从侧向或切向退刀。刀具从安全平面下降到切削高度时，应离开工件毛坯一个距离，不能直接贴着加工零件理论轮廓直接下刀，以免发生危险。下刀运动过程不能用快速指令 G00，要用直线插补指令 G01，如图 3-9 所示。

对于型腔的粗铣加工，一般应先钻一个工艺孔至型腔底面（留一定的精加工余量），并扩孔，以便所使用的立铣刀能从工艺孔进刀进行型腔加工，如图 3-10 所示。

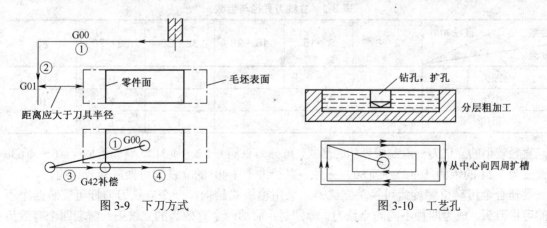

图 3-9　下刀方式　　　　　　　　　图 3-10　工艺孔

三、铣削加工刀具及切削参数

1. 铣削加工用的刀具

根据数控铣削用刀具的结构不同可分为面铣刀、立铣刀、键槽铣刀和成形铣刀等几种。

本模块例题要用的铣刀主要为立铣刀，如图 3-11 所示，根据使用的材质不同，立铣刀又可以分为整体高速钢立铣刀、整体硬质合金立铣刀和机夹式立铣刀三种，主要用于加工沟槽、台阶面、平面和二维曲面（例如平面凸轮的轮廓）。

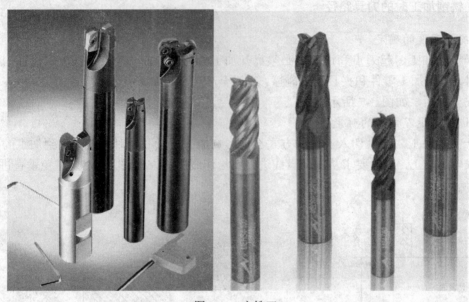

图 3-11　立铣刀

整体合金立铣刀，通常由 2～6 个刀刃组成。每个刀刃的主切削刃分布在圆柱面上，呈螺旋线形，其螺旋角为 30°～45°之间，这样有利于提高切削过程的平稳性，提高加工精度；刀齿的副切削刃分布在端面上，用来加工与侧面垂直的底平面。立铣刀的主切削刃和副切削刃可以同时切削，也可以分别单独进行切削。

立铣刀根据其刀齿数目，分为粗齿立铣刀和细齿立铣刀，见表 3-1。粗齿立铣刀刀齿少，强度高，容屑空间大，适于粗加工；细齿立铣刀齿数多，工作平稳，适于精加工；中齿立铣刀介于粗齿和细齿之间。

表 3-1　立铣刀直径与齿数

齿数 分类 ＼ 直径 mm	2～8	9～15	16～28	32～50	56～70	80
细齿	2	5	6	8	10	12
中齿		4		6	8	10
粗齿		3		4	6	8

直径较小的立铣刀一般制成带柄的形式，可分为直柄（$\phi 2 \sim \phi 71$）、莫氏锥柄（$\phi 6 \sim \phi 63$）和锥度为 7:24 的锥柄（$\phi 25 \sim \phi 80$）三种。直径大于 $\phi 40$ 的立铣刀可做成套式结构。

硬质合金可转位螺旋齿可换头立铣刀，采用模块式结构，一个立铣刀刀杆可安装四个不同的可换刀头，成为四种不同的立铣刀，分别是：前端两个有效齿的立铣刀；前端四个有效齿的立铣刀；有端齿的加工孔槽立铣刀；球头立铣刀。可换刀头磨损后，仅更换可换刀头，即可重新使用，降低了刀具成本，提高了生产效率。

2. 立铣刀的装夹

数控铣床和加工中心用立铣刀大多采用弹簧夹套装夹方式，使用时处于悬臂状态。在铣削加工过程中，有时可能出现立铣刀从刀夹中逐渐伸出，甚至完全掉落，致使工件报废的现象，其原因一般是因为刀夹内孔与立铣刀刀柄外径之间存在油膜，造成夹紧力不足所致。立铣刀出厂时通常都涂有防锈油，如果切削时使用非水溶性切削油，刀夹内孔也会附着一层雾状油膜，当刀柄和刀夹上都存在油膜时，刀夹很难牢固夹紧刀柄，在加工中立铣刀就容易松动掉落。所以在立铣刀装夹前，应先将立铣刀柄部和刀夹内孔用清洗液清洗干净，擦干后再进行装夹。

当立铣刀的直径较大时，即使刀柄和刀夹都很清洁，还是可能发生掉刀事故，这时应选用带削平缺口的刀柄和相应的侧面锁紧方式。

立铣刀夹紧后可能出现的另一问题是加工中立铣刀在刀夹端口处折断，其原因一般是因为刀夹使用时间过长，刀夹端口部已磨损成锥形所致，此时应更换新的刀夹。

3. 立铣刀的振动

由于立铣刀与刀夹之间存在微小间隙，所以在加工过程中刀具有可能出现振动现象。振动会使立铣刀圆周刃的吃刀量不均匀，且切扩量比原定值增大，影响加工精度和刀具使用寿命。但当加工出的沟槽宽度偏小时，也可以有目的地使刀具振动，通过增大切扩量来获得所需槽宽，但这种情况下应将立铣刀的最大振幅限制在 0.02mm 以下，否则无法进行稳定的切削。在正常加工中立铣刀的振动越小越好。

当出现刀具振动时，应考虑降低切削速度和进给速度，如两者都已降低 40% 后仍存在较大振动，则应考虑减小吃刀量。

如加工系统出现共振，其原因可能是切削速度过大、进给速度偏小、刀具系统刚性不足、工件装夹力不够以及工件形状或工件装夹方法等因素所致，此时应采取调整切削用量、增加刀具系统刚度、提高进给速度等措施。

4. 立铣刀的铣削

铣削也是一种通过运动对金属进行分级切除的加工方法。刀具作旋转运动而通常工件对着刀具作直线进给。在某些情况下，工件保持固定而旋转的刀具作横向直线进给。铣削刀具有几条能连续切除一定量材料的切削刃。两条或更多的刀刃同时切入材料，这样刀具就在工件上将材料切到一定的深度。

在模具等工件型腔的数控铣削加工中，当被切削点为下凹部分或深腔时，需加长立铣刀的伸出量。如果使用长刃型立铣刀，由于刀具的挠度较大，易产生振动并导致刀具折损。因此在加工过程中，如果只需刀具端部附近的刀刃参加切削，则最好选用刀具总长度较长的短刃长柄型立铣刀。在卧式数控机床上使用大直径立铣刀加工工件时，由于刀具自重所产生的变形较大，更应十分注意端刃切削容易出现的问题。在必须使用长刃型立铣刀的情况下，则需大幅度降低切削速度和进给速度。

为了加工出一个外观和尺寸良好的工件，经常将铣削过程分为粗加工和精加工。二者的最大区别是：粗加工，是以切除的切屑量为标志，在粗加工时采用大进给和尽可能大的切深，以便在较短的时间内切除尽可能多的切屑。粗加工对工件表面质量的要求不高。而精加工，最主要考虑的是工件的表面质量而不是切屑体积，精加工通常采用小切深，刀具的副刀刃具有专门的形状。根据所使用的机床、切削方式、材料以及所采用的标准铣刀可使表面质量达到 Ra1.6μm，在极好的条件下甚至可以达到 Ra0.4μm。

5. 立铣刀的顺铣和逆铣

顺铣时刀具旋转方向和进给方向相同（如图 3-12（a））。顺铣开始时切屑的厚度为最大值，切削力是指向机床台面的。顺铣是为获得良好的表面质量而最常用的加工方法。它具有较小的后刀面磨损、机床运行平稳等优点，适用于在较好的切削条件下加工高合金钢。但是顺铣不宜加工含硬表层的工件（如铸件表层），因为这时刀刃必须从外部通过工件的硬化表层，从而产生较强的磨损。

逆铣时刀具旋转方向与进给方向相反（见图 3-12 (b)）。逆铣开始时切屑的厚度为 0，当切削结束时切屑的厚度增大到最大值。铣削过程中包含着抛光作用。切削力是离开安装工件的机床工作台面的。鉴于采用这种方法产生一些副作用，诸如后刀面磨损加快，从而降低刀片耐用度，在加工高合金钢时产生表面硬化，表面质量不理想等，所以这种方法极少使用。逆铣时必须完全将工件夹紧，否则有提起工作台的危险。

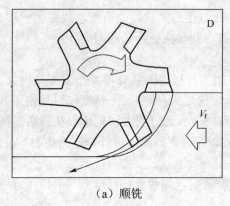 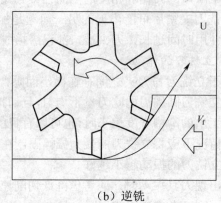

（a）顺铣   （b）逆铣

图 3-12　顺铣与逆铣

采用顺铣有利于防止刀刃损坏，可提高刀具寿命。但有两点需要注意：①如采用普通机床加工，应设法消除进给机构的间隙；②当工件表面残留有铸、锻工艺形成的氧化膜或其他硬化层时，宜采用逆铣。

四、数控铣削切削用量的选择

1. 立铣刀的选择

加工时选择什么种类和型号的铣刀是非常重要的。其原则如下：

（1）根据加工表面的形状和尺寸选择刀具的种类和尺寸。

（2）根据切削条件选用铣刀几何角度。

（3）立铣刀刀具参数的选择可按以下经验选取。

1）立铣刀半径 R 应小于零件的内轮廓的最小曲率半径 $R_{\min}$，一般取 $R=（0.8\sim0.9）R_{\min}$。

2）工件的加工高度 $H<（1/4\sim1/6）R$，以保证刀具有足够的刚度。

3）对不通的槽（或盲孔），选取 $I=H+（5\sim10）$ mm。

　　式中　　I——刀具切削部分的长度；

　　　　　　H——工件的加工高度。

4）加工外形及通槽时，选取 $I=H+r+（5\sim10）$ mm。

　　式中　　r——端面刃圆角半径。

5）加工筋板时，立铣刀直径 $D=（5\sim10）b$。

　　式中　　b——筋板厚度。

2. 切削参数的选择

切削速度的选择主要取决于被加工工件的材质；进给速度的选择主要取决于被加工工件的材质及立铣刀的直径。国外一些刀具生产厂家的刀具样本附有刀具切削参数选用表，可供参考。但切削参数的选用同时又受机床、刀具系统、被加工工件形状以及装夹方式等多方面因素的影响，应根据实际情况适当调整切削速度和进给速度。

当以刀具寿命为优先考虑因素时，可适当降低切削速度和进给速度；当切屑的离刀状况不好时，则可适当增大切削速度。

任务实施

一、工艺分析

1. 图样分析

如图 3-1 所示零件，数控铣床的加工任务是 200×100×30mm 长方形槽和底部两个 50mm×50mm×10mm 方槽，零件材料为 45#钢，已在工件中心位置处预钻 φ28mm 和两边 φ20mm 共 3 个通孔，可作为下刀孔。

2. 加工方案

（1）200mm×100mm×30mm 长方形槽在长宽深方向均有公差要求，尺寸精度比较高，四角有 R10 倒角，所以选择 φ16mm 硬质合金立铣刀进行加工。分粗、精加工进行，粗加工时四周和底面均留 0.2mm 精加工余量，深度 30mm 采用 3 层加工完成，每层下刀量 10mm，粗加工采用两刃立铣刀，精加工采用四刃立铣刀（要求切削刃长>32mm）。

（2）50mm×50mm×10mm 方槽只在深度方向有公差要求，其他为自由尺寸公差，四角有 R5 倒角，所以选择 φ10mm 硬质合金立铣刀进行加工。分粗、精加工进行，粗加工时底面留 0.15mm 精加工余量，长宽不留余量，深度 10mm 采用 1 层加工完成，每层下刀量 10mm，粗加工采用两刃立铣刀，精加工采用四刃立铣刀（要求切削刃长>12mm）。

3. 编程工件坐标系

工件坐标系原点（X0,Y0）定义在毛坯中心，其 Z0 定义在毛坯上表面。

4. 切削用参数

φ16mm 硬质合金立铣刀粗加工时主轴转速 S2000r/min，进给速度 F400mm/min，精加工时主轴转速 S2600r/min，进给速度 F350mm/min。φ10mm 硬质合金立铣刀粗加工时主轴转速 S3000r/min，进给速度 F300mm/min，精加工时主轴转速 S3500r/min，进给速度 F280mm/min。切削参数可以根据加工状态随时进行调整。

二、编写加工程序

1. 粗加工程序

粗加工程序的编制工作量比较大，应使刀具路线贯穿整个加工区域，有关的节点设定比较多，工作比较大，可根据图 3-13 来计算（虚线）刀具中心运动路线图中的有关节点，因为程序的编制实际是刀具直线插补节点的连接，比较简单，请读者根据图 3-13 自行编写。

2. 精加工程序

当粗加工完成后，可以采用刀具半径补偿直接编制精加工程序来完成零件最终轮廓的精加工，精加工四壁采用侧刃光刀的加工方法；为了保证光刀时补偿的正确无误，将 φ16mm 四刃立铣刀的补偿地址设为 1 号位置，将 φ10mm 四刃立铣刀的补偿地址设为 2 号位置。这样在程序编制时，φ16mm 立铣刀补偿位置为 H01（G43）和 D01（G41）；φ10mm 立铣刀补偿位置为 H02（G43）和 D02（G41）。

表 3-2 和表 3-3 为长方形槽和右侧方槽的精加工程序，也可利用改变精加工程序刀具半径补偿值及 Z 轴数据的方法实现零件的粗加工。

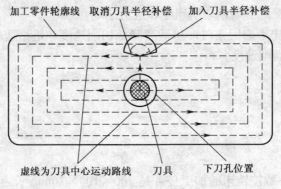

图 3-13　粗加工路线图

表 3-2　200mm×100mm×30mm 长方形槽精加工程序

程序内容	说明
O0001；	程序名
N10 G49 G97 G40；	设定编程环境
N20 G0 G28 G91 Z0；	刀具返回 Z 轴机床参考点
N30 G0 G90 G54 X0 Y0；	刀具快速定位至落刀点
N40 G43 Z50.0 H01 M03 S2600；	下降至安全平面 Z50mm 处，长度补偿 H01
N50 M08；	开切削液
N60 G0 G90 Z2.；	刀具快速下降至 Z2mm 处
N70 G01 Z-30.0 F100；	采用直线插补垂直进刀至大槽底
N80 Y30.0 F350；	到达开始切入刀补的位置点
N90 G41 X15.0 Y35.0 D01；	刀具左补偿刀具半径 D01
N100 G03 X0.0 Y50.0 R15.0；	圆弧进刀，半径 R15mm
N110 G01 X-90.0；	直线插补，切削左上直壁
N120 G03 X-100.0 Y40.0 R10.0；	圆弧插补，切削左上圆角
N130 G01 Y-40.0；	直线插补，切削左直壁
N140 G03 X-90.0 Y-50.0 R10.0；	圆弧插补，切削左下圆角
N150 G01 X90.0；	直线插补，切削下直壁
N160 G03 X100.0 Y-40.0 R10.0；	圆弧插补，切削右下圆角
N170 G01 Y40.0；	直线插补，切削右直壁
N180 G03 X90.0 Y50.0 R10.0；	圆弧插补，切削右上圆角
N190 G01X0.0；	直线插补，切削右上直壁
N200 G03X-15.0 Y35.0 R15.0；	圆弧退刀，半径 R15mm
N210 G40 G01 X0.0；	取消刀具半径补偿
N220 G01 Z-25.0；	退刀离开工件加工面
N230 G00 Z50.0；	快速退刀至安全高度
N240 M05；	主轴停转
N250 M09；	切削液关
N260 M30；	程序结束，返回程序头

表 3-3 右侧 50mm×50mm×10mm 方槽精加工程序

程序内容	说明
O0002;	程序名
N10 G49 G97 G40;	设定编程环境
N20 G0 G28 G91 Z0;	刀具返回 Z 轴机床参考点
N30 G0 G90 G54 X50 Y0;	刀具快速定位至落刀点
N40 G43 Z50.0 H02 M03 S3500;	下降至安全平面 Z50mm 处，长度补偿 H02
N50 M08;	开切削液
N60 G0 G90 Z-28.0;	刀具快速下降至 Z-28mm 处
N70 G01 Z-40.0 F50;	采用直线插补垂直进刀至方槽底
N80 Y15.0 F280;	到达开始切入刀补的位置点
N90 G41 X60.0 D02;	刀具左补偿刀具半径 D02
N100 G03 X50.0 Y25.0 R10.0;	圆弧进刀，半径 R10mm
N110 G01 X30.0;	直线插补，切削左上直壁
N120 G03 X25.0 Y20.0 R10.0;	圆弧插补，切削左上圆角
N130 G01 Y-20.0;	直线插补，切削左直壁
N140 G03 X30.0 Y-25.0 R10.0;	圆弧插补，切削左下圆角
N150 G01 X70.0;	直线插补，切削下直壁
N160 G03 X75.0 Y-20.0 R10.0;	圆弧插补，切削右下圆角
N170 G01 Y20.0;	直线插补，切削右直壁
N180 G03 X70.0 Y25.0 R10.0;	圆弧插补，切削右上圆角
N190 G01X50.0;	直线插补，切削右上直壁
N200 G03X40.0 Y25.0 R10.0;	圆弧退刀，半径 R10mm
N210 G40 G01 X50.0;	取消刀具半径补偿
N220 G01 Z-45.0;	退刀离开工件加工面
N230 G00 Z50.0;	快速退刀至安全高度
N240 M05;	主轴停转
N250 M09;	切削液关
N260 M30;	程序结束，返回程序头

三、加工方法与技巧

1. 零件的安装

数控铣床常用的装夹方法有三种，分别是支承块和压板装夹，平口钳装夹及磁力平台装夹。鉴于此零件毛坯尺寸是 300mm×200mm×70mm，底面是平整的，从原理来讲，采用三种装夹方法都可以。但是，从加工环境的处理来看，比较方便的是平口钳装夹，所以本工件采用平口钳的装夹方法。

2. 对刀方法和参数设定

数控铣床和加工中心对刀方法有很多种，主要有刚性靠棒和塞尺、寻边器、试切法等方法进行对刀。一般情况下，计算机仿真加工时，使用刚性靠棒和塞尺对刀，或者是立铣刀和塞尺对刀比较方便，从而得以应用；在实际生产中，这种方法就不方便了，主要使用寻边器进行 X、Y 轴对刀，如果工件的侧面表面要求质量也可以使用试切法对刀，而 Z 轴的对刀方法比较多，可以直接用刀试切，也可以采用一些专业的对刀工具，比如垫刀仪等。

在这里主要介绍生产中最方便、最经济的对刀方法——试切法对刀。

（1）试切法 X、Y 轴对刀。在实际生产中，对于工件坐标系在中间的工件，一般都是采用四面分中的对刀方法，这种方法可以有效降低对刀误差，从而获得精度较高的定位精度，其误差可控制在 0.005 之内。

四面分中的对刀方法可以利用刀具的侧刃直接在工件的四个侧面进行试切，使刀具刚刚好与其四个侧面接触。如图 3-14 所示，刀具分别在 A、B、C、D 四个位置与工件侧面刚刚好接触，这时可以通过听切削的声音来进行判定。

具体操作方法是：

1）刀具启动移动至 A 点位置时，更改相对坐标系的 X 值为 0.000。

2）当刀具到达 B 位置时，机床上显示的相对坐标系的 X 值为 310.000。

3）将刀具上升至高于工件顶面的高度，手摇使刀具移动至相对坐标系的 X 值为 155.000 的位置，此时刀具实际已经位于工件 X 方向中心的位置。

4）刀具在工件 X 方向中心不动，选择系统操作面板【OFFSET】功能键，进入坐标系设定 G54 的 X 设定位置，此时输入 X0.0，按软键【测量】，则 X 的机床坐标系值被自动补偿到 G54 坐标系的 X 值设定位置，从而完成 X 轴的对刀。

5）重复 1）～4）步，将刀具分别移动至 C、D 位置，完成 Y 轴的对刀，方法与 X 轴完全相同。

（2）试切法 Z 轴对刀。实际生产中，如果工件的顶面没有表面粗糙度的要求，可以直接用刀具在工件的顶面进行试切，从而确定刀具与工件顶面（工件坐标系 Z0.0 平面）的相对位置关系，如图 3-15 所示。

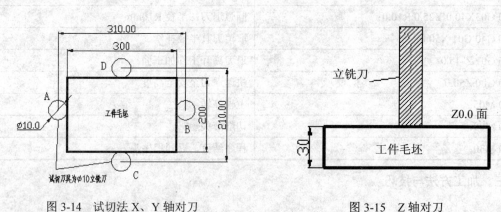

图 3-14 试切法 X、Y 轴对刀　　　　　　图 3-15 Z 轴对刀

具体操作方法是：

1）将刀具启动转速设定为 400～1000r/min。

2）刀具移动至距离工件顶面一定间隙的高度停止，以手轮 0.01mm/格的速度下降，直到与顶面相切为止。

3）选择系统操作面板【OFFSET】功能键，进入刀具补偿显示画面，将光标移动至该刀具长度补偿的寄存器位置，如 H01。

4）输入 Z0.0，按软键【测量】，则 Z 的机床坐标系值被自动补偿到该刀具长度补偿的寄存器位置，从而完成此刀具的 Z 对刀。

5）如果工件加工需要多把刀具，可换其他刀具重复 1）～4）步骤分别完成其他刀具的对刀操作。

这样 Z 轴对刀后，可以采用 G43 去调用存储的补偿长度，从而完成工件的加工。

（3）刀具半径值参数的设定。选择系统操作面板【OFFSET】功能键，进入刀具补偿显示画面，将光标移动至相应的刀具补偿寄存器位置，在刀具形状补偿 D 位置的数据栏中输入对应的刀具半径值，即完成刀具半径值参数的设定，这时便可以采用 G41 或 G42 调用存储的半径补偿值。

3. 加工操作

（1）程序仿真加工。当所有的准备工作完成时，为了使程序的质量得到保证，先不要急于加工工件，在加工之前先要对程序进行模拟验证，检查程序。

有些机床有自己的模拟功能，那样最好在机床上直接模拟，查看刀具的运动路线是否和成形设计的路线一致，如果一致，则可以加工；如果不一致，说明成形可能存在错误，应当检查程序，直到模拟的结果正确为止。

对于没有模拟功能的机床，则可以采用计算机上的仿真软件进行模拟，直到程序无误，方可进行加工。

（2）加工操作、监控。当一切准备就绪后，现在可以加工工件了。

先将"快速进给"和"进给速率调整"开关的倍率打到"零"上，启动程序，慢慢调整"快速进给"和"进给速率调整"旋钮，直到刀具切削到工件。这一步的目的是检验机床的各种设置是否正确，如果不正确则有可能发生碰撞现象，可以迅速停止机床的运动。

当切到工件后，通过调整"进给速率调整"和"主轴转速"调整旋钮，使切削三要素得到合理的参数，就可以持续地进行加工了，直到程序运行完毕。

在加工中，要适时检查刀具的磨损情况，工件的表面加工质量，保证加工过程的正确，避免事故的发生。每运行完一个程序后，应检查程序的运行效果，对有明显过切或表面光洁度达不到要求的，应立即进行必要的处理，并在机床交接记录本上详细记录。

4. 仿真软件零件测量

宇龙仿真软件提供了内卡和外卡工具，通过测量剖面图对铣床零件尺寸进行自动测量，测量方式有外卡线测、外卡点测、内卡线测、内卡点测。其工作画面如图 3-16 所示，应用这些便捷的功能，可以非常容易地完成仿真加工软件的测量工作。

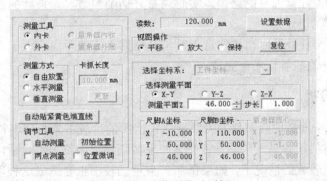

图 3-16 零件测量对话框

对于剖面图工作画面的使用说明如下：

测量工具：可根据卡尺调节的位置自动测量工件的尺寸，主要有内卡、外卡。

测量方式：可以手动调节卡尺的位置，主要有自由位置、水平测量、垂直测量。

调节工具如下：

自动测量：自动计算卡尺两端点（或卡抓）之间的距离。

两点测量：卡尺卡抓以点的方式来测量，简称点测。

位置微调：可以用鼠标拖动卡尺两端进行微调。

视图操作：可以对测量图进行放大、缩小以及复位。

测量平面：可以根据需要选择想要测量的平面，三维工件中会使用一绿色平面（以下简称测量剖面）将所测的平面进行剖面显示，调节测量平面 Z（或测量平面 X、测量平面 Y）可以调节它的剖面显示，用户可以方便地使用卡尺进行测量。测量平面主要有 X-Y 面、Y-Z 面以及 Z-X 面。

（1）外卡（内卡）线测。首先用鼠标选择要测量的平面并根据需要调节测量剖面的位置，然后使用鼠标将卡尺大致移动到想要测量的那个位置，其次从"测量工具"中选择外卡或内卡以及根据实际需要选择测量方式（自由位置、水平测量、垂直测量），最后单击"调节工具"中的自动测量，系统则自动按照所选测量方式将卡尺的两端贴近工件并且在读数栏中显示出卡尺测出的距离。

（2）外卡（内卡）点测。外卡（内卡）点测可用于测量某些由于卡尺卡爪长度的原因难以测量的位置。其测量方法和外卡线测类似。用鼠标选择所要测量的平面并适当调节要测量的剖面位置，然后使用鼠标将卡尺大致移动到想要测量的那个位置，从"测量工具"中选择"外卡（内卡）"以及测量方式（自由测量、水平测量、垂直测量），选中"调节工具"中"两点测量"并单击"自动测量"，系统自动将卡尺的两端点贴近工件并且在读数栏中显示出卡尺所测出的距离。

四、加工注意事项

（1）为了保证加工基准的一致性，在多把刀具对刀时，可以先用一把刀具加工出一个基准，其他各个刀具依次为基准进行对刀。

（2）立铣刀装夹时，一定要根据加工部位的形状和深度，保证立铣刀装夹的长度够长，防止刀柄与工件发生干涉。

（3）粗加工时，由于切削量比较大，切削力比较大，要注意排屑和冷却，防止刀具发生崩刃现象，造成铣刀折断和工件过切。

（4）粗加工时，注意刀具的磨损，实时调整好切削参数，如果磨损过大，要及时更换刀具或刀片，防止刀具折断。

（5）刀具进行半径补偿时，要注意刀具与补偿终止点的距离应大于刀具半径值，否则，补偿将会发出错误，造成补偿不能完成。

五、质量误差分析

（1）加工后的平面呈现圆圈状的刀纹。这种情况的出现主要与切削材料有关，当切削材料硬度比较低时，材料很容易发生塑性变形，如果切削参数调整得不合适，就会在平面上产生圆圈状刀纹，在材质较软的情况下，如果精加工余量比较小也会造成这种现象。适当增加精加工余量，提高切削速度，降低切削进给，可有效避免此种刀纹的出现。如果条件允许，可以选择带有修光刃的铣刀，以避免刀纹的出现。

（2）加工完成后槽壁成倾斜状，与槽底不垂直。在进行侧壁加工的时候，这种现象经常出现，原因有二，一是立铣刀侧刃加工时，刀具刚性不好，在切削时发生了刀具扭曲；二是侧壁精加工余量较大，刀具在侧刃切削时，产生让刀。所以，选择刚性好的侧刃立铣刀，四刃的最好，减小精加工余量是解决此类缺陷的最佳方法。

（3）加工后的侧面粗糙度不好。侧面经常出现层状的切削台阶，这种情况可能是由于粗加工时，精加工余量太小，切削参数过大，造成侧壁的局部过切，只要注意增加精加工余量和降低开粗的参数即可。

（4）侧面有很明显的进刀痕迹。进刀痕是影响加工品质的一个很常见缺陷。在进刀或者退刀时，由于刀具切削部位的受力不均就会产生。所以，对于加工质量要求较高的工件，要合理地选择进刀和退刀的方式，一般圆弧进退刀比直线进退刀质量好，还可以使进刀位置和退刀位置分离，不在同一个位置上。

（5）加工平面几何尺寸超差。在加工中平面几何尺寸的控制主要是在精加工中由立铣刀侧刃加工的程序控制。如果尺寸出现超差现象，在检查程序编制无误的情况下，是由于刀具半径补偿或者磨损补偿设置得不合理，这时只需要修改一下参数设置中的相关补偿设置即可。

（6）加工高度或深度尺寸超差。这种情况的尺寸控制是由程序控制的，但往往因为加工时间过长后，刀具发生长度方向的磨损，从而造成高度或深度尺寸变小，只要修改刀具补偿参数的长度设置值就可以。但如果发生尺寸变大的情况，则可能发生了掉刀的现象，这种情况比较严重，需要立即停机检查刀具的装夹情况，直到排除情况后才能继续加工。

思考与练习

1．分析模具零部件中模板类零件的特点。
2．分析刀具为什么要进行半径补偿和长度补偿？
3．简述刀具顺铣和逆铣的区别。
4．刀具半径补偿功能有哪几个方面的应用？
5．简述刀具长度测量的方法。
6．建立或取消刀具半径补偿时，刀具中心运动轨迹与编程轨迹有什么相对位置关系？
7．加工如图 3-17 所示模板凸台的外轮廓，采用刀具半径补偿和长度补偿指令进行编程。

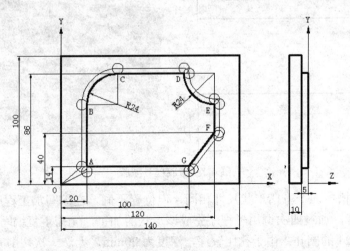

图 3-17　模板凸台

模块四　多槽类零件的铣削

能力目标：

- 掌握加工工艺的相关知识
- 掌握子程序的用法
- 掌握加工中心的操作

相关知识：

- 机床精度的检验
- 相关量具的使用
- 误差分析的方法

如图 4-1 所示为某模具厂一橡胶模具凹模，材料为 3Cr2Mo 模具钢，型腔主要由四个方形凹槽及一个沉孔组成，其他内容略。数控加工中心设备型号为 LH-714B，数控系统为 FANUC 0i MC 系统。

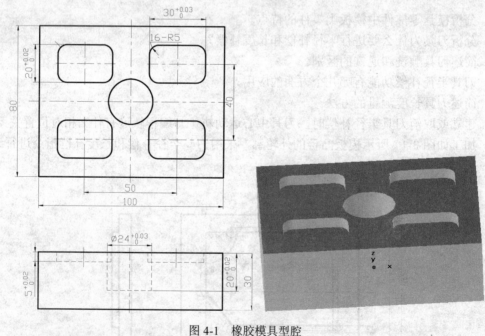

图 4-1　橡胶模具型腔

（1）加工方槽：四个方槽形状尺寸相同，但位置不同，在编写加工程序时引用 FANUC 提供的子程序功能，通过四次调用子程序完成该形状的加工，无需重复编写程序。

（2）加工 φ24 的圆孔：由于孔比较深，深度为 20mm，无法一次切削完成，利用子程序分层粗加工可简化程序的编制。

任务分析

如图 4-1 所示为某模具厂一橡胶模具凹模，材料为 3Cr2Mo 模具钢，型腔主要由四个方形凹槽及一个沉孔组成，其他内容略。此模具厂数控加工中心设备型号为 LH-714B，数控系统为 FANUC 0i MC 系统。

（1）加工方槽：四个方槽形状尺寸相同，但位置不同，在编写加工程序时引用 FANUC 提供的子程序功能，通过四次调用子程序完成该形状的加工，无需重复编写程序。

（2）加工 φ24 的圆孔：由于孔比较深，深度为 20mm，无法一次切削完成，利用子程序分层粗加工可简化程序的编制。

为了提高生产率，利用加工中心自动换刀加工此零件。

知识链接

一、子程序指令 M98、M99

如果零件图中包含相同的形状或多次重复的轨迹（如分层加工），这样的程序可以编成子程序在存储器中存储，在主程序中进行若干次调用，以简化编程过程。被调用的子程序中也可以调用另外的子程序。

1. 子程序的构成。

子程序与主程序并无本质区别，子程序由子程序号、程序内容、子程序结束指令 M99 三部分组成，如图 4-2 所示。

图 4-2　子程序格式

2. 子程序的调用

FANUC 系统中，子程序调用有两种格式。

格式 1：M98 Pxxxxxxx；如图 4-3 所示。

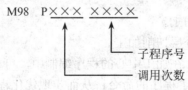

图 4-3　子程序调用格式 1

P：前三位为调用次数，后四位为子程序号，调用次数前的 0 可省略不写，但子程序号前的 0 不可省略。

如 M98 P50510；表示调用 O0510 子程序 5 次。

格式 2：M98 P_ L_；

P：表示子程序号。

L：重复调用的次数，如只调用一次，L 可省略不写。

子程序号及调用次数前的 0 可省略不写，如 M98 P510 L5；表示调用 O0510 子程序 5 次。

调用子程序过程如图 4-4 所示。

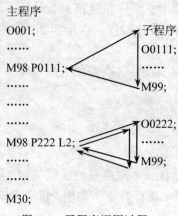

图 4-4　子程序调用过程

3．子程序嵌套

子程序也可调用另一个子程序，这一功能称为子程序嵌套。当主程序调用子程序时，该子程序被认为是一级子程序，FANUC 系统可以嵌套四级，如图 4-5 所示。

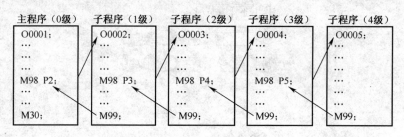

图 4-5　子程序嵌套

4．使用子程序的注意事项

（1）补偿模式中的程序不能被分支。

（2）注意主、子程序间的模式代码的变换。

（3）注意子程序增量编程模式的使用。

5．子程序的应用

（1）相同轮廓形状的加工。

（2）可以实现零件的分层切削加工。

（3）实现程序的优化。在加工中心的程序编制中，可以把一个独立的工序编成一个子程序，主程序只有换刀和调用子程序的命令，从而实现优化程序的目的。

6．特殊用法

（1）指定主程序中的顺序号作为返回目标。当子程序结束时，如果在 P 后指定一个顺序号（程序段号），则控制不返回到调用程序段之后的主程序段，而返回到由 P 指定的顺序号的程序段。但是，如果主程序运行于存储器方式以外的方式时，P 被忽略。这个方法返回到主程序的时间比正常返回要长（需检索程序段）。如：

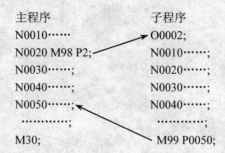

```
主程序                           子程序
N0010……                        O0002;
N0020 M98 P2;                    N0010……;
N0030……;                        N0020……;
N0040……;                        N0030……;
N0050……;                        N0040……;
…………;                           …………;
M30;                             M99 P0050;
```

（2）在主程序中使用 M99 指令结束。如果在主程序中执行 M99，则会控制执行返回到主程序的开头。例如把"/ M99"放置在主程序的适当位置，并且在执行主程序时设定跳过任选程序段开关为断开，则执行 M99。当 M99 执行时，控制返回到主程序的开头，然后，从主程序的开头重复执行。一般用于拷机程序。

当跳过任选程序段开关断开时，执行被重复。如果跳过任选程序段开关接通时，/M99 程序段被跳过，控制进到下个程序段，继续执行。如果/M99 Pn 被指令，控制不返回到主程序开始，而到顺序号为"n"的程序段。在这种情况下，返回到顺序号 n 需要较长的时间。

（3）只使用子程序。用 MDI 寻找程序的开头，执行子程序，像主程序一样。此时如果执行包含 M99 的程序段，控制返回到子程序的开头重复执行。如果执行包含 M99 Pn 的程序段，控制返回到在子程序中顺序号为 n 的程序段重复执行。要结束这个程序，包含/M02 或/M30 的程序必须放置在适当的位置，并且任选程序段开关必须设到断开，这个开关的初始设定为接通。

二、自动换刀指令 M06

如果使用的设备是加工中心，可以手动换刀，也可使用自动换刀功能，使用相关的自动换刀指令，机床做出一系列的相关动作，完成自动换刀。

指令格式：G91 G28 Z0;（主轴返回换刀点）

　　　　　M06 T××;（调出××号刀具）

三、机床精度检验

机床在使用一段时间后，处在非正常超性能工作状态，甚至超出其潜在承受能力。因此，通常新机床在使用半年后需再次进行检定，之后可每年检定一次。定期检测机床误差并及时校正螺距、反向间隙等，可切实地有效改善使用中的机床精度，改善零件加工质量，并合理进行生产调度和机床加工任务分配，不至于产生废品，大大提高机床利用率。总之，及时揭示机床问题会避免导致机床精度损失及破坏性地使用机床。

两种精密检测工具介绍：

（1）激光干涉仪。激光的波长是相当稳定的，在国际标准中激光干涉仪是唯一公认的进行数控机床精度检定的仪器。它可以测量各种几何尺寸的机床，甚至长达几十米的机床，并诊断和测量各种几何误差。其精度比传统技术至少高 10 倍以上。激光干涉仪可进行自动数据采集。既节省时间又避免操作者误差，它以 PC 机为基础，避免了人工计算，可以立即按国际标准和我国国标进行统计分析。激光干涉仪精度高，可达到±1.1PPM（一般在 0～40℃），测量范围大（线性测长 40m）。测量速度快（60m/min），分辨率高（0.001μm），便携性好。由于激光干涉仪具备自动线性误差补偿能力，可方便恢复机床精度，如图4-6所示。

图4-6 激光干涉仪

（2）球杆仪。在数控机床精度检测中，球杆仪和激光干涉仪是两种互为相辅的仪器。激光干涉仪着重检测机床的各项精度；球杆仪主要用来确定机床失去精度的原因及诊断机床的故障。

球杆仪是用于数控机床两轴联动精度快速检测与机床故障分析的一种工具。它由一安装在可伸缩的纤维杆内的高精度位移传感器构成，该传感器包括两个线圈和一个可移动的内杆，其工作原理类同于使用 LVDT 技术的位移传感器。当其长度变化时，内杆移入线圈，感应系数发生变化，检测电路将电感信号转变成分辨率为 $0.1\mu m$ 的位移信号，通过接口传入 PC 机。其精度经激光干涉仪检测达 $\pm 0.5\mu m$（20℃）。当机床按预定编写的程序以球杆仪长度为半径走圆时，球杆仪传感器检测到机床运动时半径方向的变化，分析软件可迅速将机床的直线度、垂直度、重复性、反向间隙、各轴的比例匹配与否及伺服性能等从半径的变化中分离出来，如图4-7所示。

图4-7 球杆仪

归纳起来，新购置的数控机床的安装、调试及精度检测包括如下几项：

（1）按装箱单检查。按装箱单所列的内容逐一检查机床本体及各种附件是否齐全。

（2）机床外观的检查。机床外观的检查一般可按通用机床的有关标准进行，但数控机床是高技术设备，其外观质量的要求很高。外观检查内容有：机床有无破损；外部部件是否坚固；机床各部分连接是否可靠；数控柜中的 MDI/CRT 单元、位置显示单元、各印制电路板及伺服系统各部分是否有破损，伺服电动机（尤其是带脉冲编码器的伺服电机）外壳是否有磕碰痕迹。

（3）机床精度调整。机床精度调整主要包括精调机床床身的水平和机床几何精度。机床地基固化以后利用地脚螺栓和调整垫铁精调机床床身的水平，对普通机床，水平仪读数不超过 0.04mm/1000mm，对于高精度机床，水平仪读数不超过 0.02mm/1000mm。然后移动床身上各移动部件（如立柱、床鞍和工作台等），在各坐标全行程内观察记录机床水平的变化情况，并调整相应的机床几何精度，使之达到公差范围。小型机床床身为一体，刚性好，调整比较容易。大、中型机床床身大多是多点垫铁支承，为了不使床身产生额外的扭曲变形，要求在床身自由状态下调整水平，各支承垫块全部起作用后，再压紧地脚螺栓。这样可保持床身精调后长期工作的稳定性，提高几何精度的保持性。一般机床出厂前都经过精度检验，只要质量稳定，用户按上述要求调整后，机床就能达到机床出厂前的精度。

（4）数控机床的几何精度。数控机床的几何精度反映机床的关键机械零部件的几何外形误差及其组装后的几何外形误差，包括工作台面的平面度、各坐标方向上移动的相互垂直度、工作台面 X、Y 坐标方向上移动的平行度、主轴孔的径向圆跳动、主轴轴向的窜动、主轴箱沿 z 坐标轴心线方向移动时的主轴线平行度、主轴在 z 轴坐标方向移动的直线度和主轴回转轴心线对工作台面的垂直度等。

（5）数控机床的位置精度，包括定位精度和重复定位精度。数控机床的定位精度，是指所测机床运动部件在数控系统控制下运动时所能达到的位置精度。该精度与机床的几何精度一样，根据实测的定位精度数值，可以判断出该机床以后在自动加工中所能达到的最好的加工精度。

定位精度的主要检测内容如下：
1）直线运动定位精度。
2）直线运动重复定位精度。
3）直线运动原点返回精度。
4）直线运动矢动量。
5）回转轴运动的定位精度。
6）回转轴运动重复定位精度。
7）回转轴原点返回精度。
8）回转轴运动矢动量。

重复定位精度受伺服系统特性、进给系统的间隙与刚性以及摩擦特性等因素的影响，一般情况下，重复定位精度是呈正态分布的偶然性误差，它影响一批零件加工的一致性，是一个非常重要的精度指标。重复定位精度是在相同条件下（同一台数控机床上，操作方法不同，应用同一零件程序）加工一批零件所得到的连续结果的一致程度。项目一般是标准化的"圆形—菱形—方形"试验。

（6）切削精度。机床切削精度的检查，是在切削加工条件下对机床几何精度和定位精度的综合检查，包括单项加工精度检查和所加工的铸铁或铝合金试样的精度检查。检查项目一般包括：镗孔尺寸精度及表面粗糙度、镗孔的孔距精度、端铣刀铣平面的精度、侧面铣刀铣侧面的直线精度、侧面铣刀铣侧面的圆度精度、旋转轴转 90°侧面铣刀铣削的直角精度、两轴联动（斜线铣削以及圆弧铣削）精度等。

（7）机床试运行。数控机床安装调试完毕后，要求整机在带一定负载条件下经过一段时间的自动运行，较全面地检查机床功能及工作可靠性。运行时间一般采用每天运行 8h，连续运行 2～3 天，或者 24h 连续运行 1～2 天。这个过程是安装后的试运行。试运行中采用的程序叫拷机程序，可以直接采用机床厂调试时采用的拷机程序，也可自编拷机程序。拷机程序中应包括：数控系统主要功能的使用（如各坐标方向的运动、直线插补和圆弧插补等），自动更换取用刀库中 2/3 的刀具，主轴的最高、最低及常用的转速，快速和常用的进给速度，工作台面的自动交换，主要 M 指令的使用及宏程序、测量程序等。试运行时，机床刀库上应插满刀柄，刀柄质量应接近规定质量；交换工作台面上应加上负载。在试运行中，除操作失误引起的故障外，不允许有故障出现，否则表示机床的安装调试存在问题。对于一些小型数控机床，如小型经济数控机床，直接整体安装，只要调试好床身水平，检查几何精度合格后，经通电试车后方可投入试运行。

四、相关的工艺知识

1. 相关概念

（1）生产纲领。生产纲领是企业在计划期内（一般按年度）应当生产的产品产量和进度计划。简单地说，就是考虑废品和备品的年产量。

（2）生产类型。

1）单件、小批生产：产品数量不多，生产过程中各工作地点的工作完全不重复，或不定期的重复生产。

2）成批生产：成批投入制造，通过一定的时间间隔生产呈周期性重复。

3）大批、大量生产：产品长期地在同一工作地点重复同一工序。

（3）生产过程。生产过程是工人借助于劳动资料对劳动对象进行加工，制成劳动产品，即把原材料变为成品的全过程。

机械产品的生产过程一般包括：

1）生产与技术的准备：如工艺设计和专用工艺装备的设计和制造、生产计划的编制、生产资料的准备等。

2）毛坯的制造：如铸造、锻造、冲压等。

3）零件的加工：如切削加工、热处理、表面处理等。

4）产品的装配：如总装、部装、调试检验和油漆等。

5）生产的服务：如原材料、外购件和工具的供应、运输、保管等。

（4）工艺过程。在生产过程中改变生产对象的形状、尺寸、相对位置和性质等，使其成为成品或半成品的过程，称为工艺过程。如毛坯的制造、机械加工、热处理、装配等。工艺过程中，若用机械加工的方法直接改变生产对象的形状、尺寸和表面质量，使之成为合格零件的工艺过程，称为机械加工工艺过程；同样，将加工好的零件装配成机器，使之达到所要求的装配精度并获得预定技术性能的工艺过程，称为装配工艺过程。机械加工工艺过程和装配工艺过程是机械制造工艺学研究的两项主要内容。

（5）工艺规程。工艺规程是工人在加工时的指导性文件，由于普通铣床由人工操作，所以是一个工艺过程卡；而在数控机床上，各项加工参数在程序中已经设定好。数控程序不仅要包括零件的工艺过程，而且要包括切削用量、走刀路线以及铣床的运动过程。

（6）工艺路线或工艺流程。这指工件依次通过的全部加工过程。工艺路线是制定工艺过程和进行车间分工的重要依据。

2. 机械加工工艺过程的组成

这包括工序、工步、走刀、安装和工位。

（1）工序。工序指一个或一组工人，在一个工作地对同一个或同时几个工件所连续完成的那一部分工艺内容，它是组成工艺过程的基本单元。区分工序的主要依据，是工作地（或设备）是否变动和完成的那部分工艺内容是否连续。为了便于分析和描述工序的内容，工序还可以进一步划分工步。

（2）工步。工步指在加工表面（或装配时的连接表面）不变，加工（或装配）工具不变的情况下，所连续完成的那一部分工序。一个工序可以包括几个工步，也可以只有一个工步。一般来说，构成工步的任一要素（加工表面、刀具及加工连续性）改变后，即成为另一个工步。但下面指出的情况应视为一个工步：

1）对于那些一次装夹中连续进行的若干相同的工步应视为一个工步。

2）为了提高生产率，有时用几把刀具同时加工几个表面，此时也应视为一个工步，称为复合工步。

（3）走刀。在一个工步中，有时材料层要分几层去除，则每切去一层材料称为一次走刀。一个工步可以包括一次走刀或几次走刀。

（4）安装。工件在加工前，在机床或夹具上先占据一正确位置（定位），然后再夹紧的过程称为装夹。工件（或装配单元）经一次装夹后所完成的那一部分工艺内容称为安装。同一工序中，工件在机床或夹具中每定位和夹紧一次，称为一次安装。在一道工序中可以有一个或多个安装。工件加工中应尽量减少装夹次数，因为多一次装夹就多一次装夹误差，而且增加了辅助时间。因此生产中常用各种回转工作台、回转夹具或移动夹具等，以便在工件一次装夹后，可使其处于不同的位置加工。

（5）工位。为了完成一定的工序内容，一次装夹工件后，工件（或装配单元）与夹具或设备的可动部分一起相对刀具或设备的固定部分所占据的某一个位置称为工位。

3. 工序的划分

（1）工序划分的原则。

1）工序集中的原则：将加工集中在少数几道工序内完成。可减少装夹次数，减少机床使用数量和占地面积，简化生产组织和计划调度工作。

2）工序分散的原则：将加工分散到较多的工序内进行。每个工序内容简单，所用设备、工装也简单，调整维修方便，对工人要求低。但使用设备多，占地面积大，使用工人多。

（2）工序划分的方法。数控机床与普通机床加工相比较，加工工序更加集中，根据数控机床的加工特点，加工工序的划分有以下几种方式：

1）根据装夹定位划分工序。这种方法一般适用于加工内容不多的工件，主要是将加工部位分为几个部分，每道工序加工其中一部分。如加工外形时，以内腔夹紧；加工内腔时，以外形夹紧。

2）按所用刀具划分工序。为了减少换刀次数和空程时间，可以采用刀具集中的原则划分工序，在一次装夹中用一把刀完成可以加工的全部加工部位，然后再换第二把刀，加工其他部位。在专用数控机床或加工中心上大多采用这种方法。

3）以粗、精加工划分工序。划分加工阶段的目的是逐步减少切削用量，逐步修正工件误差，达到高的加工精度和光洁度。对易产生加工变形的零件，考虑到工件的加工精度、变形等因素，可按粗、精加工分开的原则来划分工序，即先粗后精。

4）以加工部位划分工序。对于加工内容很多的工件，可按其结构特点将加工部位分成几个部分，如内腔、外形、曲面或平面，并将每一部分的加工作为一道工序。

在工序的划分中，要根据工件的结构要求、工件的安装方式、工件的加工工艺性、数控机床的性能以及工厂生产组织与管理等因素灵活掌握，力求合理。

4. 加工顺序的安排原则

在确定了某个工序的加工内容后，要进行详细的工步设计，即安排这些工序内容的加工顺序。一般将一个工步编制为一个加工程序，因此，工步顺序实际上也就是加工程序的执行顺序。加工顺序的安排应根据工件的结构和毛坯状况，选择工件定位和安装方式，重点保证工件的刚度不被破坏，尽量减少变形，因此加工顺序的安排应遵循以下原则：

（1）"基准先行"原则。基准表面先加工，为后续工序作可靠的定位。如轴类零件第一道工序一般为铣端面钻中心孔，然后以中心孔定位加工其他表面。

（2）"先面后孔"原则。当零件上有较大的平面可以用来作为定位基准时，总是先加工平面，再以平面定位加工孔，保证孔和平面之间的位置精度，这样定位比较稳定，装夹也方便，并可避免粗糙面钻孔引起的偏斜。

（3）"先主后次"原则。先加工主要表面（位置精度要求较高的基准面和工作表面）后加工次要表面（如键槽、螺孔、紧固小孔等）。次要表面一般在主要表面达到一定精度后，最终精加工之前。

（4）"先粗后精"原则。一般采用工序集中的方式，这时工步的顺序就是工序分散时的工序顺序。通常按从简单到复杂的原则：先加工平面、沟槽、孔，再加工外形、内腔，最后加工曲面，先加工精度要求低的表面，再加工精度要求高的表面。对于精度要求较高的零件，按由粗到精的顺序依次进行，逐步提高加工精度。这一点对于刚性较差的零件，尤其不能忽视。

还包括如下内容：

1）上道工序的加工不能影响下道工序的定位与夹紧。

2）一般先加工工件的内腔后再加工工件的外轮廓。

3）尽量减少重复定位次数、换刀次数与挪动压板次数。

4）在一次安装加工多道工序中，先安排对工件刚性破坏较小的工序。

5）数控加工工序与普通机床加工工序的衔接。由于数控加工工序穿插在工件加工的整个工艺过程之中，各道工序需要相互建立状态要求，如加工余量的预留，定位面与孔的精度和形位公差要求，矫形工序的技术要求，毛坯的热处理等要求，各道工序必须前后兼顾，综合考虑。

5. 确定定位和夹紧方案

（1）在确定定位和夹紧方案时应注意以下几个问题：

1）尽可能做到设计基准、工艺基准与编程基准的统一。

2）尽量将工序集中，减少装夹次数，尽可能在一次装夹后能加工出全部待加工表面。

3）避免采用人工占机调整时间短的装夹方案。

4）夹紧力的作用点应落在工件刚性较好的部位。

（2）工件的夹紧。工件在加工前需要定位和夹紧。这是两项十分重要的工作。夹紧的目的是防止工件在切削力、重力、惯性力等的作用下发生位移或振动，以免破坏工件的定位。因此正确设计的夹紧机构应满足下列基本要求：

1）夹紧应不破坏工件的正确定位。

2）夹紧装置应有足够的刚性。

3）夹紧时不应破坏工件表面，不应使工件产生超过允许范围的变形。

4）尽量用较小的夹紧力获得所需的夹紧效果。

5）工艺性好，在保证生产率的前提下结构应简单，便于制造、维修和操作。手动夹紧机构应具有自锁性能。

大多数夹具的夹紧机构是采用机械夹紧方式，夹紧机构有：

1）斜楔式夹紧机构：夹紧力小，操作不方便，实际生产中一般与其他机构联合使用。

2）螺旋式夹紧机构：结构简单，夹紧力大，自锁性能好，制造方便。但夹紧动作操作费时。

3）偏心式夹紧机构：操作简单，夹紧动作快，但夹紧行程和夹紧力较小，一般用于振动较小、夹紧力要求不高的场合。

6. 加工路线的确定

在数控加工中，刀具刀位点相对于工件运动的轨迹称为加工路线。确定加工路线是编写程序前的重要步骤，加工路线的确定应遵循以下原则：

（1）加工路线应保证被加工工件的精度和表面粗糙度。如铣削曲面时，常使用球头刀采用行切法进行加工。所谓行切法是指刀具与零件轮廓的切点轨迹是一行一行的，行间距离是按零件加工精度的要求确定的。对于边界敞开的曲面加工，可采用两种走刀路线。第一种刀痕比第二种均匀，如图 4-8 所示。由于曲面零件的边界是敞开的，没有其他表面限制，所以边界曲面可以延伸，球头刀应由边界外开始加工。

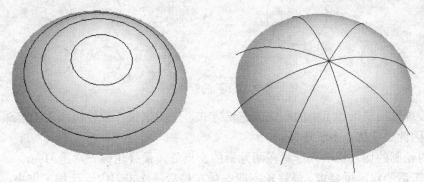

图 4-8　球面加工的两种走刀路线

（2）设计加工路线要减少空行程时间，寻求最短加工路线，提高加工效率。加工如图 4-9 所示零件上的孔系的走刀路线为外圈孔与内圈孔逐一间隔加工，减少空走刀时间，提高加工效率。

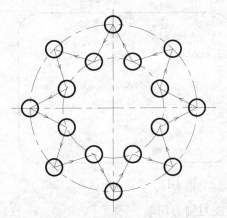

图 4-9　孔加工时的最短路线

（3）简化数值计算和减少程序段，降低编程工作量。

（4）根据工件的形状、刚度、加工余量、机床系统的刚度等情况，确定循环加工次数。

（5）合理设计刀具的切入与切出的方向。考虑刀具的进、退刀（切入、切出）路线时，刀具的切出或切入点应在沿零件轮廓的切线或延长线上，以保证工件轮廓光滑，如图 4-10 所示。应避免在工件轮廓面垂直上、下刀而在工件表面留下划痕；尽量减少在轮廓加工切削过程中的暂停，以免留下刀痕。采用单向趋近定位方法，避免传动系统反向间隙而产生的定位误差，如图 4-11 所示为孔加工的定位顺序图。

图 4-10　切向切入切出

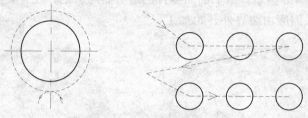

图 4-11　孔的定位方向

（6）合理选用铣削加工中的顺铣或逆铣方式，一般来说，数控机床采用滚珠丝杠，运动间隙很小，因此顺铣优点多于逆铣。

（7）内轮廓的切入切出点尽量在两元素的交点处，最终轮廓一次走刀完成。为保证工件轮廓表面加工后的粗糙度要求，最终轮廓应安排在最后一次走刀中连续加工出来。这种走刀能切除内腔中的全部余量，不留死角，不伤轮廓。但行切法将在两次走刀的起点和终点间留下残留高度，而达不到要求的表面粗糙度。如采用图 4-12 的走刀路线，先用行切法，最后沿周向环切一刀，光整轮廓表面，能获得较好的效果。

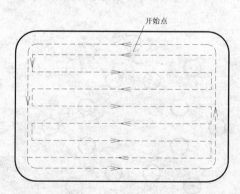

图 4-12　精加工一次走完实例

（8）铣削外轮廓时用立铣刀侧刃切削。

7. 确定切削用量

对于金属切削机床加工来说，被加工材料、切削刀具、切削用量是三大要素。这些条件决定着加工时间、刀具寿命和加工质量。经济的、有效的加工方式，要求必须合理地选择切削条件。编程人员在确定每道工序的切削用量时，应根据刀具的耐用度和机床说明书中的规定选择。也可以结合实际经验用类比法确定切削用量。在选择切削用量时要充分保证刀具能加工完一个零件，或保证刀具耐用度不低于一个工作班、最少不低于半个工作班的工作时间。切削深度主要受机床刚度的限制，在机床刚度允许的情况下，尽可能使切削深度略小于工序的加工余量，这样可以减少走刀次数，提高加工效率。对于表面粗糙度和精度要求较高的零件，要留有足够的精加工余量，数控加工的精加工余量可以比通用机床的加工余量小一些。编程人员在确定切削用量时，要考虑被加工工件的材料硬度、切削状态、切削深度、进给量、刀具耐用度。

五、相关数控加工技术文件

工艺过程设计好之后，要填写相关的数控加工技术文件。这些技术文件既是数控加工的依据、产品验收的依据，也是操作者遵守、执行的规程。技术文件是对数控加工过程的具体说明，目的是让操作者更明确加工程序的内容、装夹方式、各个加工部位所选用的刀具以及其他技术问题。数控加工技术文件主要有：数控编程任务书、工件安装和原点设定卡片、数控加工工序卡片、数控加工走刀路线图、数控刀具卡片等。以下是几种基本的技术文件，文件格式可根据企业实际情况自行设计。

（1）工件安装和原点设定卡片，如图 4-13 所示。

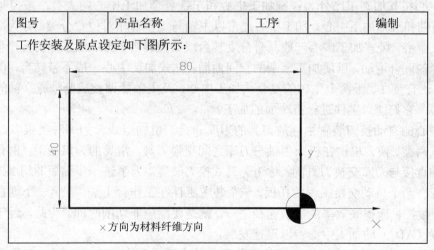

图号		产品名称		工序		编制	
工作安装及原点设定如下图所示： ×方向为材料纤维方向							

图 4-13 工件安装和原点设定卡片

（2）数控加工工步卡片，如表 4-1 所示。

表 4-1 数控加工工步卡片

图号		编制		日期	
工步号	刀具号	刀具规格	程序号	备注	
10	T1	φ120 端铣刀	O0001		
20	T2	φ15.7 钻头	O0002		
30	T3	φ16 铰刀	O0003		
40	T4	φ20 铣刀	O0004		
50	T5	φ12 铣刀	O0005		

（3）数控刀具卡片，如表 4-2 所示。

表 4-2　数控加工刀具卡片

图号		制定		校对	日期	
工步号	刀具号	刀具名称	刀具规格	数量	加工内容	备注
10	T1	端铣刀	φ120	1	铣上下表面	
20	T2	钻头	φ15.7	1	钻工艺孔	
30	T3	铰刀	φ16	1	铰孔	
40	T4	铣刀	φ20	1	粗加工	
50	T5	铣刀	φ12	1	精加工	

六、加工中心简述及刀具补偿值的设置

1. 加工中心简述

加工中心是带有刀库和自动换刀装置的一种高度自动化的多功能数控机床。工件在加工中心上经一次装夹后，数字控制系统按程序要求控制机床按不同工序，自动选择和更换刀具，自动改变机床主轴转速、进给量和刀具相对工件的运动轨迹及其他辅助机能，依次完成工件几个面上多工序的加工，并且有多种换刀或选刀功能，从而使生产效率大大提高。

加工中心按其加工工序分为镗铣加工中心和车铣复合加工中心两大类，按控制轴数可分为三轴、四轴和五轴加工中心。加工中心通常以主轴与工作台相对位置分类，分为卧式、立式和万能加工中心。卧式加工中心一般具有分度转台或数控转台，可加工工件的各个侧面；也可作多个坐标的联合运动，以便加工复杂的空间曲面。立式加工中心一般不带转台，仅作顶面加工。此外，还有带立、卧两个主轴的复合式加工中心，及主轴能调整成卧轴或立轴的立卧可调式加工中心，它们能对工件进行五个面的加工。

加工中心的自动换刀装置由存放刀具的刀库和换刀机构组成。刀库种类很多，常见的有盘式和链式两类。换刀机构在机床主轴与刀库之间交换刀具，常见的为机械手；也有不带机械手而由主轴直接与刀库交换刀具的，称为无臂式换刀装置。为了进一步缩短非切削时间，有的加工中心配有两个自动交换工件的托板，一个装着工件在工作台上加工，另一个则在工作台外装卸工件。数控机床提高效率的重要途径之一，就是要缩短非切削时间。为此，近年来带有自动换刀装置（ATC）的加工中心得以迅速发展。

在自动换刀数控机床上，对自动换刀装置的基本要求是：换刀时间短、刀具重复定位精度高、足够的刀具存储量、刀库占地面积小及安全可靠等。

2. 自动换刀装置的结构类型

各类数控机床的自动换刀装置的结构取决于机床的形式、工艺范围及刀具的种类和数量。其基本类型有以下几种：

（1）多主轴转塔头换刀装置。在带有旋转刀具的数控镗铣床中，常用多主轴转塔头换刀装置，如图 4-14 所示。通过多主轴转塔头的转位来换刀是一种比较简单的换刀方式。

（2）刀库—机械手自动换刀系统。这类换刀装置由刀库、选刀机构、刀具的自助装卸机构及刀具交换机构（机械手）等四部分组成，应用最广泛。这种换刀装置和转塔主轴头相比，由于机床主轴箱内只有一根主轴，在结构上可以增强主轴的刚性，有利于精密加工和重切削加工。刀库中刀具的数目可根据工艺要求和机床的结构布局而定，数量可较多，以实现复杂零件的多工序加工，从而提高了机床的适应性和加工效率。此外，刀库可布置在远离加

工区的地方，从而消除了它与工件相干扰的可能性。采用这种自动换刀系统，需要增加刀具的自动夹紧、放松机构、刀具运动及定位机构，常常还需要有清洁刀柄及刀孔、刀座的装置，因而结构较复杂。换刀过程动作多、换刀时间长。同时，影响换刀工作可靠性的因素也较多，所以故障率相对较高。

图 4-14　六工位转塔主轴头

3. 刀库类型及刀具的选择与识别

（1）刀库类型。刀库是自动换刀装置中的主要部件之一，其容量、布局以及具体结构对数控机床的设计有很大影响。根据刀库所需要的容量、选刀及取刀方式，可以将刀库设计成多种形式。

1）盘形刀库。如图 4-15 所示，盘形刀库为最常用的一种形式，每一刀座均可存放一把刀具。盘形刀库的存储量一般为 15～40 把。盘形刀库的种类甚多，为适应机床主轴的布局，刀库的刀具轴线可以按不同的方向配置，单盘式刀库的结构简单，取刀也较为方便，因此应用最为广泛。

图 4-15　盘形刀库

2）链式刀库。如图 4-16 所示，这种刀库是在环形链条上装有许多刀座，其结构有较大的灵活性，存放刀具的数量也较多，选刀和取刀动作十分简单。当链条较长时，可以增加支承链轮数目，使链条折叠回绕，提高空间利用率。一般刀具数在 30～120 把。

3）格子式刀库（如图 4-17）。这种刀库具有纵横排列十分整齐的很多格子，每个格子中均有一个刀座，可存储一把刀具。这种刀库可单独安置于机床之外，由机械手进行选刀及换刀。这种刀库选刀及取刀动作复杂，应用较少。

图 4-16　链式刀库

图 4-17　格子式刀库

（2）选刀方式。按数控装置的刀具选择指令，从刀库中自动挑选各工序所需要的刀具的操作，称为自动选刀。目前，在刀库中选择刀具通常有顺序选择和任意选择两种方式。

1）顺序选择方式。刀具的顺序选择方式是将刀具按加工工序的顺序，依次放入刀库的每一个刀座内。每次换刀时，刀库按顺序转动一个刀座的位置，并取出所需要的刀具。已经使用过的刀具可以放回原来的刀座内，也可以按顺序放入下一个刀座内。采用这种方式不需要刀具识别装置，而且驱动控制较简单，可以直接由刀库的分度来实现。因此，刀具的顺序选择方式具有结构简单，工作可靠等优点。但更换不同工件时，必须重新排列刀库中的刀具顺序。刀库中的刀具在不同的工序中不能重复使用，因而必须相应地增加刀具的数量和刀库的容量，这样就降低了刀具和刀库的利用率。此外，装刀时必须十分谨慎，如果刀具不按顺序装在刀库，将会造成严重事故。

2）任意选择方式。采用任意选择方式的自动换刀系统中必须有刀具识别装置。这种方式是根据程序指令的要求来选择所需的刀具，刀具在刀库中不必按照工件的加工顺序排列，可任意存放。每把刀具（或刀座）都编有代码，自动换刀时，刀库旋转，每把刀具（或刀座）都经过"刀具识别装置"接受识别。当某把刀具的代码与数控指令的代码相符合时，该把刀具被选中，并将刀具送到换刀位置，等待机械手来抓取。任意选择刀具法的优点是刀库中刀具的排列顺序与工件加工顺序无关，相同的刀具可重复使用。因此，刀具数量比顺序选择法的刀具可少一些，刀库也相应地小一些。

4. 刀具交换装置

数控机床的自动换刀装置中，实现刀库与机床主轴之间传递和装卸刀具的装置称为刀具交换装置。刀具交换方式和它们的具体结构对机床的生产率和工作可靠性有着直接的影响。刀具的交换方式通常分为刀库与机床主轴的相对运动实现刀具直接交换和采用机械手交换刀具两类。

（1）利用刀库与机床主轴的相对运动实现刀具交换。此装置在换刀时必须首先将用过的刀具送回刀库，然后再从刀库中取出新刀具，这两个动作不可能同时进行，因此换刀时间较长。刀库一般安放在工作台的一端，当某一把刀具加工完毕从工件上退出后，即开始换刀。其刀具交换过程如图 4-18 所示。

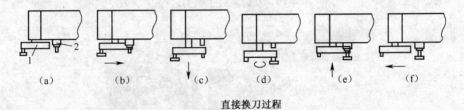

直接换刀过程

1—刀库；2—主轴

图 4-18 刀库与主轴的相对运动直接换刀过程

1）按照指令，机床工作台快速向一端移动，将工件从主轴下面移开，同时将刀库移动到主轴下面，使刀库的某个空刀座恰好对准主轴。

2）主轴箱下降，将主轴上用过的刀具放回刀库的刀座中。

3）主轴箱上升至一定位置，刀库回转，将下一工步所需要的刀具对准主轴。

4）主轴箱下降，将下一工步所需的刀具插入机床主轴。

5）主轴箱及主轴带着刀具上升。

6）机床工作台快速向左返回，将刀库从主轴下面移开，同时将工件移至主轴下面，使主轴上的刀具对准工件的加工面。

这种自动换刀装置只有一个刀库，不需要其他装置，结构极为简单，换刀过程却较为复杂。它的换刀和选刀由三个坐标轴的数控定位系统来完成，因而每交换一次刀具，工作台和主轴箱就必须沿着三个坐标轴作两次往复运动，因而增加了换刀时间。另外，由于刀库置于工作台上，因而减少了工作台的有效使用面积。

（2）用机械手进行刀具交换。采用机械手进行刀具交换的方式应用最为广泛，这是因为机械手换刀灵活、动作快，而且结构简单。由于刀库及刀具交换方式的不同，换刀机械手也有多种形式。

抓刀运动可以是旋转运动，也可以是直线运动。由于抓刀运动的轨迹不同，各种机械手的应用场合也不同，抓刀运动为直线运动时，在抓刀过程中可以避免与相邻的刀具相碰，当刀库中刀具排列较密时，常用权刀手（如图 4-19、图 4-20）。钩刀手和抱刀手抓刀运动的轨迹为圆弧，容易和相邻的刀具相碰，因而要适当增加刀库中刀具之间的距离及合理设计机械手的形状和安装位置。

5. 加工中心刀具补偿值的设置

如果在加工过程中，使用手动换刀，对刀方法、数据的存储等操作与数控铣床完全一样；如果使用自动换刀，每把刀的 X、Y、Z 轴的对刀过程与数控铣床相同（X、Y 轴一般对一次即可，因为工件原点位置不变）。除了所使用的数控加工程序编制不同之外，数据的存储方法也有不同。比如：工件坐标系使用 G54；T1 号刀对应补偿地址 D01、H01，T2 号刀对应补偿地址 D02、H02，T3 号刀对应补偿地址 D03、H03。存储操作步骤如下：

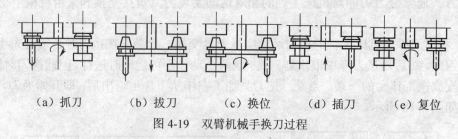

（a）抓刀　　　（b）拔刀　　　（c）换位　　　（d）插刀　　　（e）复位

图 4-19　双臂机械手换刀过程

图 4-20　机械手进行换刀过程

（1）X、Y 轴对刀数据存储至 G54 中，如图 4-21 所示。

（2）Z 值每一把刀都需对刀，但数据并不是存储到 G54 的 Z 中。换出 T1 号刀，对出的 Z 值存储到对应长度补偿地址 H01 中，半径补偿值存储到 D01 中。

（3）换出 T2 号刀，对出的 Z 值存储到对应长度补偿地址 H02 中，半径补偿值存储到 D02 中。

（4）换出 T3 号刀，对出的 Z 值存储到对应长度补偿地址 H03 中，半径补偿值存储到 D03 中，如图 4-22 所示。

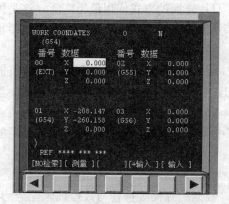

图 4-21　工件原点数据存储结果显示

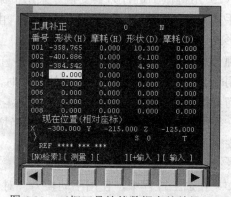

图 4-22　三把刀具补偿数据存储结果显示

（5）程序中要有回换刀点、换刀指令及调用长度补偿指令等。

任务实施

一、仿真加工

利用加工中心仿真加工的步骤如下：

（1）选择机床。可选择 FANUC 0i 系统的加工中心（立式加工中心），如图 4-23 所示。

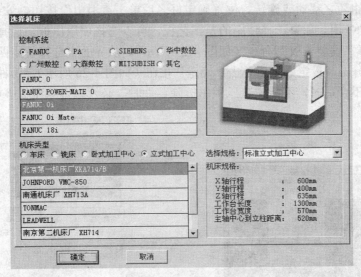

图 4-23　选择机床

（2）定义毛坯。过程同数控铣床。

（3）安装夹具。首先确定选用的毛坯号，再选择夹具形式。夹具有平口钳和工艺板两种可供选择，根据需要选择一种，如图 4-24 所示。

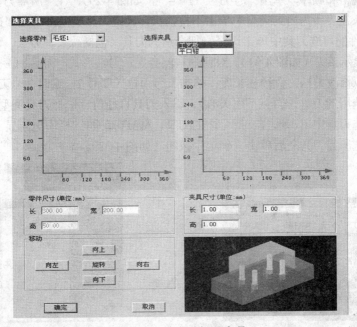

图 4-24　确定毛坯及夹具

　　如果选择使用的是工艺板，工艺板的长、宽、高可以设定，工件在工艺板上的前、后、左、右位置可以移动，并且工件与工艺板可以同时旋转90°，设定好之后，单击"确定"按钮；如果选择使用的是平口钳，毛坯的长度不能大于350mm。首先选定毛坯号，再选择"平口钳"，工件与钳口的上、下、前、后可以移动，平口钳夹持部位最小高度10mm（注意不要铣到钳口），并且工件与平口钳可以同时旋转90°，设定好之后，单击"确定"按钮。

　　（4）放置零件。选择主菜单中的"零件"，单击"放置零件"，选择所使用的毛坯（或是设定好夹具的毛坯），单击"安装零件"，弹出可以移动或旋转工件的工具条，移动或旋转工件时工艺板或平口钳随之移动或旋转。位置确定好之后单击"退出"按钮，安装完毕。

　　（5）压板的使用。如果选择使用的是工艺板，可以选择使用压板。选择主菜单中的"零件"，用鼠标选择"安装压板"命令（如图4-25所示）。从界面中选择使用四个压板或两个压板，压板尺寸可修改，设定好之后单击"确定"按钮（如图4-26所示）。工件及工艺板在工作台中的安放位置不合适时，不能安装压板。拆除零件时，必须先拆除压板（如图4-27所示）。

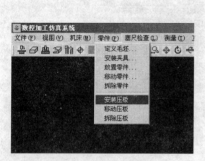

图4-25　安装压板

图4-26　确定压板数量

　　（6）选择刀具。选择主菜单中的"机床"，点击"选择刀具"命令（如图4-28），根据加工时设定好的刀具规格和顺序，单击一号刀位（序号1，如图4-29），在"所需刀具直径"中输入一号刀具的直径值，在"所需刀具类型"单击下拉箭头，确定刀具类型，单击"确定"按钮（如图4-30），在符合条件的可选刀具中单击选择一把合适的刀具（包括总长、刃长、切削刃数等），"已选择刀具"栏中显示该刀（如图4-31）。对话框右侧会显示刀具形式、刀具加工方式、刀具详细几何参数，并且可以修改刀柄的直径和长度；单击二号刀位（序号2，这时2号刀位"已选择刀具"栏中会显示之前选用的刀具，暂且不用关心），输入刀具直径值、选择刀具类型、单击"确定"，在符合条件的可选刀具中单击选择一把合适的刀具，"已选择刀具"栏中更新显示该刀。以此类推，按顺序选择若干把所需刀具之后单击"确定"按钮（如图4-32）。

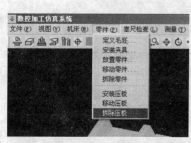

图4-27　拆除压板

图4-28　选择刀具

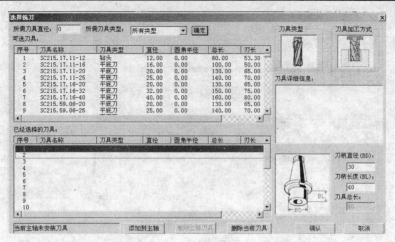

图 4-29　确定一号刀位

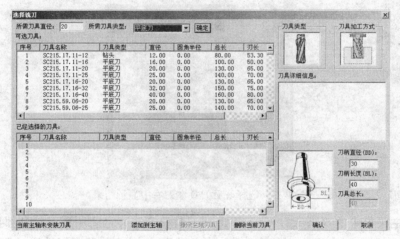

图 4-30　确定一号刀具规格

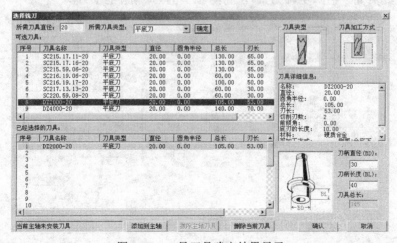

图 4-31　一号刀具确定结果显示

　　（7）这时主轴上并无刀，所选刀具都在刀库里（如图 4-33）。如果想把某一把刀安装到主轴上。有两种方法：

　　1）使用指令。G91 G28 Z0；M06　T××（××是刀号）；

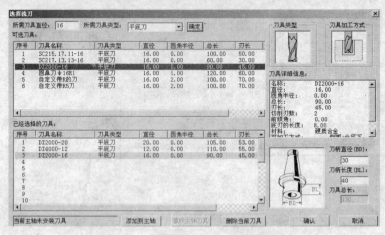

图 4-32　三把刀具确定后的结果显示

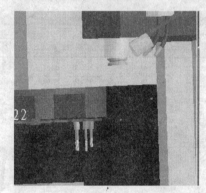

图 4-33　选择好后刀具在刀库中显示结果

2）选择主菜单中的"机床"，单击"选择刀具"命令，之前所选刀具全部显示出来，单击选择预想安装到主轴的刀具，单击"添加到主轴"，再单击"确定"按钮（如图 4-34 和图 4-35）。也可在此页面"撤除主轴刀具"，将主轴上的刀具放回到刀库。

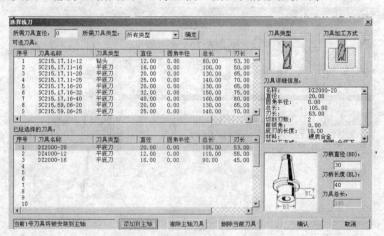

图 4-34　把某把刀具安装到主轴

（8）对刀、数据存储，如图 4-22 所示。

（9）编程。程序与数控铣床相比增加了自动换刀指令，主轴停止、旋转指令，G91、G90 转换指令等。

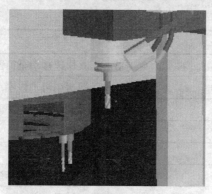

图 4-35　刀具安装到主轴显示结果

（10）程序模拟、验证。同数控铣床。

（11）自动加工。同数控铣床。

（12）仿真测量。同数控铣床。

注意：加工时，刀具切削刃在两钳口之间时（但不能紧挨钳口），刀尖可低于钳口；在钳口正上方时，刀具不能低于钳口（即使距离是零也不可），也不能接触到工艺板或压板。

二、实操加工

1. 工艺分析

该模具内型由四个方槽及一个圆槽组成，为便于排屑，方槽可以选用 φ8 键槽铣刀加工，圆槽可以选用 φ16 键槽铣刀加工，螺栓压板装夹方式。四个方槽的编程，采用多次调用子程序的方式；圆孔由于比较深，也利用子程序进行分层加工。为了提高生产率，利用加工中心加工。

2. 编写加工程序

编程时，尽量使程序简洁、易懂，保证零件精度要求，采用顺铣的方式。余量大处，可分层加工，减少非切削刀具移动路线。精加工程序如表 4-3 所示。

表 4-3　精加工程序

程序内容	说明
O0001；	程序名
G94 G97 G40；	设定编程环境
G0 G28 G91 Z0；	刀具返回 Z 轴机床参考点
T01 M06；	换一号刀（φ8）
G0 G90 G54 X0 Y0；	刀具快速定位至工件零点
G43 Z100.0 H01 M03 S2000；	刀具下降至安全平面 Z100mm 处
M08；	开切削液
G90 X25.0 Y20.0 Z2.0；	刀具快速移动至第一次调用子程序开始位置
M98 P2；	第一次调用子程序
X-25.0 Y20.0；	刀具快速移动至第二次调用子程序开始位置
M98 P2；	第二次调用子程序
X-25.0 Y-20.0；	刀具快速移动至第三次调用子程序开始位置
M98 P2；	第三次调用子程序

程序内容	说明
X25.0 Y-20.0;	刀具快速移动至第四次调用子程序开始位置
M98 P2;	第四次调用子程序
G0 G90 Z100.0;	刀具升高至安全平面 Z100.0mm 处
M05;	主轴停转
M09;	切削液停
G91 G28 Z0;	刀具返回 Z 轴机床参考点
M06 T02;	换二号刀（φ16）
G0 G90 G54 X0 Y0;	刀具快速定位至工件零点
G43 Z100.0 H02 M03 S2000;	刀具下降至安全平面 Z100mm 处
M08;	开切削液
G90 X3.5 Y0 Z2.0;	刀具快速移动至调用子程序开始位置
G01 Z0 F200;;	刀具慢速移动至工件表面
M98 P40003;	调用 O0003 子程序 4 次
G0 G90 Z100.0;　;	刀具升高至安全平面 Z100.0mm 处
M05;	主轴停转
M09;	切削液停
G91 G28 Z0;	刀具返回 Z 轴机床参考点
M30;	程序结束
O0002;	铣槽子程序
G91 G01 F200 X-10.0 Z-2.0;	斜线下刀
X20.0 Z-5.0;	斜线下刀
Y5.0;	去余量
X-20.0;	去余量
Y-5.0;	去余量
X20.0;	去余量
Y-5.0;	去余量
X-20.0;	去余量
G41 D01 Y-5.0;	建立刀具半径补偿，精加工轮廓
X20.0;	精加工轮廓
G03 X5.0 Y5.0 R5.0;	精加工轮廓
G01 Y10.0;	精加工轮廓
G03 X-5.0 Y5.0 R5.0;	精加工轮廓
G01 X-20.0;	精加工轮廓
G03 X-5.0 Y-5.0 R5.0;	精加工轮廓
G01 Y-10.0;	精加工轮廓

续表

程序内容	说明
G03 X5.0 Y-5.0 R5.0;	精加工轮廓
X5.0 Y5.0 R5.0;	切向退刀
G01 G40 X-5.0;	撤销半径补偿
G00 Z7.0;	刀具抬高
M99;	子程序结束
O0003;	铣孔子程序
G91 G01 Z-5.0 F100 ;	螺旋线下刀，去余量
G41 G90 D02 X12.0 F200 ;	建立半径补偿
G03 I-12.0;	逆时针圆弧插补
G40 G01 X0;	撤销半径补偿
M99;	子程序结束

3. 加工方法与技巧

（1）零件的安装夹紧。此零件毛坯尺寸是 100mm×80mm×30mm，采用螺栓压板夹紧。

（2）对刀。如果工件内型的对称度要求不高，可不用分中法对刀，用刀具或对刀棒配合塞尺即可。

（3）先粗加工后精加工。最好每个方向都留余量。

（4）对刀时，X、Y 轴对一次即可，但 Z 轴每一把刀都得对。

4. 加工注意事项

（1）装夹。如图 4-36 所示，如果有些工件需垫起来加工，注意几个垫铁的高度要一致，注意支承点要在夹紧力的作用点上。螺栓不要太长，要尽量靠近工件，垫块要比工件略高。加工中注意观察螺栓与压板不要与刀具或主轴发生干涉。夹紧之前注意工件要拉直。

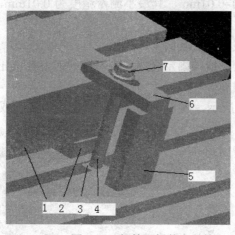

1. 工件
2. 等高垫铁
3. T 形块
4. 螺栓
5. 垫块
6. 压板
7. 螺母

图 4-36　螺栓压板装夹零件

（2）切削参数的合理使用。

（3）程序编辑之后要验证。

（4）精加工出的第一个尺寸要仔细测量，判断刀补值的准确性。

5. 精度检验

用编制好的数控加工程序，开始加工，加工过程中要不断测量，保证各尺寸合格。加工完首件之后，要严格执行首件"三检"（自检、互检、专职检）制度，以免造成成批超差或报废；或者在批量生产中要进行抽样检查。根据零件轮廓的形状和精度要求，选择不同的检测工具。

（1）游标卡尺。游标卡尺，如图4-37所示，也称卡尺。测量零件的厚度、长度、槽宽或内外直径的量具，测量精度一般可至 0.02mm，一般量程是 0～120mm 和 0～150mm。

图 4-37　机械式及指针式游标卡尺

（2）千分尺。千分尺细分有外径千分尺（最常见）、内径千分尺、内测千分尺、壁厚千分尺、管壁千分尺等，功能各异。但都是用来测量精度在 0.01mm 范围内的尺寸。

与卡尺相比，千分尺测量的精度高、测量结果易看。

千分尺有如下几种形式：

1）外径千分尺，如图4-38所示。

图 4-38　外径千分尺

外径千分尺的刻线原理是：活动套筒旋转 360 度，在轴向上移动 0.5mm。把活动套筒等分为 50 小格，每小格为：0.5/50=0.01mm，其最小测量精度为 0.01mm。

千分尺读数步骤如下：

①读出活动套筒左边端面线在固定套筒上的刻度。

②把活动套筒上其中一条刻度线与固定套筒上零基准线对齐，读出刻度。

③把以上两个刻度的读数相加。

2）内径千分尺。如图4-39所示，内径千分尺用于精密测量孔径或槽长槽宽。

图 4-39　内径千分尺

正确测量方法：

①内径千分尺在测量及其使用时，必须用尺寸最大的接杆与其测微头连接，依次顺接到

测量触头，以减少连接后的轴线弯曲。

②测量时应看测微头固定和松开时的变化量。

③在日常生产中，用内径千分尺测量孔时，将其测量触头测量面支撑在被测表面上，调整微分筒，使微分筒一侧的测量面在孔的径向截面内摆动，找出最小尺寸；然后拧紧固定螺钉，取出内径千分尺并读数，也有不拧紧螺钉直接读数的。

④内径千分尺测量时支承位置要正确。工件的变形涉及到直线度、平行度、垂直度等形位误差。

（3）深度千分尺。如图 4-40 所示，用于测量阶台的高度差、槽的深度等，要比深度卡尺测量的精度高。使用前，根据不同的需测量尺寸范围，用不同高度的标准校块校零。如图 4-40 所示，三根测杆的测量范围分别是：0～25mm、25～50mm、50～75mm。

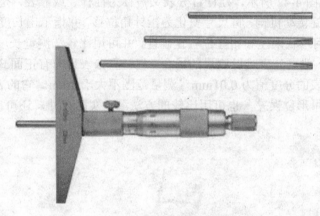

图 4-40　深度千分尺

（4）内径百分表。如图 4-41 所示，内径百分表是将测头的直线位移变为指针的角位移的计量器具，用比较测量法完成测量，用于不同孔径的尺寸及其形状误差的测量。

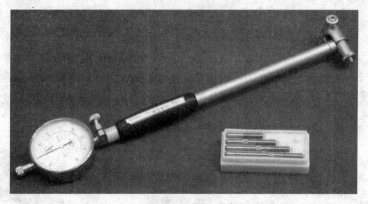

图 4-41　内径百分表

使用内径百分表的步骤：

1）使用前检查。

①检查表头的相互作用和稳定性。

②检查活动测头和可换测头表面光洁，连接稳固。

2）读数方法。测量孔径，孔轴向的最小尺寸为其直径，测量平面间的尺寸；任意方向内均最小的尺寸为平面间的测量尺寸；百分表测量读数加上零位尺寸即为测量数据。

3）正确使用。

①把百分表插入量表直管轴孔中，压缩百分表一圈，紧固。

②选取并安装可换测头，紧固。

③测量时手握隔热装置。

④根据被测尺寸调整零位：用已知尺寸的环规或平行平面（外径千分尺）调整零位，以孔轴向的最小尺寸或平面间任意方向内均最小的尺寸对"0"位，然后反复测量同一位置2～3次后检查指针是否仍与百分表"0"线对齐，如不齐则重调。为读数方便，可用整数来定零位位置（注意小指针的圈数）。

⑤测量孔时，摆动内径百分表，找到轴向平面的最小尺寸（转折点）来读数。

⑥测杆、测头、百分表等配套使用，不要与其他表混用。

（5）杠杆表。如图4-42所示，杠杆百分表又被称为杠杆表或靠表，是利用杠杆—齿轮传动机构或者杠杆—螺旋传动机构，将尺寸变化为指针角位移，并指示出长度尺寸数值的计量器具，用于测量工件几何形状误差和相互位置正确性，并可用比较法测量长度。杠杆百分表体积小、精度高，适用于一般百分表难以测量的场合。杠杆百分表目前有正面式、侧面式及端面式几种类型。杠杆百分表的分度值为0.01mm，测量范围不大于1mm。它的表盘是对称刻度的。杠杆百分表可用于测量形位误差，也可用比较的方法测量实际尺寸，还可以测量小孔、凹槽、孔距、坐标尺寸等。

图4-42　杠杆百分表

（6）塞规、环规。如图4-43所示，检查圆柱孔径的常用量具是光滑极限量规，又称塞规。塞规是一种无刻度量具，它只能检测工件的尺寸是否合格，而不能测得工件的实际尺寸。由于量规是精密测量器具，所以工作部位的制造精度较高。

图4-43　光滑极限量规

（7）三坐标测量机。如图4-44所示，三坐标测量机（Coordinate Measuring Machine，CMM）是指在一个六面体的空间范围内，能够表现几何形状、长度及圆周分度等测量能力的仪器，又称为三次元。

图 4-44 三坐标测量机

本题用到的量具有游标卡尺、深度千分尺、内径千分尺及内径百分表。

6. 精度分析

此零件加工完成，如果精度不合格，可能的现象及原因如表 4-4 所示。

表 4-4 产品不合格的可能现象及原因

现象	原因
尺寸不合格	编程错误、刀补值错误
长、宽、深度不合格	机床反向间隙大、测量误差过大
圆度不合格	机床反向间隙大、伺服增溢值不合理
粗糙度值过大	加工参数不合理、刀具磨损

思考与练习

一、简答题

1. 何谓对刀点、刀位点及换刀点？
2. 什么是工序、工步、走刀及工位？
3. 确定走刀路线时应考虑哪些问题？
4. 说明调用子程序的几种格式。
5. 什么是数控机床的几何精度及位置精度？各包括哪些？
6. 数控铣床的切削精度包括哪几项？
7. 加工工序的划分有几种方式？
8. 简述宇龙仿真加工中心上选刀的步骤。

二、编程题

1. 如图 4-45 所示，完成加工工艺制定及编程。
2. 如图 4-46 所示，完成加工工艺制定及编程。

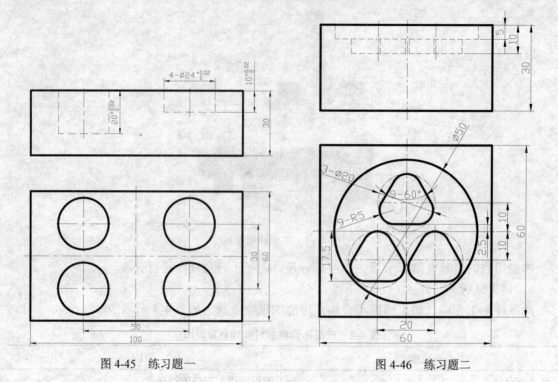

图 4-45　练习题一　　　　　　　　　　　　图 4-46　练习题二

3. 如图 4-47 所示，完成加工工艺制定及编程。

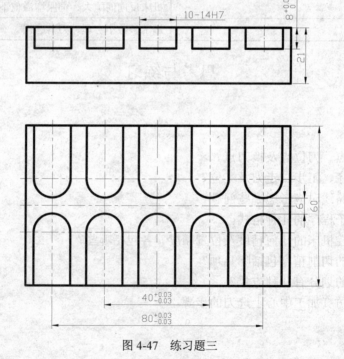

图 4-47　练习题三

模块五　孔类零件的加工

能力目标：

- 固定循环概述
- 合理选择孔加工刀具
- 孔加工指令选择及加工方法

相关知识：

- 孔加工刀具介绍
- 孔加工方法

任务描述

加工如图 5-1 所示连接板零件图，此零件尺寸为 160mm×90mm×40mm，工件外表面上道工序已完成，本工序只需加工孔和螺纹部分。图 5-2 为该零件实体图。

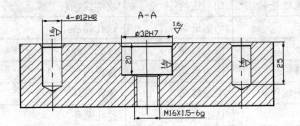

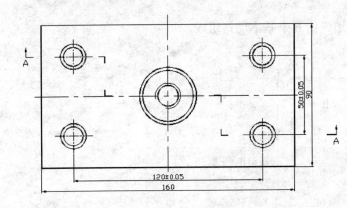

图 5-1　零件图

图 5-2　零件实体截面图

该零件主要以孔加工为主，需要用到钻孔、扩孔、镗孔、铰孔、攻螺纹等方法，且孔的位置精度和形状精度要求较高，在此使用立式加工中心完成零件孔系的加工，主要用到数控铣固定循环指令 G73-G89，以及 M00、M01 等指令，详见知识链接。

知识链接

一、固定循环概述

1. 功能

固定循环功能指令使用一个程序段就可以完成一个孔加工的全部动作（包括孔定位、进给、孔底动作、退刀等），从而达到简化程序、缩短程序、节省存储空间的目的。固定循环指令如表 5-1 所示。

表 5-1　固定循环指令

G 代码	钻削（−Z 方向）	在孔底动作	回退（+Z 方向）	应用
G73	间歇进给	—	快速移动	高速深孔钻循环
G74	切削进给	停刀→主轴正转	切削进给	左旋攻螺纹循环
G76	切削进给	主轴定向停止	快速移动	精镗循环
G80	—	—	—	取消固定循环
G81	切削进给	—	快速移动	钻孔循环，点钻循环
G82	切削进给	停刀	快速移动	钻孔循环，锪镗循环
G83	间歇进给	—	快速移动	深孔钻循环
G84	切削进给	停刀→主轴正转	切削进给	攻螺纹循环
G85	切削进给	—	切削进给	镗孔循环
G86	切削进给	主轴停止	快速移动	镗孔循环
G87	切削进给	主轴正转	快速移动	背镗循环
G88	切削进给	停刀→主轴停止	手动移动	镗孔循环
G89	切削进给	停刀	切削进给	镗孔循环

2. 说明

孔加工循环动作如图 5-3 所示，通常由 6 个基本动作组成。

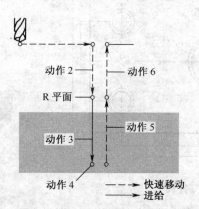

图 5-3　固定循环动作顺序

动作 1——X 和 Y 轴的定位（也包括其他轴的定位）。

动作 2——快速移到 R 点（安全平面）。

动作 3——孔加工，有时为间隙性进给。

动作 4——孔底动作（主轴停转、暂停、准停、偏移等）。

动作 5——返回 R 点平面。

动作 6——快速移到起始点。

3. 格式

（1）孔加工固定循环格式如下：

G73~G89 X_Y_Z_R_Q_P_F_K_；开始孔加工固定循环

G73~G89：孔加工循环 G 指令。

X_Y_：表示钻孔点孔位数据。

Z_：表示孔底平面位置。

R_：表示 R 点平面所在位置。

Q_：表示间歇性进给时刀具每次加工深度或孔底偏移量。

P_：孔底暂停时间。

F_：表示孔加工切削进给时的进给速度。

K_：表示指定孔加工循环的次数。

以上为孔加工固定循环的通用格式，但并不是每一个孔加工固定循环指令格式都要用到所有地址字。

G80：取消孔加工固定循环。另外，01 组的 G 代码（G00、G01、G02、G03）也可以取消固定循环功能。

（2）刀具从孔底返回方式。

当刀具加工至孔底平面后，刀具从孔底平面有两种方式返回，即返回初始平面和返回到 R 点平面，分别用指令 G98 和 G99 来指令。

1）G98 方式。G98 表示返回初始平面，初始平面是为安全进刀而规定的一个平面。初始平面一般为执行孔加工固定循环时刀具所在 Z 轴平面，如图 5-4 所示。在不同平面内钻孔一般使用 G98 指令。

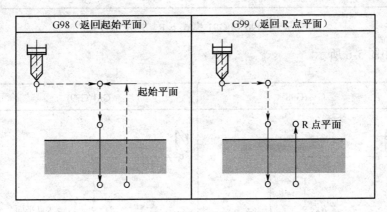

图 5-4　孔加工返回方式

2）G99 方式。G99 表示返回 R 点平面，R 点平面又叫参考平面，这个平面是刀具下刀时，自快进转为工进的高度平面。距工件表面的距离，一般情况下选取为离钻孔平面约 2~5mm，如图 5-4 所示。在同一平面内钻孔一般使用 G99 指令。

确定孔底返回方式编程格式如下：

G98（G99）G73~G89 X_Y_Z_R_Q_P_F_K_；

二、固定循环指令

1. 钻孔循环，钻中心孔循环（G81）

（1）功能：该循环用作正常钻孔。切削进给执行到孔底。然后，刀具从孔底快速移动退回。

（2）指令格式：G81 X_Y_Z_R_F_K_;

X_Y_：孔位置数据。

Z_：孔底平面位置，在绝对编程模式（G90）时，Z为孔底坐标，在增量编程（G91）时，Z为从R点到孔底的距离，如图5-5所示。

R_：R点平面所在位置，Z轴由快速进给转为切削进给点位置，如图5-5所示。

F_：切削进给速度。

K_：钻孔重复次数，K只在指定的单节有效。如果指定K0，存储钻孔数据，但不执行钻孔循环。当为K1时可省略。

对等间距钻孔时，用增量模式（G91）指定第一个钻孔位置，用K指定钻孔次数。如果用绝对模式（G90）指定，钻孔在同一位置重复。

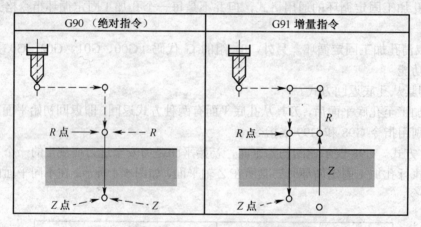

图5-5 G90与G91模式下R、Z表示方式

指令动作如图5-6所示。

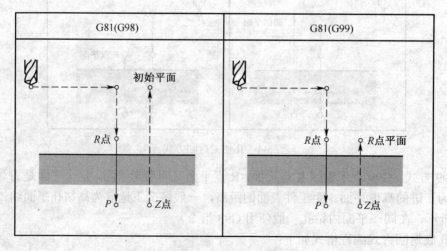

图5-6 G81指令动作

（3）说明。

在沿着 X 和 Y 轴定位以后，快速移动到 R 点。从 R 点到 Z 点执行钻孔加工。然后，刀具快速移动退回。在指定 G81 之前，用辅助功能（M 代码）旋转主轴。当 G81 指令和 M 代码在同一程序段中指定时，在第一个定位动作的同时执行 M 代码。然后，系统处理下一个动作。

当指定重复次数 K 时，只对第一个孔执行 M 代码；对第二个或以后的孔，不执行 M 代码。

当在固定循环中指定刀具长度偏置（G43、G44 或 G49）时，在定位到 R 点的同时加偏置。

2. 钻孔循环，锪镗孔循环（G82）

（1）功能：该循环用作正常钻孔。切削进给执行到孔底，执行暂停。然后，刀具从孔底快速移动退回。

（2）指令格式：G82 X_Y_Z_R_P_F_K_；

X_Y_：孔位数据。

Z_：从 R 点到孔底的距离。

R_：从初始位置平面到 R 点的距离。

P_：在孔底的暂停时间，单位 ms。

F_：切削进给速度。

K_；重复次数。

指令动作如图 5-7 所示。

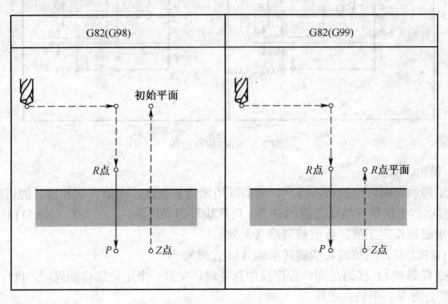

图 5-7 G82 指令动作

（3）说明。

沿着 X 和 Y 轴定位以后，快速移动到 R 点。然后，从 R 点到 Z 点执行钻孔加工。当到孔底时，执行暂停。然后刀具快速移动退回。指定 G82 之前，用辅助功能（M 代码）旋转主轴。

当 G82 指令和 M 代码在同一程序段中指定时，在第一个定位动作的同时执行 M 代码。然后，系统处理下一个钻孔动作。

3．排屑钻孔循环（G83．）

（1）功能：该循环执行深孔钻，执行间歇切削进给到孔的底部，钻孔过程中从孔中排除切屑。

（2）指令格式：G83 X_Y_Z_R_Q_F_K_；

X_Y_：孔位数据。

Z_：从 R 点到孔底的距离。

R_：从初始位置平面到 R 点的距离。

Q_：每次切削进给的切削深度

F_：切削进给速度。

K_；重复次数（如果需要的话）。

指令动作如图 5-8 所示。

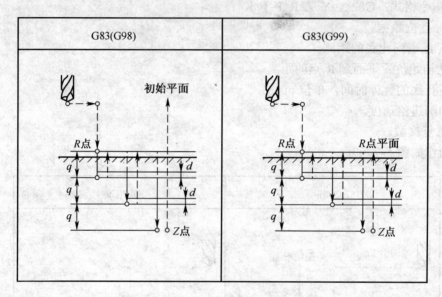

图 5-8　G83 指令动作

（3）说明。

Q 表示每次切削进给的切削深度。它必须用增量值指定。在第二次和以后的切削进给中，执行快速移动到上次钻孔结束之前的 d 点，再次执行切削进给。d 在参数（No.5115）中设定。

在 Q 中必须指定正值，负值被忽略（无效）。

指定 G83 之前，用辅助功能旋转主轴（M 代码）。

当 G83 代码和 M 代码在同一程序段中指定时，在第一个定位动作的同时，执行 M 代码。然后，系统处理下一个钻孔动作。

当指定重复次数 K 时，只在第一个孔执行 M 代码，对第二孔和以后的孔，不执行 M 代码。

当固定循环中指定刀具长度偏置（G43，G44 或 G49）时，在定位到 R 点的同时加偏置。

4．小孔排屑钻孔循环（G83）

（1）功能：当过载扭矩检测信号（跳转信号）被检测时，有过载扭矩检测功能的刀杆退回刀具。在主轴速度和切削进给速度改变后，钻孔重新开始，该小孔排屑钻削循环中，重复这些动作。

用参数 No.5163 中指定的 M 代码,选择小孔排屑钻削循环方式。在指令中指定 G83 开始执行这个循环。用 G80 或复位取消该循环。

(2)指令格式:G83 X_Y_Z_R_Q_F_I_K_P_;

X_Y_:孔位数据。

Z_:从 R 点到孔底的距离。

R_:从初始位置平面到 R 点的距离。

Q_:每次切削进给的切削深度。

F_:切削进给速度。

I_:前进或后退的移动速度(与上面 F 的格式相同),如果省略,参数 No.5172 和 No.5173 中的值作为默认值。

K_:重复次数(如果需要的话)。

P_:在孔底的暂停时间,如果省略 P0 作为默认值。

指令动作如图 5-9 所示。

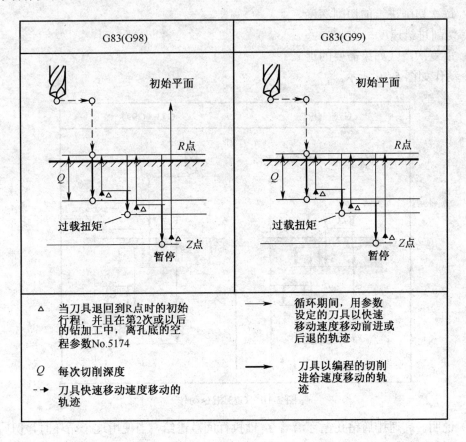

图 5-9　G83 指令动作

(3)说明。该循环的分步动作有:

1)沿 X 和 Y 轴的定位。

2)沿 Z 轴定位到 R 点。

3)沿 Z 轴钻孔(第 1 次钻孔,切削深度 Q,增量值)。

● 后退(孔底→小空程△,增量值)。

- 后退（孔底→R 点）。
- 前进（R 点→离孔底空程高度△的点）。
- 钻孔（第 2 次或以后的钻孔，切削深度 Q+△，增量值）。

4）暂停。

5）沿 Z 轴返回到 R 点（或初始位置面），循环结束。根据切削进给加/减速时间常数，在前进和后退期间控制加/减速。当执行后退时，在 R 点检测位置。

5. 高速深孔钻循环（G73）

（1）功能：该循环执行高速排屑钻孔。它执行间歇切削进给直到孔的底部，同时从孔中排除切屑。

（2）指令格式：G73 X_Y_Z_R_Q_F_K_；

X_Y_：孔位数据。

Z_：从 R 点到孔底的距离。

R_：从初始位置平面到 R 点的距离。

Q_：每次切削进给的切削深度。

F_：切削进给速度。

K_：重复次数（如果需要的话）。

指令动作如图 5-10 所示。

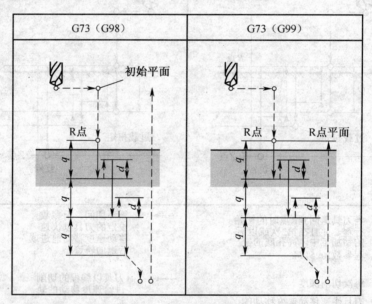

图 5-10　G73 指令动作

（3）说明。高速排屑钻孔循环沿着 Z 轴执行间歇进给，当使用这个循环时，切屑可以容易地从孔中排出，并且能够设定较小的回退值。这允许有效地执行钻孔。在参数 5114 中设定退刀量 d，刀具快速移动退回。在指定 G73 之前，用辅助功能旋转主轴（M 代码）

6. 镗孔循环（G85）

（1）功能：该循环用于镗孔。

（2）指令格式：G85 X_Y_Z_R_F_K_；

X_Y_：孔位数据。

Z_：从 R 点到孔底的距离。

R_：从初始位置平面到 R 点的距离。

F_：切削进给速度。

K_：重复次数（如果需要的话）。

指令动作如图 5-11 所示。

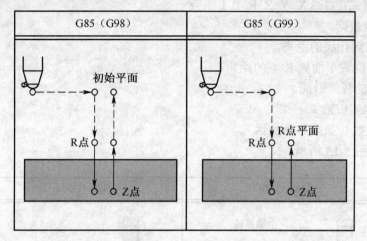

图 5-11 G85 指令动作

（3）说明。沿着 X 和 Y 轴定位以后，快速移动到 R 点，然后，从 R 点到 Z 点执行镗孔。当到达孔底（Z 点）时，执行切削进给，然后返回到 R 点。在指定 G85 之前，用辅助功能（M 代码）旋转主轴。

7. 镗孔循环（G86）

（1）功能：该循环用于镗孔。

（2）指令格式：G86 X_Y_Z_R_F_K_；

X_Y_：孔位数据。

Z_：从 R 点到孔底的距离。

R_：从初始位置平面到 R 点的距离。

F_：切削进给速度。

K_：重复次数（如果需要的话）。

指令动作如图 5-12 所示。

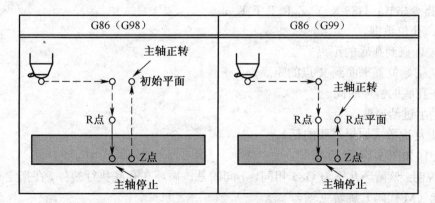

图 5-12 G86 指令动作

（3）说明。沿着 X 和 Y 轴定位以后，快速移动到 R 点，然后，从 R 点到 Z 点执行镗孔。当主轴在孔底停止时，刀具以快速移动退回。

8．镗孔循环（G88）

（1）功能：该循环用于镗孔。

（2）指令格式：G88 X_Y_Z_R_P_F_K_；

X_Y_：孔位数据。

Z_：从 R 点到孔底的距离。

R_：从初始位置平面到 R 点的距离。

P_：在孔底的暂停时间。

F_：切削进给速度。

K_；重复次数（如果需要的话）。

指令动作如图 5-13 所示。

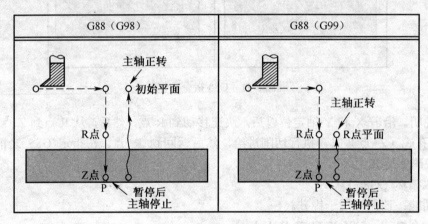

图 5-13   G88 指令动作

（3）说明：沿着 X 和 Y 轴定位以后，快速移动到 R 点。然后，从 R 点到 Z 点执行镗孔。当镗孔完成后，执行暂停，然后主轴停止。刀具从孔底（Z 点）手动返回到 R 点。在 R 点，主轴正转，并且执行快速移动到初始位置。在指定 G88 之前，用辅助功能（M 代码）旋转主轴。

9．镗孔循环（G89）

（1）功能：该循环用于镗孔。

（2）指令格式：G89 X_Y_Z_R_P_F_K_；

X_Y_：孔位数据。

Z_：从 R 点到孔底的距离。

R_：从初始位置平面到 R 点的距离。

P_：在孔底的暂停时间。

F_：切削进给速度。

K_；重复次数（如果需要的话）。

指令动作如图 5-14 所示。

（3）说明：该循环几乎与 G85 相同。不同的是该循环在孔底执行暂停。在指定 G89 之前，用辅助功能（M 代码）旋转主轴。

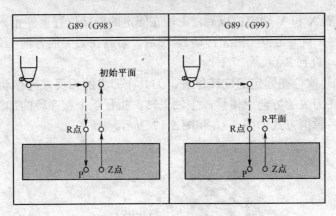

图 5-14　G89 指令动作

10. 背镗孔循环（G87）

（1）功能：该循环执行精密镗孔。

（2）指令格式：G87 X_Y_Z_R_Q_F_K_；

X_Y_：孔位数据。

Z_：从 R 点到孔底的距离。

R_：从初始位置平面到 R 点的距离。

Q_：刀具偏移量。

F_：切削进给速度。

K_：重复次数（如果需要的话）。

指令动作如图 5-15 所示。

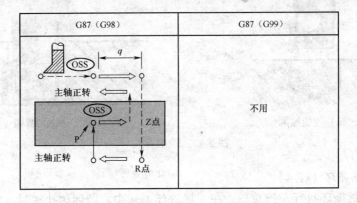

图 5-15　G87 指令动作

（3）说明：沿着 X 和 Y 轴定位以后，主轴在固定的旋转位置上停止。刀具在刀尖的相反方向移动并在孔底（R 点）定位（快速移动）。然后，刀具在刀尖的方向上移动并且主轴正转。沿 Z 轴的正向镗孔，直到 Z 点。

在 Z 点，主轴再次停在固定的旋转位置，刀具在刀尖的相反方向移动，然后，刀具返回到初始位置。刀具在刀尖的方向上偏移，主轴正转，执行下个程序段的加工。

背镗镗刀结构各镗削方式如图 5-16 和图 5-17 所示。

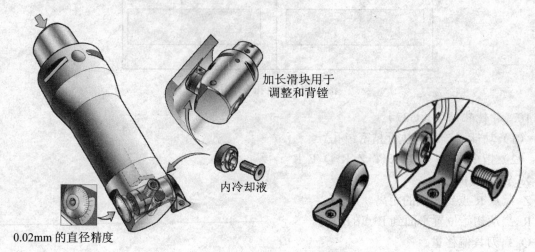

图 5-16　背镗镗刀结构

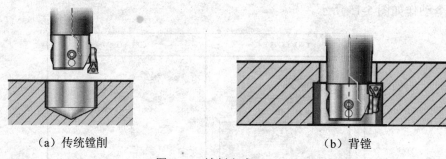

（a）传统镗削　　　　　　　　　　　　（b）背镗

图 5-17　镗削方式

11. **左旋攻丝循环（G74）**

（1）功能。该循环执行左旋攻丝。在左旋攻丝循环中，当到达孔底时，主轴顺时针旋转。

（2）指令格式：G73 X_ Y_ Z_ R_ F_ K_ ；

X_ Y_：孔位数据。

Z_：从 R 点到孔底的距离。

R_：从初始位置平面到 R 点的距离。

F_：切削进给速度。

K_；重复次数（如果需要的话）。

指令动作如图 5-18 所示。

（3）说明：用主轴逆时针旋转执行攻丝。当到达孔底时，为了退回，主轴顺时针旋转。该循环加工一个反螺纹。

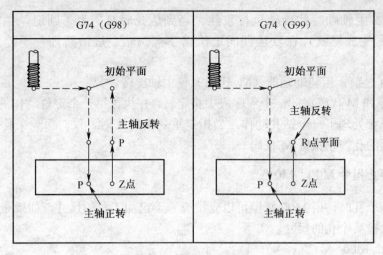

图 5-18　G74 指令动作

在左旋攻丝期间，进给倍率被忽略。进给暂停不停止机床，直到回退动作完成。

在指定 G74 之前，使用辅助功能（M 代码）使主轴逆时针旋转。当 G74 指令和 M 代码在同一程序段中指定时，在第一个定位动作的同时，执行 M 代码。然后，系统处理下一个钻孔动作。

12. 攻丝循环（G84）

（1）功能：攻丝循环（G84），在这个攻丝循环中，当到达孔底时，主轴以反方向旋转。

（2）指令格式：G81 X_Y_Z_R_P_F_K_；

X_Y_：孔位数据。

Z_：从 R 点到孔底的距离。

R_：从初始位置平面到 R 点的距离。

P_：暂停时间。

F_：切削进给速度。

K_；重复次数（如果需要的话）。

指令动作如图 5-19 所示。

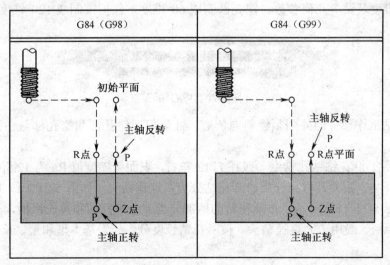

图 5-19　G84 指令动作

（3）说明。主轴顺时针旋转执行攻丝。当到达孔底时，为了回退，主轴以相反方向旋转。这个过程生成螺纹。在攻丝期间进给倍率被忽略。进给暂停，不停止机床，直到返回动作完成。

在指定 G84 之前，用辅助功能（M 代码）使主轴旋转。

当 G84 指令和 M 代码在同一个程序段中指定时，在执行第一个定位动作的同时，执行 M 代码。然后，系统处理下一个钻孔动作。当指定重复次数 K 时，仅对第一个孔执行 M 代码；对第二个或以后的孔，不执行 M 代码。

三、程序停止指令 M00、M01

在镗完第一个孔时，用 M00 暂停可以先检查一下已加工孔的尺寸，如批量生产，用 M01 选择性暂停可抽检某个孔的尺寸。

1. 程序停止 M00

在包含 M00 的程序段执行之后，自动运行停止。当程序停止时，所有存在的模态信息保持不变。用循环起动使自动运行重新开始。这随机床制造厂不同而有区别。

2. 选择停止 M01

与 M00 类似，在包含 M01 的程序段执行以后，自动运行停止。只有当机床操作面板上的选择性停止开关打开时，这个代码才有效。

四、孔加工刀具

1. 孔加工刀具分类

孔加工刀具一般可分为两大类：一类是从实体材料上加工出孔的刀具，常用的有麻花钻、中心钻和深孔钻等；另一类是对工件上已有孔进行再加工的刀具，常用的有扩孔钻、铰刀及镗刀等。

（1）中心钻。中心钻用于加工中心孔。有三种形式：中心钻、无护锥 60°复合中心钻及带护锥 60°复合中心钻。

中心钻在结构上与麻花钻类似。为节约刀具材料，复合中心钻常制成双端的。钻沟一般制成直的，如图 5-20 所示。复合中心钻工作部分由钻孔部分和锪孔部组成。钻孔部分与麻花钻同样，有倒锥度及钻尖几何参数。锪孔部制成 60°锥度，保护锥制成 120°锥度。

图 5-20 中心钻

复合中心钻工作部分的外圆须经斜向铲磨，才能保证锪孔部和锪孔部与钻孔部的过渡部分具有后角。

（2）麻花钻。麻花钻钻孔精度一般在 IT12 左右，表面粗糙度值 Ra 为 12.5μm，可从不同方面给麻花钻分类。按刀具材料分类，麻花钻分为高速钢钻头（如图 5-21（a）所示）和硬质合金钻头（如图 5-21（b）所示）。按麻花钻的柄部分类，分为直柄和莫氏锥柄，直柄一般用于小直径钻头，锥柄一般用于大直径钻头。按麻花钻长度分，分为基本型和短、长、加长、超长等类型钻头。

用高速钢钻头加工的孔精度可达 IT11～IT13，表面粗糙度可达 6.3～25；用硬质合金钻头加工时则分别可达 IT10～IT11 和 3.2～12.5。

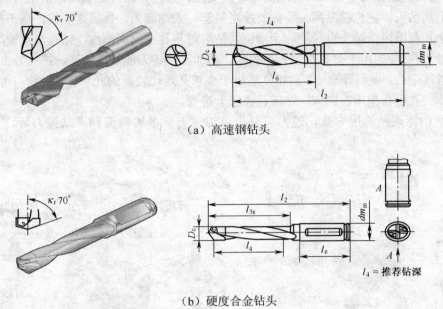

（a）高速钢钻头

（b）硬度合金钻头

图 5-21 麻花钻

（3）硬质合金可转位浅孔钻。钻削直径在 $\phi 20 \sim \phi 60mm$、孔的深径比小于 3～4 的中等直径浅孔时，可选用硬质合金可转位浅孔钻，如图 5-22 所示。该钻头切削效率和加工质量均好于麻花钻，最适于箱体零件的钻孔加工，以及插铣加工，也可以用作扩孔刀具使用。可转位浅孔钻刀体头部装有一组硬质合金刀片（刀片可以是正多边形、菱形、四边形），尺寸较大的可转位浅孔钻刀体上有内冷却通道及排屑槽，为了提高刀具的使用寿命，可以在刀片上涂镀碳化钛涂层。使用这种钻头钻箱体孔，比普通麻花钻可提高效率 4～6 倍。

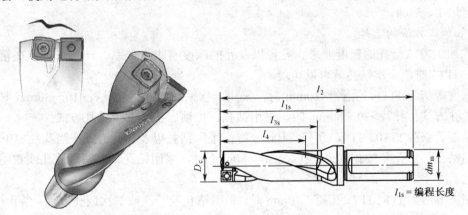

图 5-22 硬质合金可转位刀片浅孔钻

（4）深孔钻。一般深径比（孔深与孔径比）为 5～10 的孔即为深孔。加工深径比较大的深孔可用深孔钻。深孔钻的结构有多种形式，常用的主要有外排屑深孔钻、内排屑深孔钻、喷吸钻等。

（5）扩孔钻。扩孔钻用于已有孔的扩大，一般加工精度可达 IT10～IT11，表面粗糙度可达 3.2～12.5，通常作为孔的半精加工刀具。

扩孔钻的类型主要有两种，即整体锥柄扩孔钻和套式扩孔钻。

（6）锪钻。锪钻用于加工各种埋头螺钉沉头座、锥孔、凸台面等。定柄钻头的特点是能实现自动更换钻头。定位精度高，不需要使用钻套。大螺旋角，排屑速度快，适于高速切削。在排屑槽全长范围内，钻头直径是一个倒锥，钻削时与孔壁的磨擦小，钻孔质量较高。

（7）镗刀。镗刀用来扩孔及用于孔的粗、精加工。镗刀能修正钻孔、扩孔等上一工序所造成的孔轴线歪曲、偏斜等缺陷，故特别适用于要求孔距比较高的孔系加工。镗刀可加工不同直径的孔，镗孔可在车床、铣床、钻床、镗床上进行。

根据结构特点及使用方式，镗刀可分为单刃镗刀、多刃镗刀和浮动镗刀等，如图 5-23 所示。

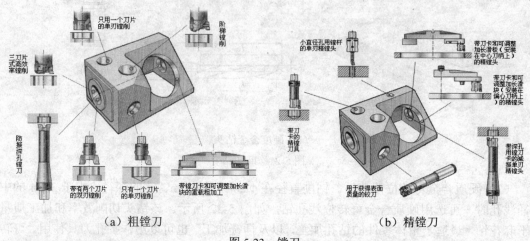

（a）粗镗刀　　　　　　　　　　　　　（b）精镗刀

图 5-23　镗刀

（8）铰刀。铰刀用于中小孔的半精加工和精加工，也常用于磨孔或研孔的预加工。铰刀的齿数多、导向性好、刚性好、加工余量小、工作平稳，一般加工精度可达 IT6～IT8，表面粗糙度可达 1.6～0.4。

2. 孔加工方法的选择

孔的加工方法与孔的精度要求、孔径以及孔的深度有很大关系。一般来讲，在精度等级为 IT12、IT13 时，一次钻孔就可以实现。

在精度等级为 IT11，孔径≤10mm 时，采用一次钻孔方式；当孔径>10～30mm 时，采用钻孔和扩孔方式；孔径>30～80mm 时，采用钻孔、扩钻、扩孔刀或镗孔方式。

在精度等级为 IT10、IT9，孔径≤10mm 时，采用钻孔以及铰孔方式；当孔径>10～30mm 时，采用钻孔、扩孔和铰孔方式；孔径>30～80mm 时，采用钻孔、扩钻、铰孔或者用扩孔刀镗孔方式。

在精度等级为 IT8、IT7，孔径≤10mm 时，采用钻孔及一次或二次铰孔方式；当孔径>10～30mm 时，采用钻孔、扩孔、一次或二次铰孔方式；孔径>30～80mm 时，采用钻孔、扩钻（或者用扩孔刀镗孔）精镗方式。

除此之外，孔的加工要求还与孔的位置精度有关。当孔的位置精度要求较高时，可以通过镗孔实现。镗孔时，合理安排孔的加工路线比较重要，安排不当可能把坐标轴的反向间隙带入到加工中，从而直接影响孔的位置精度。

任务实施

一、加工工艺

（1）连接板数控加工工序卡片，见表 5-2。

表 5-2　连接板数控加工工序卡片

单位名称		产品名称		零件名称		零件图号	
				连接板			
工序号	程序编号	夹具名称		使用设备		车　间	
		平品虎钳		J1 VMC850		数控	
工步号	工步内容		刀具号	刀具规格 mm	主轴转速 r/min	进给速度 mm/min	背吃刀量 mm	备注
1	钻所有孔的中心孔		T01	φ3	1000	100		自动
2	钻 4-φ12H8 底孔至 φ11.8		T02	φ11.8	600	120		自动
3	钻 M16×1.5 底孔到 φ14.5		T03	φ14.5	500	100		自动
4	粗铣 φ32H7 孔至 φ30		T04	φ14	1400	300	5	自动
5	半精镗 φ32H7 孔至 φ31.6		T05		1000	120	0.8	
6	精镗 φ32H7 孔		T05		1500	80	0.2	自动
7	孔口倒角		T06	90°	300	120		自动
8	粗铰 4-φ12H8		T07	φ12	100	30	0.1	自动
9	精铰 4-φ12H8		T07	φ12	100	30		自动
10	攻 M16×1.5 螺纹孔		T08	M16×1.5	100	150		自动
编制		审核		批准		年　月　日	共 1 页	第 1 页

（2）连接板数控加工刀具卡片，见表 5-3。

表 5-3　连接板数控加工刀具卡片

产品名称或代号			零件名称	连接板	零件图号	
序号	刀具编号	刀具规格名称	数量	加工表面		备注
1	T01	φ3 中心钻	1	钻中心孔		
2	T02	φ11.8 钻头	1	钻 4-φ12H8 底孔		
3	T03	φ14.5 钻头	1	钻 M16×1.5 底孔		
4	T04	φ14 硬质合金铣刀	1	φ32H7 底孔		
5	T05	φ32	1	半精镗、精镗 φ32H7 孔		
6	T06	90°倒角刀	1	孔口倒角		
7	T07	φ12H8 铰刀	1	铰 4-φ12H8 孔		
8	T08	M16×1.5 丝锥	1	攻 M16×1.5 螺纹		
编　制		审核		批准		年　月　日　　共 1 页　第 1 页

二、加工程序

零件加工程序，如表 5-4 所示。

表 5-4　FANUC 数控加工程序

%	
O5001	
G54 G90 G40 G49 G17 G21	
G28 G91 G00 Z0	回参考点
T01 M06	换 T01 号 φ3 中心钻
G43 G90 G00 Z50. H01 T02	Z 轴快速定位，调用 T01 号刀具长度补偿，选 02 号刀
M03 S1000	主轴正转
G81 G99 X-60. Y25. Z-3. R5. F100	钻 5 个中心孔
X60.	
Y-25.	
X-60.	
X0 Y0	
G49 G00 Z100.	取消刀具长度补偿
G28 G91 G00 Z0	回参考点
T02 M06	换 T02 号 φ11.8 钻头
G43 G90 G00 Z50. H01 T03	Z 轴快速定位，调用 02 刀具长度补偿，选 03 号刀
M03 S600	主轴正转
G81 G99 X-60. Y25. Z-30. R5. F120	钻 4-φ12H8 底孔至 φ11.8
X60.	
Y-25.	
X-60.	
G49 G00 Z100.	取消刀具长度补偿
G28 G91 G00 Z0	回参考点
T03 M06	换 T03 号 φ14.5 钻头
G43 G90 G00 Z50. H03 T04	Z 轴快速定位，调用 T03 号刀具长度补偿，选 04 号刀
M03 S500	主轴正转
G83 G99 X0. Y0. Z-50. R5. Q5. F100	钻 M16×1.5 底孔
G49 G00 Z100.	取消刀具长度补偿
G28 G91 G00 Z0	回参考点
T04 M06	换 T04 号 φ14 立铣刀
G43 G90 G00 Z50. H04 T05	Z 轴快速定位，调用 T04 号刀具长度补偿，选 05 号刀
M03 S1400	主轴正转
G00 X0 Y0	定位
G01 Z5. F1000	

Z-20.F300	Z 轴下刀
G01 X8.	铣 φ30 圆
G03 I-8. J0	
G01 X0	
G00 Z50.	
G49 G00 Z100.	取消刀具长度补偿
G28 G91 G00 Z0	回参考点
T05 M06	换 T05 号镗刀
G43 G90 G00 Z50.H05 T06	Z 轴快速定位，调用 T05 号刀具长度补偿，选 06 号刀
M03 S1000	
G00 X0 Y0	
G98 G85 X0 Y0 Z-20. R5. F120	半精镗 φ32H7 孔至 φ31.6
G80	
M05	
M00	调整镗刀刀尖尺寸
M03 S1500	
G00 X0 Y0	
G98 G82 X0 Y0 Z-20. R5. P1.5. F80	精镗 φ32H7 孔
G49 G00 Z100.	取消刀具长度补偿
G28 G91 G00 Z0	回参考点
T06M06	换 T06 号倒角刀
G43 G90 G00 Z50.H06 T07	Z 轴快速定位，调用 T06 号刀具长度补偿，选 07 号刀
M03 S300	
G98 G81 X-60. Y25. Z-2. R5. F120	4-φ12H8 孔口 H8 倒角
X60.	
Y-25.	
X-60.	
X0 Y0 Z-12.	φ32 孔口倒角
G49 G00 Z100.	取消刀具长度补偿
G28 G91 G00 Z0	回参考点
T07M06	换 T07 号铰刀
G43 G90 G00 Z50.H07 T08	Z 轴快速定位，调用 T07 号刀具长度补偿，选 08 号刀
M03 S100	
G98 G81 X-60. Y25. Z-25. R5. F30	铰 4-φ12H8 孔
X60.	
Y-25.	
X-60.	

续表

G49 G00 Z100.	取消刀具长度补偿
G28 G91 G00 Z0	回参考点
T08M06	换 T07 号铰刀
G43 G90 G00 Z50. H08	Z 轴快速定位，调用 T07 号刀具长度补偿，选 08 号刀
M03 S100	
G84 G98 X0 Y0 Z-42.R-20.F150	
G49 G00 Z100.	取消刀具长度补偿
G28 G91 G00 Z0	回参考点
M30	程序结束并返回
%	

三、加工方法与技巧

1. 零件的安装

此零件毛坯尺寸为 160mm×90mm×40mm，采用虎钳夹紧，找正时先在工件底部钳口位置放置垫块，再使用百分表找正工件上表面的方法进行工件的定位。

2. 螺纹加工

在加工螺纹时，应使用浮动夹头，以防止丝锥断裂，如图 5-24 所示。

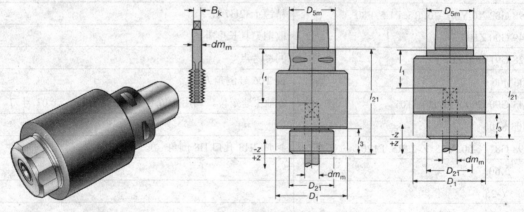

图 5-24　浮动夹头

四、加工注意事项

在加工时使用固定循环指令，应注意刀具与机床夹具、定位元件、倒角刀在倒完一个孔时，在加工下一个孔定位时刀具底部与孔壁等之间是否会发生干涉，选择合理正确的刀具返回方式 G98/G99。

五、精度检验、误差分析

孔加工问题解决对策见表 5-5。

表5-5　孔加工问题解决对策

切削中的问题 / 问题项目	刀具材质		切削条件				刀具几何形状		安装				机械
对策 →	改用硬度更高的材质	改用韧性更大的材质	切削速度（更高的(更大的)↑ / 更低的(更小的)↓）	进刀量（更大的↑ / 更小的↓）	切削液吐出量的检查	刀片断屑槽的校正	内刃中心高的检查（芯核的检查）（更大的↑ / 更小的↓）	刀把刚性的提高（短型）	工件/刀具的安装	刀片的安装	偏心的检查	偏心套筒的使用情况	动力、机械松动情况
异常磨损 刀削速度不适当（过高）	●		↓										
刀削速度不适当（过低）		●	↑										
切削液吐出量不适当					●								
机械/工件的刚性不足									●				●
加工径小	●												
刀具材质不适合		●											
内刃的崩损 无芯核，或芯核极小	●						↑						
机械/工件的刚性不足			↓	↓				●	●				●
切入面不适当			↑	↑			↓						
高硬度工件	●												
切屑堵塞											●	●	
外刃的崩损 刀片安装不适当										●			
机械/工件的刚性不足			↓	↓					●				●
切入面不适当			↑	↑									
高硬度工件工作	●												
切屑控制情况差		●											
刀片安装不适当										●			

续表

问题项目	故障原因	刀具材质		切削条件			刀片断屑槽的校正	刀具几何形状		安装				机械
		改用硬度更高的材质	改用韧性更大的材质	切削速度（更高的↑ 更低的↓）	进刀量（更大的↑ 更小的↓）	切削液吐出量的检查		内刃中心高的检查（芯核的检查）（更大的↑ 更小的↓）	刀把刚性的提高（短型）	工件/刀具的安装	刀片的安装	偏心检查	偏心套筒的使用情况	动力、机械松动情况
刀具本体外周部分发生损伤	机械/工件的刚性不足									●				●
	刀具安装不精确											●	●	
	切屑堵塞			●↑	●↓									
	切入面不适当				●↓									
加工孔径精度/精加工表面不佳	机械/工件的刚性不足									●				●
	刀把刚性不足										●			
	刀具安装不精确											●	●	
	切屑堵塞			●↑	●↓			●↑						
	芯核径过大							●↓						
	切入面不适当				●↓									
振刀振动打大	切削液吐出量不适当					●								
	安装过程切削条件不适当				●↓				●	●				●
切屑很长	切削条件不适当			●↑	●↓									
机械停止	断屑槽形状不适当			●↑	●↑		●							
	机械马力不足			●↑	●↓		●							●

思考与练习

1. 简述孔加工固定循环的基本动作？
2. 说明镗孔固定循环指令 G76、G86 的区别。
3. 完成图 5-25 零件的加工，制定合理的加工工艺并编制零件加工程序。

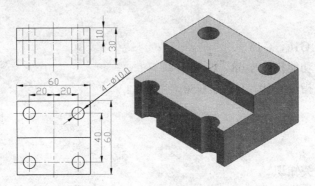

图 5-25　不同平面孔类零件

4. 完成图 5-26 零件的加工。

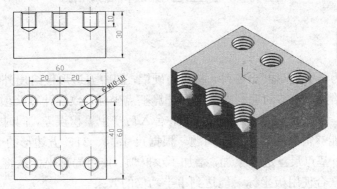

图 5-26　螺纹加工

5. 完成图 5-27 零件的加工。

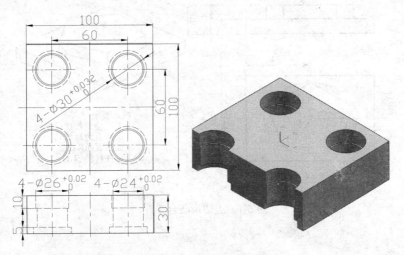

图 5-27　背镗孔类零件

模块六　坐标系变换类零件的加工

能力目标：

- 极坐标指令 G16、G15
- 坐标系旋转功能指令 G68、G69
- 缩放、镜像指令 G50、G51、G50.1、G51.1

相关知识：

- 局部坐标系
- 组合夹具相关知识
- 坐标系使用的注意事项

任务一　五边形零件的铣削

任务分析

如图 6-1 所示为一五边形凸台零件，材料为硬铝，图中五边形仅给出外接圆直径和中心坐标，基点坐标没有给出。通常的编程方法需要计算基点坐标，数学计算繁琐复杂；而且所计算点坐标大多为小数，甚至会出现无限循环小数，舍入后产生累积误差，同时也不宜保证零件的加工精度。极坐标能够很好地解决这个问题。根据尺寸 34、31，五边形的中心与底座 70×60 中心不一致，如果对基点尺寸进行累加，增加不少麻烦。使用局部坐标系将加工零点偏置到五边形内接圆中心，联合使用极坐标，能达到事半功倍的效果。

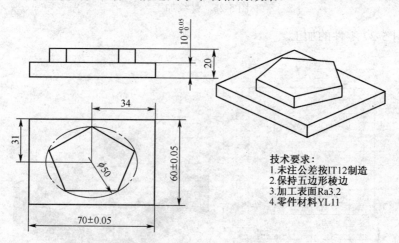

技术要求：
1. 未注公差按IT12制造
2. 保持五边形棱边
3. 加工表面Ra3.2
4. 零件材料YL11

图 6-1　五边形凸台零件

一、极坐标指令 G16、G15

1. 极坐标指令的应用

极坐标指令（G15、G16）可以利用极径和极角表示终点的坐标值。极径是极点到目标点的距离。极角的正向是所选平面的第 1 轴正向沿逆时针转动的方向，而负向是沿顺时针转动的方向。极径和极角均可以用绝对值指令或增量值指令编程（G90，G91）。

指令格式：

```
O0004
…
G□□G○○G16;        启动极坐标指令（极坐标方式）
IP_;              极坐标指令
…
…
…
G15;       取消极坐标指令（取消极坐标方式）
…
…
```

说明：

（1）G16：建立极坐标指令。

（2）G15：极坐标指令取消。

（3）G□□：极坐标指令的平面选择（G17、G18 或 G19）。

（4）G○○：使用绝对还是相对编程方式。G90 指定工件坐标系的零点作为极坐标系的原点，从该点测量极径。G91 指定当前位置作为极坐标系的原点，从该点测量极径。

（5）IP_：指定极坐标系选择平面的轴地址及其值。如果为 G17 平面，则 X 轴为极坐标半径，Y 轴为极坐标角度。

2. 绝对编程方式下的使用

如果使用绝对值编程指令（G90），工件坐标系的零点被设定为极坐标系的原点；极径为零点和编程点之间的距离。当使用局部坐标系（G52）时，局部坐标系的原点变成极坐标的原点；极径为局部坐标系的原点和编程点之间的距离；极角为零点、编程点连线与平行于极轴的角度，如图 6-2 所示。

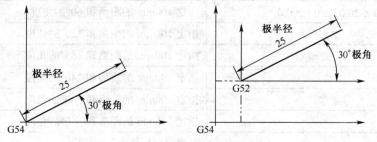

图 6-2　G90 模式下极径与极角

3. 相对编程方式的使用

如果使用相对值编程指令（G91），当前位置被设定为极坐标系的原点；极径为当前位置点和编程点之间的距离；极角为前一角度线的夹角，如图 6-3 所示。

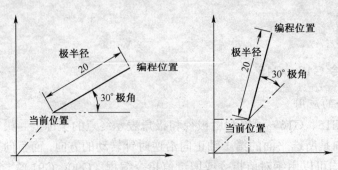

图 6-3　G91 模式下极径与极角

例：图 6-4 为圆周分布的孔系零件的加工，孔加工深度为 20mm。

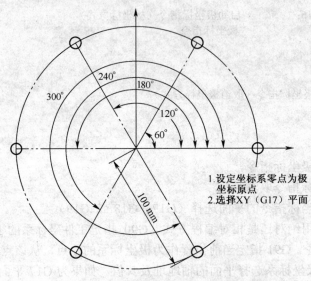

1.设定坐标系零点为极坐标原点
2.选择XY（G17）平面

图 6-4　圆周分布孔类零件图

用极坐标方式绝对值指令指定极径与极角，加工各孔程序如表 6-1 所示。

表 6-1　零件程序

G17 G90 G54G40G16;	指定极坐标指令和选择 XY 平面，设定工件坐标系的零点作为工件坐标系的原点
M3S500M8G0Z50.;	指定安全高度，设定主轴转速，打开切削液
G81 X100.0 Y60.0 Z-20.0 R5.0 F200.0;	指定 100mm 的距离和 60°的角度
Y120.0	指定 100mm 的距离和 120°的角度
Y180.0;	指定 100mm 的距离和 180°的角度
Y240.0	指定 100mm 的距离和 240°的角度
Y300.0;	指定 100mm 的距离和 300°的角度
Y360.0;	指定 100mm 的距离和 360°的角度
G15 G80	取消极坐标指令
G0Z100. ;	提刀
M05;	主轴停止
M30;	程序结束

用增量值指令指定角度，用绝对值指令指定半径，见表 6-2。

表 6-2　零件程序

G17 G90 G54G40G16;	指定极坐标指令和选择 XY 平面，设定工件坐标系的零点作为极坐标的原点
M3S500M8G0Z50.;	指定安全高度，设定主轴转速，打开切削液
G81 X100.0 Y60.0 Z-20.0 R5.0 F200.0;	指定 100mm 的距离和 60°的角度
G91 Y60.0;	指定 100mm 的距离和+60°的增量角度
Y60.0;	指定 100mm 的距离和+60°的增量角度
Y60.0;	指定 100mm 的距离和+60°的增量角度
Y60.0;	指定 100mm 的距离和+60°的增量角度
G15 G80	取消极坐标指令
G0Z100. ;	提刀
M05;	主轴停止
M30;	程序结束

4. 注意事项

（1）在极坐标方式中，对圆弧插补（G02，G03）用 R 指定半径。

（2）在极坐标方式中不能指定任意角度倒角和拐角圆弧过渡。

（3）应在单独的程序段中建立或取消极坐标。

二、局部坐标系 G52

当零件上有多个加工特征，每个特征又有各自的基准，此时如果设置多个坐标系（G54～G59），不仅程序复杂，加工稍有疏忽就可能出现废品。局部坐标系就是以当前坐标系为准，暂时将坐标系偏置到子特征的基准处的一种方法。通常也把局部坐标系称为子坐标系。

1. 指令格式

G52 X_Y_Z_：设定局部坐标系。

X_Y_Z_：相对于基准坐标系，局部坐标系的原点的位置，绝对值指令。

G52 X0 Y0 Z0：取消局部坐标系

2. 注意事项

（1）用指令 G52 X_Y_Z_可以在工件坐标系 G54 ~G59 中设定局部坐标系，局部坐标系的原点设定在工件坐标系中以 X_Y_Z_指定的位置。

（2）当局部坐标系设定时，后面的移动是局部坐标系中的坐标值。

（3）当手动返回参考点时，返回参考点轴的局部坐标系被取消。

（4）局部坐标系的设定不改变工件坐标系和机床坐标系。

（5）复位时是否清除局部坐标系，取决于参数的设定。当参数 No.3402#6（CLR）或参数 No.1202#3（RLC）之中的一个设置为 1 时，复位将取消局部坐标系。

（6）当用 G92 指令设定工件坐标系时，不指定的坐标值保持不变。

三、其他坐标系使用的注意事项

1. 机床坐标系

机床上有一个用作加工基准的特定点称为机床零点。机床制造厂对每台机床设置机床零点。用机床零点作为原点设置的坐标系称为机床坐标系。在通电之后执行手动返回参考点后（采用绝对位置编码器的机床不需要）自动建立了机床坐标系。机床坐标系一旦建立就保持不变，直到电源关掉为止。

当使用机床坐标系（G53）指令指定机床坐标系上的位置时，刀具将快速移动到该位置。机床坐标系（G53）是非模态 G 代码，即它仅在指令机床坐标系的程序段有效，对 G53 应指定绝对值（G90），当指定增量值指令（G91）时 G53 指令无效。当指令刀具移动到机床的特殊位置时，例如换刀位置，可以使用 G53 编制在机床坐标系的移动程序。

2. 工件坐标系

工件加工时使用的坐标系称作工件坐标系。工件坐标系由操作者预先设置（设置工件坐标系）。一个加工程序设置一个工件坐标系（选择一个工件坐标系），通过改变坐标原点来改变工件坐标系。

常使用两种方法设置工件坐标系。

（1）用 G92 设置工件坐标系。在程序中直接用 G92 之后指定一个值来设定工件坐标系，如：G92 X35.Y23. 。如果使用 G92 设定坐标系，则刀具长度偏置、刀具半径补偿无效。使用 G92 时，必须使用绝对坐标指令。

（2）用 G54～G59 设置工件坐标系。使用 CRT/MDI 面板可以设置 6 个工件坐标系。在电源接通并返回参考点之后，建立工件坐标系 1～6。当电源接通时，自动选择 G54 坐标系，有时复位机床会自动选择 G54 坐标系，与系统设定有关，使用时注意。

3. 附加工件坐标系

除了 6 个工件坐标系（标准工件坐标系）G54～G59 以外，还可使用 48 个附加工件坐标系（附加的工件坐标系）。指定附加坐标系时，使用 G54Pn 或 G54.1Pn 指定附加工件坐标系（n 为附件坐标系名，n=1～48）。在 G54.1 之后，须指定 P 代码。如果程序中 G54.1 后没有代码，则认为是附加工件坐标系 G54.1P1，同时在 G54.1（G54）程序段中不能指定除工件偏移号外的 P 码。

任务实施

一、工艺分析

1. 图样分析

加工如图 6-1 所示五边形零件，五边形的外接圆为 φ50mm，零件材料为硬铝，采用机用虎钳装夹。工件坐标系原点（X0 Y0）定义在毛坯中心，其 Z0 定义在毛坯上表面。

2. 刀具的选择

粗加工时 0.2~0.5mm 留精加工余量。推荐使用 φ12 高速钢立铣刀，精加工可以使用 φ10 立铣刀。粗加工时主轴转速 S1194r/min，进给速度 F200mm/min。精加工时主轴转速 S1433r/min，进给速度 F120mm/min。

3. 切削参数的确定

（1）主轴转速。

$N = Vc \times 1000/\pi \times Dc = 45 \times 1000 / 3.14 \times 12 \approx 1194$ r/min

$N = Vc \times 1000/\pi \times Dc = 45 \times 1000 / 3.14 \times 10 \approx 1433$ r/min

（2）进给速度。

$Vf = Zn \times N \times Fz = 3 \times 1194 \times 0.03 \approx 107$ mm/min

$Vf = Zn \times N \times Fz = 3 \times 1433 \times 0.04 \approx 171$ mm/min

二、编写加工程序

运用极坐标系编写程序。表 6-3 为此零件的精加工程序，利用刀具半径补偿值及 Z 向刀具长度补偿的方法可实现零件的粗加工和精加工。

表 6-3　五边形外轮廓粗加工参考程序

程序内容	说明
O0001；	程序名
G90 G54 G40 G15；	设定编程环境
G52 X1. Y-1.；	使用局部坐标系将零点偏移到五边形中心点处
M3　S1194；	设定主轴转速
G43 G0 Z50. H01；	刀具下降至安全平面 Z50mm 处
X0 Y0	检测工件坐标系零点
M08；	开切削液
G0 X50.Y-30.；	刀具移动
G0Z2.	快速下刀到 2mm 处
G1Z-10.F107	切削下刀到-10mm 处
G41G1 Y-20.D1；	建立刀具半径补偿
G16；	建立极坐标
G01 X25.Y-126.；	刀具移动到极半径为 25mm，极角为 72°处
G91 Y-72.；	增量 72°
Y-72.；	增量 72°
Y-72.；	增量 72°
Y-72.　；	增量 72°
G15；	取消极坐标
G0Z50.；	提刀
G40	取消刀补
G52X0 Y0；	取消局部坐标系
M30；	程序结束

三、加工方法与技巧

（1）加工五边形时尽量采用极坐标，省去计算的麻烦。

（2）碰到特征轮廓与主体轮廓中心（基准）不一致时，使用局部坐标系。

（3）清理五边形残余余量时，可以另外编制圆或矩形轮廓加工程序，虽然直接使用更改刀具半径补偿方便一些，但是加工效率有时并不高。

（4）无特殊情况（不锈钢、切削宽度大于刀具半径等），推荐使用顺铣方式加工。

（5）加工由 Y-20 开始，省去极坐标（X25.Y-54.）的点。

四、加工注意事项

（1）起刀点的 Y 坐标要大于 25＋刀具半径，X 要大于 70/2+刀具半径。

（2）抬刀时"G0　Z50."不能同时撤销刀补，防止出现过切。

（3）零件加工到最后轮廓时，如果进行延长，注意延长线与最后加工轮廓之间角度的要大于等于 180°。

（4）五边形中心与外轮廓中心不一致。

五、精度检验与误差分析

加工误差分析见表 6-4 所示。

表 6-4　误差分析

表面粗糙度差	①机床刚性差；②加工时振动；③刀具刃口磨损进给速度快；④刀具粘刀；⑤排屑不畅；⑥零件未夹紧
边长不相等	①程序错误；②机床反向间隙大；③刀补补偿问题；④零件加工松动

任务二　旋转类零件的铣削

任务分析

如图 6-5 所示为手动拨叉零件，材料为硬铝，零件外轮廓为不规则轮廓，通用夹具（平口钳）装夹比较麻烦，而且定位不牢固，容易受到切削力影响，造成零件蹿动。如果使用专用夹具，不但设计周期较长，而且投资较大，经济效益不理想。推荐使用组合夹具。另外零件图中所给部分轮廓尺寸相同，只是在不同位置重复出现，按常规的编程方法需要进行数学计算，很容易出现计算错误，而且编程效率低，同时程序长度也较长，并不利于程序的录入及后续的修改。利用系统提供的坐标系旋转指令可省去复杂的数学计算，从而简化程序的编制。

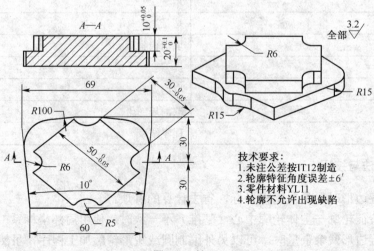

图 6-5　拨叉

知识链接

一、旋转功能指令（G68、G69）

用该功能（旋转指令）可将加工轮廓以某一基准点，旋转一指定的角度。另外，如果工件的形状由许多相同的形状组成，则可将相同的形状单元编成子程序，然后用主程序旋转后调用子程序，这样可简化程序，省时、省存储空间。旋转过程如图 6-6 和图 6-7 所示。

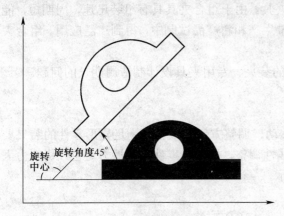

图 6-6　零件旋转

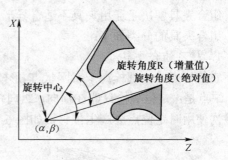

图 6-7　绝对、增量方式

1. 指令格式

G17 G68 X_ Y_ R_；启动坐标系旋转指令。

X_ Y_：坐标系旋转中心坐标值，省略时默认为刀具当前位置。

R_：旋转角度，逆时针为正，顺时针为负（-360°~+360°），不足 1° 的角度以小数方式表示。如 10°54′表示为 10.9°。

G69；取消坐标系旋转指令。

在其他平面下的坐标系旋转格式：

G18 G68 X_ Z_ R_；在 X、Z 平面内的坐标系旋转。

G19 G68 Y_ Z_ R_；在 Y、Z 平面内的坐标系旋转。

2. 说明

（1）在坐标系旋转 G 代码（G68）的程序段之前指定平面选择代码（G17、G18 或 G19），平面选择代码不能在坐标系旋转指令有效的情况下指定。

（2）坐标系旋转指令采用增量值编程时，增量值指令的旋转中心是以刀具当前位置进行测量。旋转中心当 X_ Y_不编程时，则系统默认程序段的刀具位置为旋转中心点，如图 6-7 所示。

（3）若 G68 指令中未编制 R_ 值，则参数 5410 中的值被认为是旋转的角度值。该参数通常设定为零，也就是说，当 G68 指令中未编制 R_ 值时，通常不作旋转。

（4）取消坐标系旋转方式的 G 代码（G69）无需单独指定程序段。

（5）在坐标系旋转之后，执行刀具半径补偿、刀具长度补偿、刀具偏置和其他补偿操作。

3. 注意事项

（1）在坐标系旋转方式中，与返回参考点有关 G 代码（G27，G28，G29，G30 等）和那些与坐标系有关的 G 代码（G52~G59，G92 等）不能指定。如果需要这些 G 代码，必须在取消坐标系旋转方式以后才能指定。

（2）坐标系旋转取消指令（G69）以后的第一个移动指令必须用绝对值指定。如果用增量值指令，将不执行正确的移动。

（3）如果在比例缩放（G51）中执行坐标系旋转（G68），旋转中心坐标值被缩放，但不缩放旋转角度 R。

二、组合夹具相关知识

组合夹具是一种模块化的夹具。标准的模块元件具有较高精度和耐磨性，可组装成各种夹具。夹具用毕可拆卸，清洗后留待组装新的夹具。由于组合夹具具有组装迅速，周期短，能反复使用等优点，因此组合夹具在单件、小批量生产和新产品试制中，得到广泛应用。组合夹具也已标准化。

组合夹具解决了通用夹具不适合异形零件的装夹、专用夹具设计制造周期长的问题。

组合夹具的分类如下：

1. 槽系组合夹具

它的优点是：螺栓在十字网状 T 形槽里移动，调整方便，很容易满足异形零件的装夹要求，缺点是：定位螺栓只能在横向、纵向轴上线性调整，被加工零件靠摩擦力定位，切削力大或多次使用时定位点会产生位移，如图 6-8 所示。

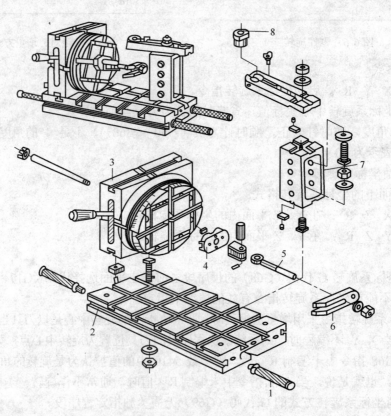

图 6-8　槽系组合夹具

2. 孔系组合夹具

随着现代加工技术的发展，尤其是数控机床，对夹具的刚性提出更高要求，于是出现了孔系组合夹具。它的优点是：销和孔的定位结构准确可靠，彻底解决了槽系组合夹具的位移现象；缺点是：只能在预先设定好的坐标点上定位，不能灵活调整，如图 6-9 所示。

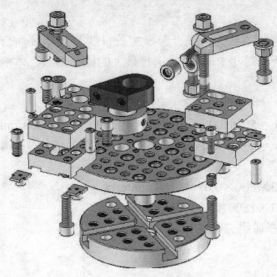

图 6-9　孔系组合夹具

3. 孔槽结合组合夹具

孔槽结合组合夹具是既有槽系夹具的灵活调整，又有孔系夹具的刚性定位的精密组合夹具，如图 6-10 所示。

图 6-10　孔槽结合组合夹具

任务实施

一、工艺分析

1. 加工特征

加工特征包括 50×50 深度 10mm 的方台，10mm 的"缺角"（50-30=20 两个）。由于四个角的"缺角" R 较小（R6），如果选择刀具较小，不利于零件外轮廓的开粗，同时加工效率较低，如果外轮廓选择较大的刀具进行开粗，选择较小的刀具加工 4 处 R6，加工效率提高了，但是，增加了换刀的时间。

最终选择哪种加工方案，根据实际批量、车间刀具等具体情况决定。本例以第二种方案加工。

2. 刀具的选择

外轮廓选择 φ20 高速钢立铣刀，或者选择加工 N 类材料的硬质合金立铣刀。内轮廓选择刀具需要考虑到刀具 R 小于等于 R6，同时选择最大的标准刀具，本例选择 φ10 的立铣刀。

3. 切削参数的确定

（1）主轴转速。

$N = Vc \times 1000/\pi \times Dc = 50 \times 1000 / 3.14 \times 20 \approx 796$ ，取 800 r/min。

$N = Vc \times 1000/\pi \times Dc = 50 \times 1000 / 3.14 \times 10 \approx 1592$ ，取 1500 r/min。

（2）进给速度。

$Vf = Zn \times N \times Fz = 3 \times 800 \times 0.07 \approx 168$ mm/min

$Vf = Zn \times N \times Fz = 3 \times 1500 \times 0.03 \approx 135$ mm/min

（3）装夹方案：选择通用夹具进行零件的装夹。

二、程序编制

表 6-5 为 50×50 深度 10mm 的方台参考程序，表 6-6 为 10mm（R6）"缺角"参考程序。

表 6-5　50×50 深度 10mm 的方台参考程序

程序内容	说明
O0002;	程序名
G90 G54 G40 G17 G69;	设定编程环境
M3 S800;	设定主轴转速
G43 G0 Z50. H01;	刀具下降至安全平面 Z50mm 处
X0 Y0　M08	检测工件坐标系零点、开切削液
G68 R45. ;	坐标系旋转开始
G0 X40.Y-35.;	刀具快速移动到起刀点
Z2.	快速下刀到 2mm 处
G1 Z-10.02　F500	切削下刀到-10mm 处，粗加工进行修改
G41 G1 Y-30. D1 F168 ;	建立刀具半径补偿
X-30. ;	开始加工，采用顺铣
Y30. ;	
X30. ;	
Y-40. ;	
G69;	取消坐标系旋转
G0 Z50.;	提刀
G40	取消刀补
M30;	程序结束

表 6-6　10mm（R6）"缺角"参考程序

程序内容	说明
O0003;	程序名
G90 G54 G40 G17 G69;	设定编程环境

程序内容	说明
M3 S1500；	设定主轴转速
G43 G0 Z50. H02；	刀具下降至安全平面 Z50mm 处
X0 Y0 M08	检测工件坐标系零点、开切削液
G68 R45.（R135、R-45.、R225.）；	坐标系旋转开始（四处）
G0 X40.Y-30.；	刀具快速移动到起刀点
Z2.	快速下刀到 2mm 处
G1 Z-10.02　F500	切削下刀到-10mm 处，粗加工进行修改
G41 G1 Y-20. D1 F135 ；	建立刀具半径补偿
X26. ；（X20. R6.）	开始加工，采用顺铣（也可以使用任意倒圆角功能），括号内对应任意倒圆角功能坐标
G3 X20.Y-26. R6.；	如果使用任意倒圆角功能，此程序段删除
G1 Y-40.；	
G69；	取消坐标系旋转
G0 Z50.；	提刀
G40	取消刀补
M30；	程序结束

三、加工方法与技巧

（1）将 50×50 深度 10mm 的方台和 10mm（R6）"缺角"分开加工，有利于程序编制和精度控制。

（2）工艺允许的情况下，可以先加工 50×50 深度 10mm 的方台和 10mm（R6）"缺角"，最后加工外形轮廓。

（3）如果采用顺铣，精加工可使用 φ12 刀具直接加工，自然形成 R6。

（4）无特殊情况（不锈钢、切削宽度大于刀具半径等），推荐使用顺铣加工。

四、加工注意事项

（1）粗加工时底面要留精加工余量，防止扎刀，出现深度超差。

（2）50×50 深度 10mm 的方台和 10mm（R6）"缺角"，尺寸要求为减差。

（3）抬刀时"G0　Z50."不能同时撤销刀补，防止出现过切。

（4）零件加工到最后轮廓时，如果进行延长，注意延长线与最后加工轮廓之间的角度要大于等于 180°。

五、精度检验与误差分析

加工误差分析如表 6-7 所示。

表 6-7　加工误差分析

表面粗糙度差	①机床刚性差；②加工时振动；③刀具刃口磨损进给速度快；④刀具粘刀；⑤排屑不畅；⑥零件未夹紧
尺寸超差	①程序错误；②扎刀；③精加工余量太小；④更改刀补未考虑变形量；⑤夹具定位差；⑥机床刚性差；⑦刀具磨损厉害
边长不相等	①程序错误；②机床反向间隙大；③刀补补偿问题；④零件加工松动

任务三　比例缩放与镜像类零件的铣削

任务分析

如图 6-11 所示，此零件为冲压模具中常用的整体凸模。由于整体尺寸较小，所以没有使用组合凸模的形式。此零件需要淬火，凸模与底座链接处不允许有尖角，否则容易在淬火过程中产生应力集中，造成零件开裂报废。所以在零件的根部及过渡部分都保留了圆角。直接加工效果不好。通常解决的办法是使用成形刀具，或者先进行留量加工后使用球刀清角的方法。对于沿周 1mm 的轮廓只是增强凸模强度的一段过渡，加工尺寸要求不严，较容易保证。上端 3mm 的部分是刃口尺寸，必须按技术要求留量，淬火后精加工。我们将采用刃口部分使用成形刀加工，底部留量加工后使用球刀清角的方法。由于凸模轮廓为对称件，加工时采用可编程镜像编程指令来完成。

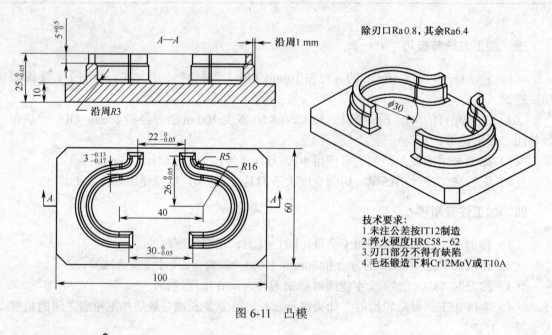

图 6-11　凸模

知识链接

一、比例缩放（G50、G51）

比例缩放可以使用同一程序对尺寸大小不同，形状相似的零件进行等比例或不等比例的缩放或镜像，比例缩放也是简化编程的一种形式。如果机床系统包含此功能则可以使用，有的机床系统将其作为选件功能，如果没有购买则不能使用。

比例缩放指令是根据比例缩放的中心对零件轮廓进行规定比例缩放，如图 6-12 所示。

1．指令格式

格式一：沿所有轴以相同比例放大和缩小。

G51 X_Y_Z_P_；

X_Y_Z_：比例缩放中心坐标值，绝对值指令，未指定时以当前点为比例缩放中心。

P_：缩放比例。

格式二：沿各轴以不同比例放大或缩小（镜像）。

G51 X_Y_Z_I_J_K_；

X_Y_Z_：比例缩放中心坐标值，绝对值指令，未指定时以当前点为比例缩放中心。

I_J_K_：X、Y、Z 各轴对应的缩放比例，当为负值时，形成镜像，如图 6-13 所示。I、J、K 为无小数点编程方式，如 X 轴尺寸放大两倍时，应为 I2000。

取消比例缩放指令：G50。

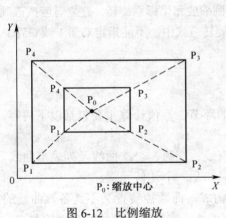

图 6-12　比例缩放

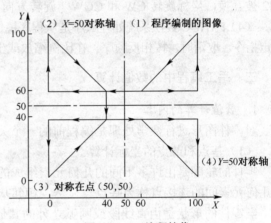

图 6-13　可编程镜像

2．使用注意事项

（1）须在单独的程序段内指定 G51，在图形放大或缩小之后，指定 G50 以取消缩放方式。

（2）如果在程序中不指令比例 I、J 或 K，则参数 No.5421 设定的比例有效，但是，参数中应设为不为 0 以外的值。

（3）小数点编程不能用于指定比例（I J K）。

（4）即使对圆弧插补的各轴指定不同的缩放比例，刀具也不画出椭圆轨迹。有时其他系统可以。

（5）比例缩放对刀具半径补偿值、刀具长度补偿值和刀具偏置值无效。

（6）在 G83、G73 的切入值 Q 和返回值 d，精镗循环 G76、背镗循环 G87 中 X、Y 轴的偏移值 Q，手动运行时移动距离中 Z 轴的移动缩放无效。

（7）在缩放状态，不能指定与坐标系相关的 G 代码（G92、G52~G59）。若必须指令这些 G 代码应在取消缩放功能后指定。

（8）当在指定平面有一个轴比例为负值，执行镜像时，圆弧指令、刀具半径补偿、坐标系旋转将发生相反的结果。

二、可编程镜像（G50.1、G51.1）

用编程的镜像指令可实现坐标轴的对称加工，如图 6-13 所示。

1. 指令格式

G51.1 X_Y_；启动可编程镜像。

X_Y_：用于指定对称轴或对称点。当 G51.1 指令后仅有一个坐标字时，该镜像是以某一坐标轴为镜像轴。

G50.1；取消可编程镜像。

2. 使用注意事项

（1）须在单独的程序段内指定 G51.1，在镜像之后，指定 G50.1 以取消镜像方式。

（2）在镜像执行状态下，不能指定与坐标系相关的 G 代码。若必须指令这些 G 代码应在取消可编程镜像方式之后再指定。

（3）在指定平面对某个轴镜像时，圆弧指令 G02 和 G03 被互换，刀具半径补偿 G41 和 G42 被互换，坐标旋转 CW 和 CCW（旋转方向）被互换。

（4）FANUC 数控系统处理顺序是从程序镜像到比例缩放和坐标系旋转。建立时应按该顺序指定指令，取消时，按相反顺序。在比例缩放或坐标系旋转方式中，不能指定 G50.1 或 G51.1。

三、手工编程中的数值计算

1. 数值计算的内容

对零件图形进行数学处理是编程前的一个关键性的环节。数值计算主要包括以下内容。

（1）基点和节点的坐标计算。

零件的轮廓是由许多不同的几何元素组成的，如直线、圆弧、二次曲线及列表点曲线等。各几何元素间的连接点称为基点，显然，相邻基点间只能是一个几何元素。

当零件的形状是由直线段或圆弧之外的其他曲线构成，而数控装置又不具备该曲线的插补功能时，其数值计算就比较复杂。将组成零件的轮廓曲线，按数控系统插补功能的要求，在满足允许的编程误差的条件下，用若干直线段或圆弧来逼近给定的曲线，逼近线段的交点或切点称为节点。编写程序时，应按节点划分程序段。逼近线段的近似区间愈大，则节点数目愈少，相应地程序段数目也会减少，但逼近线段的误差 d 应小于或等于编程允许误差 $d_{允}$，即 $d \leq d_{允}$。考虑到工艺系统及计算误差的影响，$d_{允}$一般取零件公差的 $1/5 \sim 1/10$。

（2）刀位点轨迹的计算。

刀位点是标志刀具所处不同位置的坐标点，不同类型刀具的刀位点不同。对于具有刀具半径补偿功能的数控机床，只要在编写程序时，在程序的适当位置写入建立刀具补偿的有关指令，就可以保证在加工过程中，使刀位点按一定的规则自动偏离编程轨迹，达到正确加工的目的。这时可直接按零件轮廓形状，计算各基点和节点坐标，并作为编程时的坐标数据。

当机床所采用的数控系统不具备刀具半径补偿功能时，编程时，需对刀具的刀位点轨迹进行数值计算，按零件轮廓的等距线编程。

（3）辅助计算。

辅助程序段是指刀具从对刀点到切入点或从切出点返回到对刀点而特意安排的程序段。切入点位置的选择应依据零件加工余量而定，适当离开零件一段距离。切出点位置的选择，应避免刀具在快速返回时发生撞刀。使用刀具补偿功能时，建立刀补的程序段应在加工零件之前写入，加工完成后应取消刀具补偿。某些零件的加工，要求刀具"切向"切入和"切向"切出。

以上程序段的安排，在绘制走刀路线时，即应明确地表达出来。数值计算时，按照走刀路线的安排，计算出各相关点的坐标。

2. 基点坐标的计算

零件轮廓或刀位点轨迹的基点坐标计算，一般采用代数法或几何法。代数法是通过列方程组的方法求解基点坐标，经常用于用户宏程序中。根据图形间的几何关系利用三角函数法求解基点坐标，计算比较简单、方便，与列方程组解法比较，工作量明显减少，实际中使用较多。

对于由直线和圆弧组成的零件轮廓，采用手工编程时，常利用直角三角形的几何关系进行基点坐标的数值计算，图 6-14 为直角三角形的几何关系，三角函数计算公式列于表 6-8。

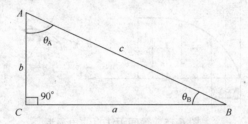

图 6-14　直角三角形的几何关系

表 6-8　直角三角形中的几何关系

已知角	求相应的边	已知边	求所夹的角
θ_A	$a/c = \sin(\theta_A)$	a, c	$\theta_A = \sin^{-1}(a/c)$
θ_A	$b/c = \cos(\theta_A)$	b, c	$\theta_A = \cos^{-1}(b/c)$
θ_A	$a/b = \tan(\theta_A)$	a, b	$\theta_A = \tan^{-1}(a/b)$
θ_B	$b/c = \sin(\theta_B)$	b, c	$\theta_B = \sin^{-1}(b/c)$
θ_B	$a/c = \cos(\theta_B)$	a, c	$\theta_B = \cos^{-1}(a/c)$
θ_B	$b/a = \tan(\theta_B)$	b, a	$\theta_B = \tan^{-1}(b/a)$
勾股定理	$c^2 = a^2 + b^2$	三角形内角和	$\theta_A + \theta_B + 90° = 180°$

3. 非圆曲线节点坐标的计算

（1）非圆曲线节点坐标计算的主要步骤。

数控加工中把除直线与圆弧之外可以用数学方程式表达的平面轮廓曲线，称为非圆曲线。其数学表达式可以直角坐标的形式给出，也可以极坐标形式给出，还可以参数方程的形式给出。通过坐标变换，后面两种形式的数学表达式可以转换为直角坐标表达式。非圆曲线类零件包括平面凸轮类、样板曲线、圆柱凸轮以及数控车床上加工的各种以非圆曲线为母线的回转体零件等。其数值计算过程，一般可按以下步骤进行。

1）选择插补方式。即应首先决定是采用直线段逼近非圆曲线，还是采用圆弧段或抛物线等二次曲线逼近非圆曲线。

2）确定编程允许误差，即应使 $d \leq d_允$。

3）选择数学模型，确定计算方法。在决定采取什么算法时，主要应考虑的因素有两条，其一是尽可能按等误差的条件，确定节点坐标位置，以便最大程度地减少程序段的数目；其二是尽可能寻找一种简便的算法，简化计算机编程，省时快捷。

4）根据算法，画出计算机处理流程图。

5）用高级语言编写程序，上机调试程序，并获得节点坐标数据。

（2）常用的算法。

用直线段逼近非圆曲线，目前常用的节点计算方法有等间距法、等程序段法、等误差法和伸缩步长法；用圆弧段逼近非圆曲线，常用的节点计算方法有曲率圆法、三点圆法、相切圆法和双圆弧法。

1）等间距直线段逼近法——等间距法就是将某一坐标轴划分成相等的间距，如图 6-15 所示。

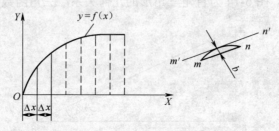

图 6-15　等间距法直线段逼近

2）等程序段法直线逼近的节点计算——等程序段法就是使每个程序段的线段长度相等，如图 6-16 所示。

3）等误差法直线段逼近的节点计算——任意相邻两节点间的逼近误差为等误差。各程序段误差 d 均相等，程序段数目最少。但计算过程比较复杂，必须由计算机辅助才能完成计算。在采用直线段逼近非圆曲线的拟合方法中，是一种较好的拟合方法，如图 6-17 所示。

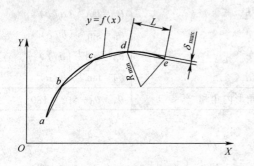
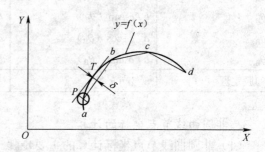

图 6-16　等程序段法直线段逼近　　　　图 6-17　等误差法直线段逼近

4）曲率圆法圆弧逼近的节点计算——曲率圆法是用彼此相交的圆弧逼近非圆曲线。其基本原理是从曲线的起点开始，作与曲线内切的曲率圆，求出曲率圆的中心，如图 6-18 所示。

5）三点圆法圆弧逼近的节点计算——三点圆法是在等误差直线段逼近求出各节点的基础上，通过连续三点作圆弧，并求出圆心点的坐标或圆的半径如图 6-19 所示。

6）相切圆法圆弧逼近的节点计算，如图 6-20 所示。采用相切圆法，每次可求得两个彼此相切的圆弧，由于在前一个圆弧的起点处与后一个终点处均可保证与轮廓曲线相切，因此，整个曲线是由一系列彼此相切的圆弧逼近实现的。可简化编程，但计算过程繁琐。

4. 列表曲线型值点坐标的计算

实际零件的轮廓形状，除了可以用直线、圆弧或其他非圆曲线组成之外，有些零件图的轮廓形状是通过实验或测量的方法得到的。零件的轮廓数据在图样上是以坐标点的表格形式给出，这种由列表点（又称为型值点）给出的轮廓曲线称为列表曲线。

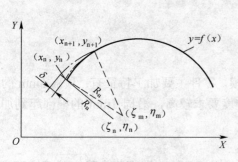

图 6-18　曲率圆法圆弧段逼近

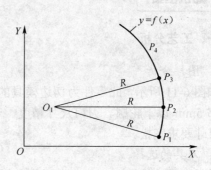

图 6-19　三点圆法圆弧段逼近

在列表曲线的数学处理方面，常用的方法有牛顿插值法、三次样条曲线拟合、圆弧样条拟合与双圆弧样条拟合等。由于以上各种拟合方法在使用时往往存在着某种局限性，目前处理列表曲线的方法通常是采用二次拟合法。

为了在给定的列表点之间得到一条光滑的曲线，对列表曲线逼近一般有以下要求：

（1）方程式表示的零件轮廓必须通过列表点。

（2）方程式给出的零件轮廓与列表点表示的轮廓凹凸性应一致，即不应在列表点的凹凸性之外再增加新的拐点。

（3）光滑性。为使数学描述不过于复杂，通常一个列表曲线要用许多参数不同的同样方程式来描述，希望在方程式的两两连接处有连续的一阶导数或二阶导数，若不能保证一阶导数连续，则希望连接处两边一阶导数的差值应尽量小。

5. 简单立体型面零件的数值计算

用球头刀或圆弧盘铣刀加工立体型面零件，刀痕在行间构成了被称为切残量的表面不平度 h，又称为残留高度。残留高度对零件的加工表面质量影响很大，须引起注意，如图 6-21 所示。

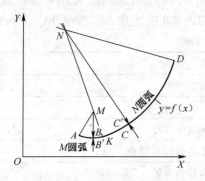

图 6-20　相切圆法圆弧段逼近

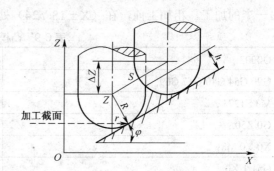

图 6-21　行距与切残量的关系

数控机床加工简单立体型面零件时，数控系统要有三个坐标控制功能，但只要有两坐标连续控制（两坐标联动），就可以加工平面曲线。刀具沿 Z 方向运动时，不要求 X、Y 方向也同时运动。这种用行切法加工立体型面时，三坐标运动、两坐标联动的加工编程方法称为两轴半联动加工。

随着计算机技术的不断发展，无论是非圆曲线还是列表曲线现在都已很少使用。通常只需借助计算机软件，就可以轻松计算出来。

知识链接

一、工艺分析

1. 图样分析

如图 6-11 所示，此零件为切边模具的组合凸模。零件主要加工特征有：顶部 5mm 的刃口及根部 5mm 以下轮廓。刃口尺寸精度、表面粗糙度要求较高，沿周 1mm 的根部起到加强作用，尺寸要求宽松。

2. 刀具的选择

选择刀具应根据$¢30$、左右形状之间尺寸 25 以及 R5 的前端部分来确定，精加工刀具要小于等于三者中任何一个。如果选择$¢8$的刀具，加工过程刚性差、效率低。应选择直径大一点的刀具开粗，在开粗之前 R5 处钻一清角孔。零件淬火前的粗加工，选择$\phi20$高速钢立铣刀，或者选择加工 P 类材料的硬质合金立铣刀和$\phi6$的球刀。零件淬火后，选择$\phi8$加工 H 类材料的硬质合金立铣刀。

3. 切削参数的确定（球刀不予列出）

（1）主轴转速。

$$N = Vc × 1000/π × Dc = 80×1000 / 3.14×20 ≈ 1273 \ r/min$$
$$N = Vc × 1000/π × Dc = 65×1000 / 3.14×8 ≈ 2587 \ r/min$$

（2）进给速度：

$$Vf = Zn × N × Fz = 2×1273×0.046 ≈ 117 \ mm/min$$
$$Vf = Zn × N × Fz = 3×2587×0.02 ≈ 155 \ mm/min$$

（3）装夹方案：选择通用夹具进行零件的装夹。

二、编写加工程序

运用可编程镜像编写程序。表 6-9 和表 6-10 为此零件的加工程序。使用可编程镜像进行另一半的加工。粗加工前，在（X±18 Y24）处，钻 2－$¢8$的清角孔，深度 14～15mm。

表 6-9　凸模粗加工程序

O0002;	程序头
G90 G54 G40 G17 G69;	加工前的准备
M3 S1273	
G0 Z50.;	下刀到安全高度
X0 Y0 M8;	检测工件坐标系圆点
G51.1 X0;	可编程镜像开始
X5.Y30.;	移动到下刀点
G1 Z-15. F117;	切削下刀到 Z-15mm
G41 G1 X-11. D1;	建立刀具半径补偿
Y15. ，R9. ;	切削开始，使用任意倒圆角功能
X-20.;	
G3 Y-15.R15.;	
G1 X-15.;	

续表

Y-20.;	
X-20.;	
G2 Y20. R20. ;	
X-15.;	
Y26.;	
X0.;	返回起刀点
G0 Z50 G40 ;	提刀、取消刀具补偿
X0 Y0 ;	回到镜像点
G50.1	取消镜像
M05;	主轴停止
M30;	程序结束

加工完底部加强轮廓后，提刀完成刃口部分的半精加工。最后镜像轮廓完成另一半的加工。

表6-10　凸模精加工程序

O0002;	程序头
G90 G54 G40 G17 G69;	加工前的准备
M3 S2587	
G0 Z50.;	下刀到安全高度
X0 Y0 M8;	检测工件坐标系圆点
G51.1 X0;	可编程镜像开始
X5.Y30.;	移动到下刀点
G1 Z-5.05. F155;	切削下刀到Z-5.05mm
G41 G1 X-12. D1;	建立刀具半径补偿
Y16. , R9. ;	切削开始，使用任意倒圆角功能
X-20.;	
G3 Y-16.R16.;	
G1 X-15.;	
Y-19.;	
X-20.;	
G2 Y19. R19. ;	
X-14., R5. ;	使用任意倒圆角功能
Y26.;	
X0.;	返回起刀点
G0 Z50 G40 ;	提刀、取消刀具补偿
X0 Y0 ;	回到镜像点
G50.1	取消镜像
M05;	主轴停止
M30;	程序结束

加工完刃口左半部分的半精加工后，使用可编程镜像指令，完成另一半轮廓的加工。

三、加工方法与技巧

（1）零件轮廓加工可以使用大刀加工内腔，使用小刀清角。

（2）镜像加工时顺逆铣改变了，要更好地保证轮廓尺寸的一致性，可以将零件轮廓连起来，如图 6-22 所示。

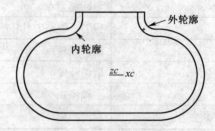

图 6-22　轮廓连接

（3）加工顺序可以考虑先加工轮廓后再加工顶面，方便刀具更换后的试切对刀。

（4）尽量采用顺铣，尤其精加工，同时要考虑"扛刀"（让刀）的问题。

四、加工注意事项

（1）粗加工时刃口部分单边留量 0.3~0.5，防止零件淬火后零件变形加工不出来。

（2）使用可编程镜像功能时，最好是在镜像点开始，同样在镜像点取消。如果在加工过程中意外停止，应该先返回镜像点，取消镜像，然后再移动，避免出现零点漂移的现象。

（3）对于完全对称的零件，如果能用旋转功能代替可编程镜像，尽量避免使用可编程镜像。

（4）加工 Cr12MoV 或 T10A 材料冷却液要充分，防止加工时产生"表明淬火"的现象。

五、精度检验与误差分析（见表 6-11）

表 6-11　误差分析

表面粗糙度差	①机床刚性差；②加工时振动；③刀具刃口磨损进给速度快；④刀具粘刀；⑤排屑不畅；⑥零件未夹紧
尺寸超差	①程序错误；②扛刀；③精加工余量太小；④更改刀补未考虑变形量；⑤夹具定位差；⑥机床刚性差；⑦刀具磨损厉害；⑧未清角
零件左右尺寸不一致	①顺铣、逆铣扛刀量不一致；②机床反向间隙大；③刀补补偿问题；④零件加工松动

思考与练习

1. 完成图 6-23 的加工，并编制程序。

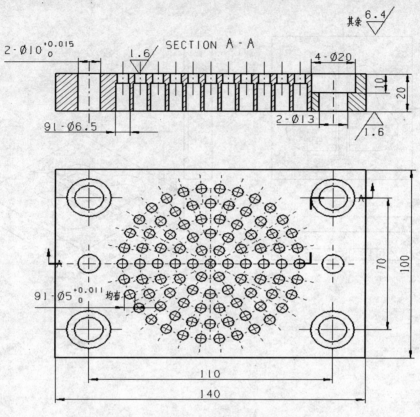

图 6-23　练习题一

2．完成图 6-24 的加工，并编制程序。

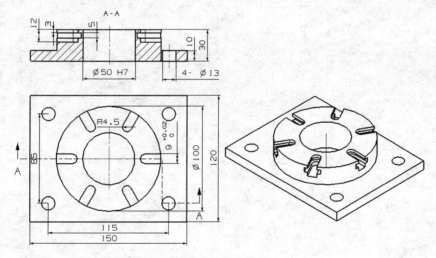

图 6-24　练习题二

3．完成图 6-25 的加工，并编制程序。

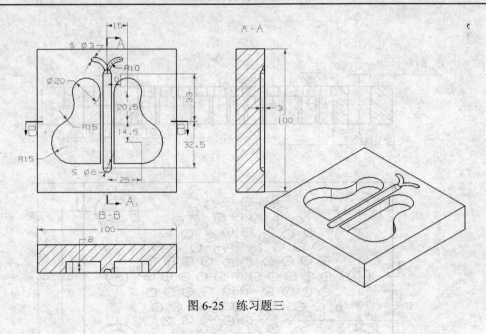

图 6-25　练习题三

模块七　曲面类零件的加工

能力目标：

- 根据加工要求编制简单曲面的铣削加工程序
- 能够编制零件的通用宏程序
- 对数控系统进行一定的功能扩展，在数控系统的平台上进行二次开发

相关知识：

- 宏程序、变量等基本概念
- 宏程序中的运算指令和转移指令
- 宏程序的调用
- 解析几何基础
- 典型几何图形的计算

如图7-1所示为某模具厂一模具型腔零件，材料为H13模具钢，型腔由φ80mm圆槽、75mm×30mm椭圆槽及SR12mm半圆球组成，钢板周边有四个φ20导柱孔。此模具厂所接定单另有两套与此形状相同但尺寸大小不同的其他规格模具需要同时加工。

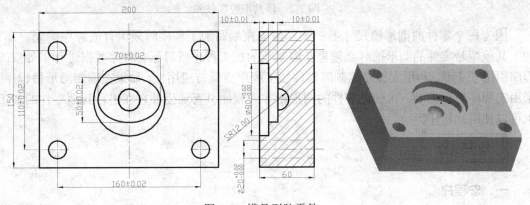

图 7-1　模具型腔零件

此模具厂数控铣床设备型号为XK713，数控系统为FANUC 0i MC系统，工厂管理人员对现使用刀具品牌的性价比不太满意，其他刀具供应商提供了新刀具样品让其进行试用，在加工这批模具时通过检测这两种品牌的刀具使用寿命来进行性价比的测评。

根据上述任务分析，可以利用FANUC 0i系统提供的宏程序功能编制此零件的加工程序。

（1）加工φ80mm圆形槽：在编写加工程序时引用宏程序功能提供的变量，可以使其具有通用性，加工其他规格型号模具零件也可以使用这个零件程序，无需重新编写新程序。

（2）加工75mm×30mm椭圆槽：因为系统没有提供椭圆插补指令，可利用宏程序转移与循环语句编写椭圆轮廓宏程序。

（3）加工 SR12mm 半圆球曲面：利用宏程序功能编写简单、规则的三维空间曲面宏程序。

（4）加工 4-Φ20mm 导柱孔：可运用前面章节学习的固定循环功能指令编写零件的加工程序，在这里，利用宏程序调用功能编写一个类似于固定循环 G81 指令的宏程序。

（5）检测刀具使用寿命：利用宏程序功能编辑检测刀具使用寿命的宏程序，进行数控系统的功能扩展，使主轴旋转功能指令具有时间显示功能。

任务一　圆形槽的加工

任务分析

此模具塑料制件为一系列产品，塑料制件模具型腔图如图 7-2 所示，其余两个型号圆形槽尺寸分别为 Φ90mm、Φ100mm，其余形状和尺寸均无变化。

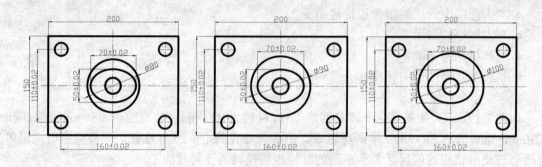

图 7-2　模具型腔零件图

因为每个零件的圆形槽尺寸不一致，如果在编写加工程序时采用普通程序编制，那么在加工其他型号零件的圆形槽时必须重新编制新的加工程序或对原有程序数据进行多处修改。宏程序引用了变量，利用宏程序编制的零件加工程序更具有通用性，如果在编制圆形槽程序时也采用宏程序进行编制，可使此零件的圆形槽零件程序具有通用性，在进行其他零件的加工时，也可以使用此程序。

知识链接

一、宏程序

一般意义上所讲的数控指令即代码的功能是固定的，它们由系统生产厂家开发，使用者按照指令格式编程，但有时系统生产厂家提供的这些指令不能满足用户的需要，比如一般数控系统只提供了直线与圆弧的插补功能，加工椭圆及抛物线等形状零件时无法满足用户的需要，系统因此提供了用户宏程序功能，使用户可以对数控系统进行一定的功能扩展，在数控系统的平台上进行二次开发。

1. 定义

用户把实现某种功能的一组指令像子程序一样预先存入存储器中，用一个指令代表这个存储的功能,在程序中只要指定该指令就能实现这个功能。把这一组指令称为用户宏程序本体，简称宏程序。把代表指令称为用户宏程序调用指令，简称宏指令。它允许使用变量、算术和逻辑操作及条件分支，使得用户可以自行编辑软件包、固定循环程序。

2. 用户宏程序与普通程序的区别

用户宏程序与普通程序的区别在于：在用户宏程序本体中，能使用变量；可以给变量赋值；变量之间可以运算；程序可以跳转。而在普通程序中，只能指定常量，常量之间不能运算，程序只能顺序执行，不能跳转，普通程序的功能是固定的，一个程序只能描述一个几何形状，不能变化。用户宏程序是提高数控机床系统性能的一种特殊功能。

3. 用户宏程序的分类

用户宏程序分为 A、B 两种。在一些较老的 FANUC 系统（FANUC-0MD）中采用的 A 类宏程序，现在使用较少，当今的数控系统一般采用 B 类宏程序。在这里，只介绍 B 类宏程序，对 A 类宏程序不作介绍。

二、变量

1. 变量概述

普通程序总是将一个具体的数值赋给一个地址，例如 G01 和 X120.0，为了使程序更具通用性、灵活性，用户宏程序中引用了变量。当使用变量时，变量值可以由程序或 MDI 面板设定。

例：#1=10;

G01 X#1 F500;

2. 变量的表示方法

一个变量由变量符号"#"和变量号组成，如#i（i=0，1，2，3……）。

例：#1 #100

变量号也可以用表达式指定，这时表达式要用方括号括起来，如#[#1+10];

3. 变量值的表示

在程序中定义变量时，可以省略小数点。例如，当#1=123 被定义时，变量#1 的实际值为123.000。

当变量的值未定义时，这样的一个变量被看作"空"变量。

4. 变量的类型

变量根据变量号分为空变量、局部变量、公共变量、系统变量四种，如表 7-1 所示。

表 7-1　FANUC 0i 变量类型

变量类型	变量号	功能
空变量	#0	该变量总是为空，不能赋值
局部变量	#1～#33	局部变量只能在宏程序中存储数据，例如：运算结果。当断电时，局部变量被初始化成"空"。调用宏程序时，自变量对其赋值。局部变量是一个在宏程序中局部使用的变量
公共变量	#100～#199 #500～#999	公共变量在不同的宏程序中意义相同，当断电时，#100～#199 初始化为空，#500～#999 的数据保存，即使断电也不丢失
系统变量	#1000 以上	用于读和写 CNC 运行时的各种数据，是具有固定用途的变量，它的值决定系统的状态。例如刀具的位置和补偿值等

5. 变量的引用

（1）为了在程序中引用变量，指定一个地址字其后跟一个变量号。

例：G01 X#1;

（2）当用表达式指定一个变量时，须用方括号括起来。

例：G01 X[#1+#2] F#3;

（3）取引用的变量值的相反值时，可以在#号前加"-"号。

例：G00 X-#1;

（4）当引用一个未定义的变量时，忽略变量及引用变量的地址。

例：#1=0 ，#2="空"，则 G00 X#1 Y#2; 的执行结果是 G00 X0;

（5）程序号"O"、顺序号"N"、任选段跳跃号"/"不能使用变量。

例：O#11;

N#13 Y200.0;

一、工艺分析

加工如图 7-1 所示零件的 φ80mm 圆形槽，零件材料为 H13 模具钢，已在工件中心位置处预钻 φ16mm 落刀工艺孔，孔深 20mm。φ80mm 圆形槽底部要求尖角，选择 φ25mm 高速钢立铣刀进行加工。工件坐标系原点（X0 Y0）定义在毛坯中心，其 Z0 定义在毛坯上表面。分粗、精加工，粗加工时留 0.2mm 精加工余量，粗加工时主轴转速 S220r/min，进给速度 F150mm/min。精加工时主轴转速 S260r/min，进给速度 F120mm/min。

二、编写加工程序

进行宏程序的编制时，为了使其更具有通用性，Z 轴深度尺寸及圆形槽半径表达时引用变量。表 7-2 为此 φ80mm 圆形槽的精加工程序，利用改变精加工程序刀具半径补偿值及 Z 轴数据的方法可实现零件的粗加工。

表 7-2　φ80mm 圆形槽精加工程序

程序内容	说明
O0001;	程序名
N10 G94 G97 G40;	设定编程环境
N20 G0 G28 G91 Z0;	刀具返回 Z 轴机床参考点
N30 G0 G90 G54 X0 Y0;	刀具快速定位至落刀点
N40 G43 Z100.0 H01 M03 S260;	刀具下降至安全平面 Z100mm 处，主轴正转
N50 M08;	开切削液
N60 G0 G90 Z2.;	刀具快速下降至 Z2mm 处
N70 #100=5.0;	圆形槽深度
N80 #101=40.0;	圆槽半径
N90 G01 G90 Z-#100 F120;	刀具切削进给下降至 Z 轴加工深度
N100 G01 G41 G91 X-#101 D01;	加刀补 X 轴移动一圆弧半径
N110 G03 I#101;	逆时针圆弧插补
N120 G01 G40 X#101;	取消刀补回退至落刀点

续表

程序内容	说明
N130 G0 G90 Z100.0；	刀具升高至安全平面 Z100.0mm 处
N140 M05；	主轴停转
N150 M09；	切削液停
N160 M30；	程序结束

三、实操加工

1. 零件的安装

此零件毛坯尺寸是 200mm×150mm×60mm，采用螺栓压板夹紧。

2. 变量值的显示

（1）选择系统操作面板【OFFSET】功能键，进入刀具补偿显示画面。

（2）选择菜单键【MACRO】显示宏变量页面，如图 7-3 所示。

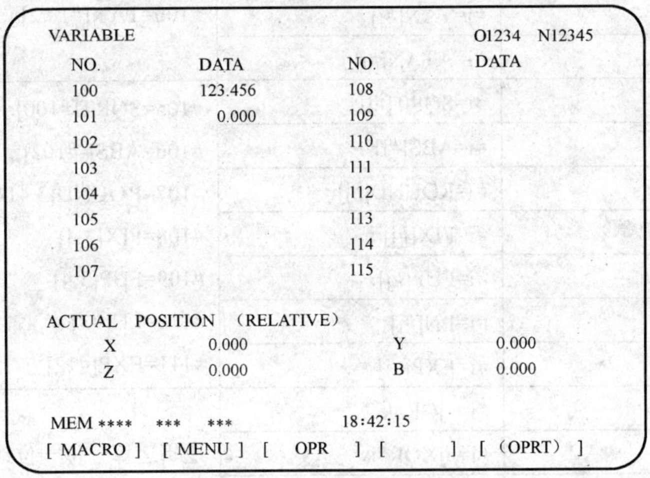

```
VARIABLE                            O1234   N12345
  NO.        DATA         NO.        DATA
  100       123.456       108
  101         0.000       109
  102                     110
  103                     111
  104                     112
  105                     113
  106                     114
  107                     115

ACTUAL  POSITION  （RELATIVE）
    X         0.000            Y         0.000
    Z         0.000            B         0.000

MEM ****  ***   ***           18:42:15
[ MACRO ]  [ MENU ]  [ OPR ]  [      ]  [ (OPRT) ]
```

图 7-3　变量值显示画面

任务二　椭圆槽的加工

【任务分析】

加工如图 7-1 所示椭圆槽，椭圆长半轴为 35mm，短半轴为 25mm，其深度为 10mm。

因为大部分零件轮廓形状是由直线与圆弧组成的，所以数控系统一般只提供直线插补指令 G01 和圆弧插补指令 G02、G03，没有提供椭圆加工指令。编制椭圆加工程序时，采用近似方法加工，可以利用宏程序的转移与循环语句进行椭圆程序的编制。

【知识链接】

一、常用运算指令

在表 7-3 中列出的运算可以在变量中执行。运算符右边的表达式，可以含有常量和由函数或运算符组成的变量。表达式中的变量#J 和#K 可以用常数替换。左边的变量也可以用表达式赋值。

表 7-3　FANUC 0i 算术和逻辑运算一览表

功能	格式	备注/示例
定义、转换	#i=#j	#100=#1，#100=20.0
加法	#i=#j+#k	#100=#101+#102
减法	#i=#j-#k	#101=80-#103
乘法	#i=#j*#k	#102=#1*#2
除法	#i=#j/#k	#103=#101/25.0
正弦	#i=SIN[#j]	
反正弦	#i=ASIN[#j]	角度以度为单位，如：80°30′表示成 80.5°
余弦	#i=COS[#j]	#100=SIN[#101]
反余弦	#i=ACOS[#j]	#100=COS[38.3+24.8]
正切	#i=TAN[#j]	#100=TAN[#1/#2]
反正切	#i=ATAN[#j]	
平方根	#i=SQRT[#j]	#105=SQRT[#100]
绝对值	#i=ABS[#j]	#106=ABS[-#102]
舍入	#i=ROUND[#j]	#107=ROUND[3.414]
上取整	#i=FIX[#j]	#108=FIX[3.4]
下取整	#i=FUP[#j]	#109=FUP[3.4]
自然对数	#i=LN[#j]	#110=LN[#3]
指数函数	#i=EXP[#j]	#111=EXP[#12]
OR（或）	#i=#jOR#k	
XOR（异或）	#i=#jXOR#k	逻辑运算一位一位地按二进制执行
AND（与）	#i=#jAND#k	
将 BCD 码转换成 BIN 码	#i=BIN[#j]	用于与 PMC 间信号的交换
将 BIN 码转换成 BCD 码	#i=BCD[#j]	

1. 角度单位

函数 SIN、COS、TAN 等的角度单位是度。

例：30°18′表示为 30.3°。

2. 缩写方式

在程序中指定函数时，可用函数名的前两个字符指定该函数。

例：ROUND→RO，SIN→SI。

3. 运算次序

宏程序数学计算的次序依次为：函数运算（SIN、COS、TAN 等），乘和除运算（*，/，AND 等），加法和减法运算（+，−，OR，XOR 等）。

例：#100=#101-#102*COS[#103];

数学运算次序为：

（1）函数 COS[#103]。

（2）乘除#102*COS[#103]。

（3）加减#101-#102*COS[#103]。

4. 方括号嵌套

方括号用于改变运算的次序。函数中的括号允许嵌套使用，最多可用五层。

例：#1=SIN[[[[#2-#3]*#4+#5]/#6]

注意：方括号用于封闭表达式，圆括号用于注释。

5. ROUND 功能

（1）当 ROUND 功能包含在算术或逻辑操作、IF 语句、WHILE 语句中时，将保留小数点后一位，其余位进行四舍五入。

例：#1=ROUND[#2]；其中#2=1.2345，则#1=1.0。

（2）当 ROUND 出现在 NC 语句地址中时，进位功能根据地址的最小输入增量四舍五入指定的值。

例：编一个程序，根据变量#1、#2 的值进行切削，然后返回到初始点。假定增量系统是 1/1000mm，#1=1.2345，#2=2.3456。

则：G00 G91 X-#1；移动 1.235mm

　　G01 X-#2 F300；移动 2.346mm

G00 X[#1+#2]；因为 1.2345+2.3456=3.5801，所以移动 3.580mm，不能返回到初始位置。而换成 G00X[ROUND[#1]+ROUND[#2]]能返回到初始点。

6. 上取整和下取整

数控系统处理数值运算时，若操作产生的整数大于原数时为上取整，反之则为下取整。

例：#1=1.2，#2=−1.2

则：#3=FUP[#1]，结果#3=2.0

#3=FIX[#1]，结果#3=1.0

#3=FUP[#2]，结果#3=-2.0

#3=FIX[#2]，结果#3=-1.0

二、转移与循环与语句

在一个程序中，控制程序的流向可以用 GOTO、IF 语句改变。有三种转移与循环语句可供使用。

1. 无条件转移（GOTO 语句）

功能：无条件转移到标有顺序号为 n 的程序段。

格式：GOTO n；n 是顺序号（1~9999）。

例：GOTO 100；表示跳转到程序段号为 100 的程序段。

2. 条件转移（IF 语句）

（1）功能：如果指定的条件表达式满足时，转移到标有顺序号 n 的程序段；如果指定的条件表达式不满足时，则执行下一个程序段。

如图 7-4 所示，如果#1 的值大于 100，则转移到顺序号 N10 的程序段，如果#1 的值小于 100，则顺序执行下一程序段。

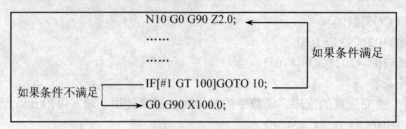

图 7-4　条件转移语句

（2）格式：IF[条件表达式] GOTO n；

n：程序段号。

条件表达式：一个条件表达式一定要有一个运算符，这个运算符插在两个变量或一个变量和一个常量之间，并且要用方括号括起来，即[表达式　操作符　表达式]。

运算符如表 7-4 所示。

表 7-4　运算符

运算符	含义
EQ	等于（=）
NE	不等于（≠）
GT	大于（>）
GE	大于或等于（≥）
LT	小于（<）
LE	小于或等于（≤）

3. 循环（WHILE 语句）

（1）功能：在 WHILE 后指定一个条件表达式，当条件满足时，执行 DO 到 END 之间的程序段，否则执行 END 后的程序段。

如图 7-5 所示，当 #100<50 时，执行 DO 到 END 之间的程序，否则执行 END1 后的程序段。

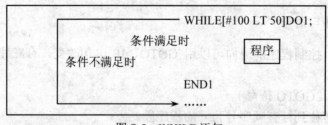

图 7-5　WHILE 语句

（2）格式：WHILE [条件表达式] DO m；（m=1，2，3）

　　　　　　　……

　　　　　END m；

m 只能在 1、2、3 中取值。

（3）嵌套：在 DO~END 循环中的标号 1~3 可根据需要多次使用。但是，当程序有交叉重复循环（DO 范围的重叠）时，出现 P/S 报警。如下所示：

1）标号（1~3）可以根据要求多次使用。

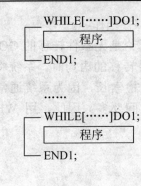

2）DO 的范围不能交叉。

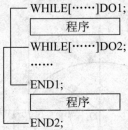

3）DO 循环可以嵌套 3 级。

```
 ┌── WHILE[……]DO1;
 │┌── WHILE[……]DO2;
 ││┌── WHILE[……]DO3;
 │││   程序
 │││
 │││── END3;
 ││── END2;
 │── END1;
```

4）控制可以转到循环的外边。

```
 ┌── WHILE[……]DO1;
 │    ……
 │    IF[……]GOTO100;
 │    ……
 │── END1;
 │    ……
 └── N100……;
```

5）转移不能进入循环区内。

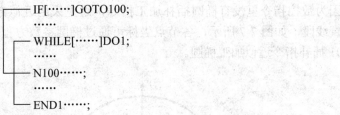

（4）循环（WHILE 语句）的注意事项。

1）DOm 和 ENDm 必须成对使用。DOm 和 ENDm 必须成对使用，而且 DOm 一定要在 ENDm 指令之前。

2）无限循环。当指定 DO 而没有指定 WHILE 语句时，将产生从 DO 到 END 之间的无限循环。

3）未定义的变量。在使用 EQ 或 NE 的条件表达式中，值为空和值为零将会有不同的效果。而在其他形式的条件表达式中，空即被当作零。

　　4）处理时间。当在 GOTO 语句（无论是无条件转移的 GOTO 语句，还是"IF…GOTO"形式的条件转移 GOTO 语句）中有标号转移的语句时，系统将进行顺序号检索。一般来说数控系统执行反向检索的时间要比正向检索长，因为系统通常先正向搜索到程序结束，再返回程序开头进行搜索，所以花费的时间要多。因此，用 WHILE 语句实现循环可减少处理时间。

三、椭圆的数学计算

　　椭圆如图 7-6 所示。

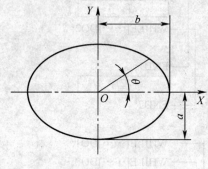

图 7-6　椭圆

　　（1）椭圆标准方程　$x^2/a^2+y^2/b^2=1$。
　　（2）椭圆参数方程　$x=a*\cos\theta$，$y=b*\sin\theta$。

任务实施

一、工艺分析

　　工件坐标系原点（X0 Y0）定义在毛坯中心，其 Z0 定义在毛坯上表面。采用 φ25 高速钢立铣刀，分粗、精加工，粗加工预留 0.2mm 精加工余量，粗加工时主轴转速 S220r/min，进给速度 F150mm/min，精加工时主轴转速 S260r/min，进给速度 F120mm/min。

二、数学计算

　　因为数控指令里没有椭圆插补加工指令，这里采用近似方法加工椭圆，将椭圆均分若干微小直线段，如图 7-7 所示，各节点坐标可通过椭圆参数方程 $X=a*\cos\theta$，$Y=a*\cos\theta$ 求出，通过 G01 插补指令近似加工椭圆。

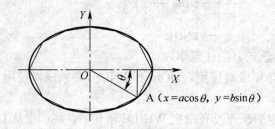

图 7-7　椭圆类零件

三、零件加工程序

利用 WHILE 循环语句进行椭圆零件程序的编制。加工路线图如图 7-8 所示，详见表 7-5。

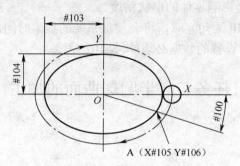

图 7-8　椭圆加工路线

表 7-5　椭圆零件加工程序

程序内容	说明
O0001；	程序名
N10 G94 G97 G40；	设定编程环境
N20 G0 G28 G91 Z0；	刀具返回 Z 轴机床参考点
N30 G0 G90 G54 X0Y0；	刀具快速定位至落刀点
N40 G43 Z100.0 H01 M03 S300；	刀具下降至安全平面 Z100mm 处
N50 M08；	开切削液
N60 G0 G90 Z2.；	刀具快速下降至 Z2mm 处
N70 G01 Z-20.0 F80.；	刀具下降至 Z-20.0mm 处，进给速度为 80mm
N80 #100=0；	椭圆加工起始角度
N90 #101=3；	角度每次递增量
N100 #102=360；	椭圆加工终止角度
N110 #103=35；	椭圆长半轴
N120 #104=25；	椭圆短半轴
N130 WHILE[#100LE#102]DO1；	如果椭圆加工角度#100≥#102，循环执行从 DO1 至 END1 之间的程序，否则执行 END1 以后的程序
N140 #105=#103*COS[#100]；	节点 X 坐标
N150 #106=#104*SIN[#100]；	节点 Y 坐标
N160 G01 G41 X#105 Y#104 D01 F80；	加刀补直线插补至各节点
N170 #100=#100+#101；	加工角度依次递增 3º
N180 END1；	循环 1 结束
N190 G01 G40 X0 Y0；	刀具取消刀补并返回落刀点
N200 G0 G90 Z100.0；	刀具升高至安全平面 Z100.0mm 处
N210 M05；	主轴停转
N220 M09；	切削液停
N230 M30；	程序结束

四、加工注意事项

（1）如果每次递增角度太小，会增加系统运算量，将会影响零件的加工速度，使加工速度变慢，角度递增太大将会影响零件的形状精度。

（2）使用跳转语句（IF 语句）时，将会增加系统的搜索时间，而影响零件的加工质量。

（3）每次递增量#101 设置的数据必须能被#102 整除。

任务三　半圆球曲面的加工

任务分析

加工如图 7-1 所示半圆球曲面，半圆球曲面尺寸为 SR12mm，已预钻落刀工艺孔。

此轮廓形状为一半圆球体，属于比较规则的三维曲面加工，在模具零件的加工中经常会遇到此类形状的零件，利用宏程序编制半圆球曲面加工程序，采用球头铣刀近似加工。

知识链接

一、宏程序调用

1. 概述

用户宏指令是调用用户宏程序的指令，用户宏程序用以下方法调用宏程序：

- 非模态调用（G65）。
- 模态调用（G66、G67）。
- 用 G 代码调用宏程序。
- 用 M 代码调用宏程序。
- 用 M 代码调用子程序。
- 用 T 代码调用子程序。

宏程序调用和子程序调用之间的区别如下：

（1）用非模态调用 G65 时，可以指定一个自变量（传递给宏程序的数据），而 M98 没有这个功能。

（2）当 M98 段含有另一个 NC 语句时（如：G01 X100.0M98Pp），则执行命令之后调用子程序，而 G65 无条件调用一个宏程序。

（3）当 M98 段含有另一个 NC 语句时（如：G01 X100.0M98Pp），在单段方式下机床停止，而使用 G65 时机床不停止。

（4）用 G65 局部变量的级要改变，而 M98 不改变。

2. 非模态调用（G65）

（1）功能：G65 被指定时，地址 P 所指定的用户宏程序被调用，数据（自变量）能传递到用户宏程序中。

（2）格式：G65 P_ L_ ；　<自变量指定>；

P：调用的宏程序号。

L_：调用次数，L1 可以省略不写。

<自变量指定>：传递到宏程序的数据，如图 7-9 所示。

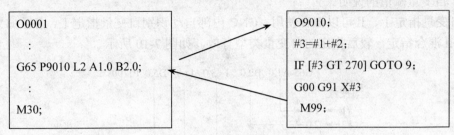

图 7-9　非模态调用 G65

（3）自变量指定。

若要向用户宏程序本体传递数据时，须由自变量来指定，这里使用的是局部变量（#1~#33）。自变量指定有两种类型：自变量指定Ⅰ和自变量指定Ⅱ。

自变量指定Ⅰ：用英文字母后加数值进行赋值，除了 G、L、O、N 和 P 之外，其余所有21 个英文字母可以给自变量赋值，每个字母赋值一次，赋值不必按字母顺序进行，但使用 I、J、K 时，必须按字母顺序指定，不赋值的地址可以省略，如表 7-6 所示。

表 7-6　FANUE 0i 地址与局部变量的对应关系一

地址	变量号	地址	变量号	地址	变量号
A	#1	I	#4	T	#20
B	#2	J	#5	U	#21
C	#3	K	#6	V	#22
D	#7	M	#13	W	#23
E	#8	Q	#17	X	#24
F	#9	R	#18	Y	#25
H	#11	S	#19	Z	#26

自变量指定Ⅱ：与自变量指定Ⅰ类似，也是用英文字母后加数值进行赋值，但只用了 A、B、C 和 I、J、K 这 6 个字母，具体用法是：使用 A、B、C 各一次，I、J、K 各 10 次，在这里 I、J、K 是分组定义的，同组的 I、J、K 必须按字母顺序指定，不赋值的地址可以省略，如表 7-7 所示。

表 7-7　FANUE 0i 地址与局部变量的对应关系二

地址	变量号	地址	变量号	地址	变量号
A	#1	K_3	#12	J_7	#23
B	#2	I_4	#13	K_7	#24
C	#3	J_4	#14	I_8	#25
I_1	#4	K_4	#15	J_8	#26
J_1	#5	I_5	#16	K_8	#27
K_1	#6	J_5	#17	I_9	#28
I_2	#7	K_5	#18	J_9	#29
J_2	#8	I_6	#19	K_9	#30
K_2	#9	J_6	#20	I_{10}	#31
I_3	#10	K_6	#21	J_{10}	#32
J_3	#11	I_7	#22	K_{10}	#33

注：I、J、K 的下标用于确定自变量指定的顺序，在实际编程中不写。

（4）自变量赋值的说明。

1）自变量指定Ⅰ、Ⅱ可以混合使用。CNC 内部自动识别自变量指定Ⅰ、Ⅱ，如果自变量指定Ⅰ、Ⅱ混合指定，较后指定的自变量类型有效，如图 7-10 所示。

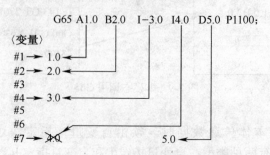

图 7-10　自变量指定Ⅰ、Ⅱ混合使用举例

2）小数点的问题。没有小数点的自变量数据的单位为各地址的最小设定单位。传递的没有小数点的自变量，其值将会根据机床实际的系统配置而变化。因此在调用宏程序使用小数点可使兼容性好。

3）调用嵌套。调用可以嵌套四级，包括非模态调用（G65）和模态调用（G66），但不包括子程序调用（M98）。

4）局部变量的级别。局部变量嵌套从 0 至 4 级，主程序是 0 级。用 G65（G66）调用宏程序，每调用一次局部变量级别加 1，前一级的局部变量值保存在 CNC 中。当宏程序中执行 M99 时，控制返回到调用的程序。此时，局部变量级别减 1，并恢复宏程序调用时保存的局部变量值。局部变量嵌套的级别如图 7-11 所示。

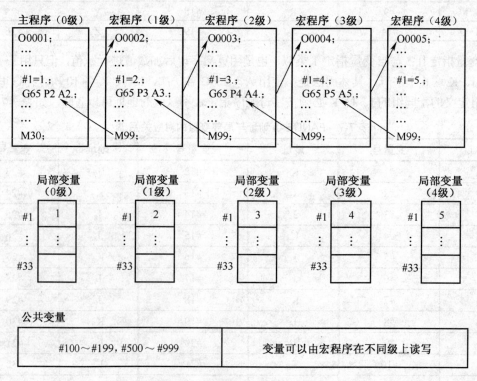

图 7-11　局部变量嵌套的级别

二、球头立铣刀

球头立铣刀如图 7-12 所示，为模具行业常用刀具，其底部切削刃为圆弧切削刃，可以作径向和轴向进给。铣刀工作部分用高速钢或硬质合金制造。国家标准规定直径 d=4~63mm。小规格的球头立铣刀多制成整体结构，φ16mm 以上直径的，一般多制成机夹式可转位刀片结构。

图 7-12　球头铣刀

三、圆的数学计算

图形如图 7-13 所示。

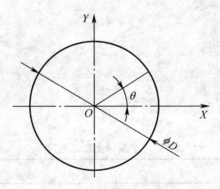

图 7-13　圆的方程

（1）圆标准方程　$X^2 + Y^2 = R^2$。
（2）圆参数方程　$X = R*\cos\theta$，$Y = R*\cos\theta$。

任务实施

一、工艺分析

工件坐标系原点（X0 Y0）定义在毛坯中心，其 Z0 定义在毛坯上表面。由于零件需加工 SR12mm 半圆球曲面，采用 φ8 硬质合金球头铣刀，主轴转速 S2800r/min，进给速度 F600mm/min。采用近似方法加工半圆球面，将半圆球面按角度分层，球头铣刀在每一层上进行圆弧插补加工，加工路线如图 7-14 所示。

二、零件加工程序

表 7-8 为半圆球面曲面加工程序。

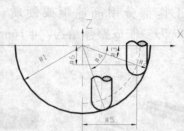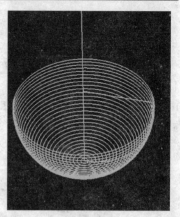

图 7-14　半圆球加工轨迹

调用格式：G65 P1001 Xx Yy Zz Aa Bb Cc Dd Ee Ff;

自变量说明：

X（#24）球心在 G54 中的 X 坐标。

Y（#25）球心在 G54 中的 Y 坐标。

Z（#26）球心在 G54 中的 Z 坐标。

A（#1）半圆球面的圆弧半径。

B（#2）球头铣刀半径。

C（#3）球面初始加工角度。

D（#7）球面终止加工角度。

E（#8）加工角度每次递增量。

F（#9）切削进给速度。

表 7-8　半圆球面加工程序

程序内容	说明
01000;	主程序名
G94 G97 G40;	设定编程环境
G0 G28 G91 Z0;	刀具返回 Z 轴机床参考点
G0 G90 G54 X0 Y0;	刀具快速定位至落刀点，
G43 Z100.0 H01 M03 S300;	刀具下降至安全平面 Z100mm 处
M08;	开切削液
G65 P1001 X0 Y0 Z-20. A12. B4. C0 D90 E3. F600;	非模态调用宏程序 O1001，指定自变量
G0 G90 Z100.;	刀具返回到安全平面 Z100mm 处
M05;	主轴停转
M30;	程序结束
O1001;	宏程序名

程序内容	说明
G52 X#24 Y#25 Z#26;	将局部坐标系建立在半圆球中心
G00 X0 Y0 Z2;	快速定位至球面中心上方 2mm 处
#12=#1-#2;	半圆球心与球头刀心连线的距离
WHILE [#3 LE #7] DO1;	如果#3≤#7，执行 DO 至 END 之间的程序段，如果不满足，执行 END 以后的程序段
#5=#12*COS[#3];	任意角度时当前层刀心 X 坐标值
#6=-#12*SIN[#3]-#2;	任意角度时当前层刀心 Z 坐标值
G01 X#5 F#9;	X 方向直线插补至起始点
Z#6;	Z 方向直线插补至起始点
G03 I-#5;	沿球面走整圆
#3=#3+#8	角度#3 每次递增#8
END1;	循环 1 结束
G00 Z10.;	快速抬刀至 10mm 处
G52 X0 Y0 Z0;	取消局部坐标系
M99;	宏程序结束，并返回主程序

三、加工注意事项

（1）此半圆球曲面零件粗加工时可改变自变量 A 值。

（2）如半圆球曲面表面粗糙度太差，可将每次递增角度减小。

任务四　固定循环宏程序的编写

任务分析

模板周边有 4 个 φ20mm 的导柱孔，利用前面章节学习的固定循环指令采用钻、扩、铰工序可以很方便地加工出来，本节编写一个类似于 G81 钻孔固定循环指令的宏程序来加工这四个孔，另外利用宏程序的调用功能编辑一个可以测量每把刀具的累积使用时间的宏程序，这样就可以很方便地对每把刀具的使用寿命进行对比。

知识链接

一、宏程序调用

1. 模态调用（G66、G67）

（1）功能：当指定 G66 后，则指定宏程序模态调用，即指定轴移动的程序段后调用宏程序。G67 为取消宏程序模态调用。

（2）格式：G66 P_ L_<自变量指定>；

P：要调用的程序号。

L：重复的次数（默认值为 1，取值范围为 1~9999）。

<自变量指定>：传递到宏程序的数据。与 G65 调用一样，通过使用自变量表，数值被分配给相应的局部变量，如图 7-15 所示。

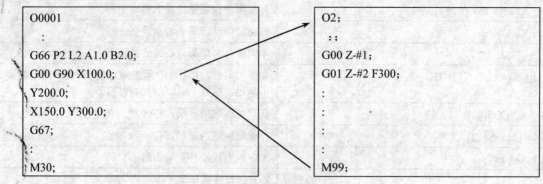

```
O0001
  :
G66 P2 L2 A1.0 B2.0;
G00 G90 X100.0;
Y200.0;
X150.0 Y300.0;
G67;
  :
M30;
```

```
O2;
  : ;
G00 Z-#1;
G01 Z-#2 F300;
  :
  :
  :
M99;
```

图 7-15　模态调用 G66

（3）注意事项。

1）最多可以嵌套含有非模态调用（G65）和模态调用（G66）的程序 4 级，不包括子程序调用（M98）。模态调用期间可重复嵌套 G66。

2）在 G66 程序段中，不能调用宏程序。

3）在自变量前一定要指定 G66。

4）在含有如 M 代码这样与轴移动无关的段中不能调用宏程序。

5）自变量只能在 G66 程序段设定，每次模态调用执行时不能设定。

2. G 代码调用宏程序

（1）功能：在参数中设置调用宏程序的 G 代码号，就可以像用 G65 一样调用相应的宏程序。参数与宏程序号之间的对应关系详见表 7-9。

表 7-9　FANUE 0i 系统参数与宏程序号之间的对应关系

程序号	参数号
O9010	6050
O9011	6051
O9012	6052
O9013	6053
O9014	6054
O9015	6055
O9016	6056
O9017	6057
O9018	6058
O9019	6059

（2）格式：G_ <自变量赋值>;

G：在参数 No.6050~ No.6059 中设定调用宏程序的 G 代码，G 值范围为 1~99999。

<自变量赋值>：传递到宏程序的数据，如图 7-16 所示：

（3）注意事项：在用 G 代码调用的程序中，不能再用 G 代码调用宏程序，在这样的程序

中 G 码被看作是普通 G 码，在用 M 代码和 T 代码调用的子程序中也一样。

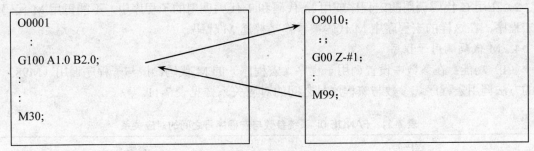

参数 No.6050=100

图 7-16 G 代码调用宏程序

3. M 代码调用宏程序

（1）功能：在参数中设定调用宏程序的 M 代码号，就可以像用 G65 一样调用相应的宏程序。参数与宏程序号之间的对应关系详见表 7-10。

表 7-10 FANUE 0i 系统参数与宏程序号之间的对应关系

程序号	参数号
O9020	6080
O9021	6081
O9022	6082
O9023	6083
O9024	6084
O9025	6085
O9026	6086
O9027	6087
O9028	6088
O9029	6089

（2）格式：M_ <自变量赋值>；

M：在参数 No.6080~ No.6089 中设定调用宏程序的 M 代码。

<自变量赋值>：传递到宏程序的数据，如图 7-17 所示。

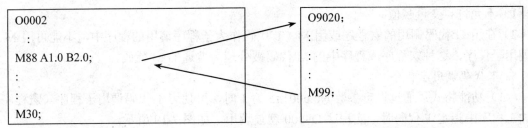

参数 No.6080=88

图 7-17 M 代码调用宏程序

（3）注意事项。

1）调用宏程序的 M 代码一定要在程序段的开始指定。

2）在用 G 代码调用的宏程序或用 M 代码和 T 代码调用的子程序中，不能再用 M 代码调用宏程序，在这样的宏程序中 M 代码被看作是普通 M 代码。

4. M 代码调用子程序

（1）功能：在参数中设置调用子程序（宏程序）的 M 代码，按与子程序调用（M98）相同的方法调用宏程序。参数与宏程序号之间的对应关系详见表 7-11。

表 7-11   FANUE 0i 系统参数与宏程序号之间的对应关系

程序号	参数号
O9001	6071
O9002	6072
O9003	6073
O9004	6074
O9005	6075
O9006	6076
O9007	6077
O9008	6078
O9009	6019

（2）格式：M_;

M：在参数 No.6071~ No.6079 中设定调用宏程序的 M 代码。如图 7-18 所示。

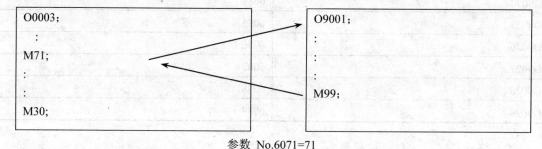

参数 No.6071=71

图 7-18   M 代码调用子程序

（3）注意事项。

1）不允许自变量赋值。

2）在用 G 代码调用的宏程序或用 M、T 代码作为子程序调用的程序中，不能再用 M 代码调用子程序，这种宏程序或程序中的 M 代码被处理为普通的 M 代码。

5. T 代码调用子程序

（1）功能格式：通过设定参数 No.6001#5 为 1 时，可使用 T 代码调用子程序（宏程序），在加工程序中指定 T 代码时，宏程序 O9000 就被调用，如图 7-19 所示。

（2）注意事项。

1）在加工程序中指定的 T 代码赋值到公共变量#149 中。

2）在用 G 代码调用的宏程序和用 M 代码或 T 代码调用的程序中，不能再用 T 代码调用子程序，在这样的程序中 T 代码被看作是普通 T 码。

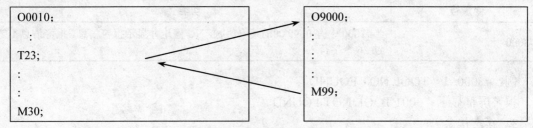

参数 No.6001 的#5 位 TCS=1

图 7-19 T 代码调用子程序

二、系统变量

在前面章节中讲到，#1000 以上的变量号为系统变量，系统变量能用来读写内部 CNC 数据，如刀具补偿值和当前位置数据等。然而，有些系统变量是只读变量。系统变量是自动化操作和通用加工程序开发的基础。表 7-12 为 FANUC 0i 系统变量一览表。

表 7-12 FANUC 0i 系统变量一览表

变量号	含义	变量号	含义
#1000～#1015，#1032	接口输入变量	#3005	设定数据
#1100～#1115，#1132，#1133	接口输出变量	#3011，#3902	日期
#2000～#2200	刀具补偿值	#3901，#3902	零件数
#2500～#2506	X 轴工件坐标系偏移值	#4001～#4120	模态信息
#2600～#2606	Y 轴工件坐标系偏移值	#5001~#5004	程序段终点坐标值（四轴）
#2700～#2706	Z 轴工件坐标系偏移值	#5021～#5026	机床坐标值（六轴）
#2800～#2806	4th 轴工件坐标系偏移值	#5041～#5046	工件坐标值（六轴）
#2900～#2906	5th 轴工件坐标系偏移值	#5061～#5064	跳跃信号位置（四轴）
#3000	报警	#5080～#5083	主轴刀具半径、长度补偿值
#3001，#3002	时针	#5101～#5104	伺服偏置值（四轴）
#3003，#3004	循环运行控制		

1. 刀具补偿值

使用这类系统变量可以读写刀具补偿值，如表 7-13 所示。

表 7-13 FANUC 0i 刀具补偿系统变量一览表

补偿号	刀具长度补偿值（H）		刀具半径补偿（D）	
	磨损补偿	几何补偿	磨损补偿	几何补偿
1	#10001（#2001）	#11001（#2201）	#12001	#13001
:	:	:	:	:
200	#10201（#2200）	#11201（#2400）	:	:
:	:	:	:	:
400	#10400	#11400	#12400	#13400

2. 宏报警

用于宏报警的系统变量如表 7-14 所示。

表 7-14　FANUC 0i 宏报警系统变量

变量号	功能
#3000	当#3000 中有 0~99 间的某一值时，NC 停止并显示报警信息。报警信息不超过 26 个字符

例：#3000=1（TOOL NOT FOUND）；

报警屏幕显示"3001 TOOL NOT FOUND。"

3. 模态信息

正在处理的程序段之前的模态信息可以从系统变量中读出，如表 7-15 所示。

表 7-15　FANUC 0i 模态信息系统变量

变量号	功能	
#4001	G00，G01，G02，G03，G33	（01 组）
#4002	G17，G18，G19	（02 组）
#4003	G90，G91	（03 组）
#4004		（04 组）
#4005	G94，G95	（05 组）
#4006	G20，G21	（06 组）
#4007	G40，G41，G42	（07 组）
#4008	G43，G44，G49	（08 组）
#4009	G73，G74，G76，G80~G89	（09 组）
#4010	G98，G99	（10 组）
#4011	G50，G51	（11 组）
#4012	G65，G66，G67	（12 组）
#4014	G54~G59	（14 组）
#4015	G61~G64	（15 组）
#4016	G68，G69	（16 组）
⋮	⋮	
#4022		（22 组）
#4102	B 码	
#4107	D 码	
#4109	F 码	
#4111	H 码	
#4113	M 码	
#4114	顺序号	
#4115	程序号	
#4119	S 码	
#4120	T 码	

注：（1）当执行#1=#4001 时，#1=0，1，2，3 或 33。

（2）系统变量#4001~#4120 不能用于运算指令左边的项。

（3）如果阅读模态信息指定的系统变量为不能用的 G 代码时，系统发出程序错误 P/S 报警。

4. 当前位置

位置信息变量不能写只能读，见表 7-16。

表 7-16　FANUC 0i 位置信息系统变量

变量号	位置信息	坐标系	刀具补偿值	移动期间的读操作
#5001~#5004	程序段终点	工件坐标系	不包括	可能
#5021~#5024	当前位置	机床坐标系	包括	无效
#5041~#5044	当前位置	工件坐标系		可能
#5061~#5064	跳段信号位置			
#5081~#5084	刀偏值			无效
#5101~#5104	偏差的伺服位置			

注：（1）1~4 分别代表轴号，数 1 代表 X 轴，数 2 代表 Y 轴，数 3 代表 Z 轴，数 4 代表第四轴。

（2）执行当前的刀偏值，而不是立即执行保存在变量#5081~#5088 里的值。

（3）在含有 G31（跳段）的程序段中发出跳段信号时，刀具的位置保存在变量#5061~#5068 里，如果不发出跳段信号，指定段的结束点位置保存在这些变量中。

（4）移动期间不能读取是由于缓冲（预读）功能的原因，不能读取目标指令值。

5. 工件坐标系补偿值（工件零点偏置值）

工件零点偏置值变量可以读写，见表 7-17。

表 7-17　FANUC 0i 工件零点偏移值系统变量

变量号	功能
#5201~#5204	第一轴外部工件零点偏置值~第四轴外部工件零点偏置值
#5221~#5224	第一轴 G54 工件零点偏置值~第四轴 G54 工件零点偏置值
#5241~#5244	第一轴 G55 工件零点偏置值~第四轴 G55 工件零点偏置值
#5261~#5264	第一轴 G56 工件零点偏置值~第四轴 G56 工件零点偏置值
#5281~#5284	第一轴 G57 工件零点偏置值~第四轴 G57 工件零点偏置值
#5301~#5304	第一轴 G58 工件零点偏置值~第四轴 G58 工件零点偏置值
#5321~#5324	第一轴 G59 工件零点偏置值~第四轴 G59 工件零点偏置值

任务实施

一、工艺分析

工序图如图 7-20 所示的零件，加工四个直径为 φ20mm 的通孔。利用宏程序编制类似于 G81 固定循环的宏程序，加工程序使用模态调用 G66 指令，固定循环基本动作路线如图 7-21 所示。

二、零件加工程序

1. 钻孔固定循环宏程序

调用格式：G66 P9110 Xx Yy Zz Rr Ff；

自变量说明：

X（#24）孔的 X 坐标。

Y（#25）孔的 Y 坐标。

Z（#26）孔深 Z 点坐标。

R（#18）R 点坐标。

F（#9）切削进给速度。

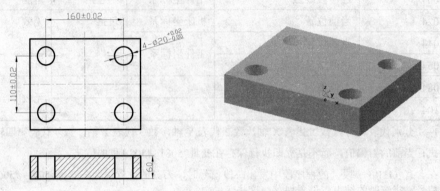

图 7-20　孔类零件

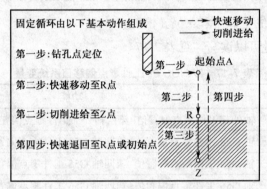

图 7-21　固定循环基本动作图

钻孔固定循环宏程序如表 7-18 所示。

表 7-18　钻孔固定循环宏程序

程序内容	说明
01000；	主程序名
G94 G97 G40；	设定编程环境
G0 G28 G91 Z0；	刀具返回 Z 轴机床参考点
G0 G90 G54 X0 Y0；	刀具快速定位至落刀点
G43 Z100.0 H01 M03 S300；	刀具下降至安全平面 Z100mm 处
M08；	开切削液
G66 P9110 Z-65.0 R2.0 F600；	启动模态调用
G90 X80.0 Y55.0 ；	第一个孔定位，并调用宏程序 O9110
X-80.0；	第二个孔定位，并调用宏程序 O9110
Y-55.0；	第三个孔定位，并调用宏程序 O9110
X80.0；	第四个孔定位，并调用宏程序 O9110

程序内容	说明
G67;	取消模态调用
M05;	主轴停转
M30;	程序结束
O9110;	宏程序名
#1=#4001;	存储 G00/G01
#2=#4003;	存储 G90/G91
#3=#4109;	存储切削进给速度
#5=#5003;	存储钻孔开始的 Z 坐标
G00 G90 Z#18;	快速定位至 R 点
G01 Z#26 F#9;	直线插补至 Z 点
IF[#4010 EQ 98] GOTO1;	如果#4010 等于 98,跳转至 N1,如果不等于,则顺序执行
G00 Z#18;	快速移动至 R 点
GOTO2;	跳转至 N2
N1 G00 Z#5;	快速移动至初始点
N2 G#1 G#3 F#4;	恢复模态信息
M99;	宏程序结束,并返回主程序

2. 用 M 代码调用子程序的功能,编写一宏程序,实现测量每把刀具的累积使用时间

（1）条件:测量 T01~T06 各把刀具的累积使用时间,当刀号大于 T06 的刀具不进行测量。设定公共变量#501~#506 用于存储刀具的使用时间,如表 7-19 所示。当指定 M03 时,开始计算使用时间,当指定 M05 时,停止计算。在循环启动灯亮期间,用系统变量#3002 测量该时间,进给暂停和单段停止期间,不计算时间,但要计算换刀时间和交换工作台的时间。表 7-20 为测量刀具累积使用时间宏程序。

表 7-19　公共变量对应刀号累积使用时间

#501	T01 的累积使用时间
#502	T02 的累积使用时间
#503	T03 的累积使用时间
#504	T04 的累积使用时间
#505	T05 的累积使用时间
#506	T06 的累积使用时间

（2）参数设置:将参数 No.6071 中设置为 03,将参数 No.6072 中设置为 05。

（3）变量值设置:将公共变量#501~#506 设置为 0。

（4）测量刀具累积使用时间的程序,如表 7-20 所示。

表 7-20　测量刀具累积使用时间程序

程序内容	说明
00001；	主程序名
T01 M06；	自动换刀，调用 01 号刀具
M03；	用 M 代码调用子程序 O9001
……	
M05；	用 M 代码调用子程序 O9002
T02 M06；	自动换刀，调用 02 号刀具
M03；	用 M 代码调用子程序 O9001
……	
M05；	用 M 代码调用子程序 O9002
T03 M06；	自动换刀，调用 03 号刀具
M03；	用 M 代码调用子程序 O9001
……	
M05；	用 M 代码调用子程序 O9002
T04 M06；	自动换刀，调用 04 号刀具
M03；	用 M 代码调用子程序 O9001
……	
M05；	用 M 代码调用子程序 O9002
T05 M06；	自动换刀，调用 05 号刀具
M03；	用 M 代码调用子程序 O9001
……	
M05；	用 M 代码调用子程序 O9002
T06 M06；	自动换刀，调用 06 号刀具
M03；	用 M 代码调用子程序 O9001
……	
M05；	用 M 代码调用子程序 O9002
M30	程序结束
O9001；　（M03）	宏程序名（启动累积计算时间的宏程序）
IF[#4120 EQ 0] GOTO9；	如没有指定刀具号，跳转到 N9
IF[#4120 GT 6] GOTO9；	如指定刀具号大于 6，跳转到 N9
#3002=0；	计时器清 0
N9 M03；	主轴正转
M99；	子程序结束
O9002；　（M05）	宏程序名（结束累积计算时间的宏程序）
IF[#4120 EQ 0] GOTO9；	如没有指定刀具号，跳转到 N9
IF[#4120 GT 6] GOTO9；	如指定刀具号大于 6，跳转到 N9
#[500+#4120]=#3002+#[500+#4120]；	计算累积时间
N9 M05；	停止主轴
M99；	子程序结束

注：#4120 表示 T 值。

三、机床系统参数的修改

在使用 G 代码和 M 代码调用宏程序或子程序时，需要在系统参数内输入相应的 G 代码或 M 代码，系统参数的修改步骤如下：

（1）选择 MDI 模式选择键，进入手动资料输入模式。

（2）选择 OFFSET 功能选择键，进入刀具补偿参数输入画面，然后按 SETTING 软体菜单键，显示 SETTING 画面的第一页，如图 7-22 所示。

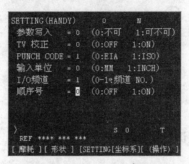

图 7-22　SETTING 显示画面

（3）将光标移至"参数写入"处，输入"1"，按 INPUT 键，使"参数写入=1"，这样参数处于可写入状态，同时发生 P/S 报警 100（允许参数写入）。

（4）选择 SYSTEM 功能选择键，按 PARAM 软件菜单键，显示参数画面，用键盘输入需要修改的参数号，按"No.搜索"，寻找需要修改的参数号，光标同时处于指定参数位置。

（5）输入数据，然后按 INPUT 输入键，输入的数据被设定到光标指定的参数中。

（6）参数设定完毕后，需将设定画面的"参数写入="设定为 0，"0"为禁止参数写入。

（7）按复位键，解除 P/S 报警 100。

思考与练习

1．变量有哪些种类？各变量的功能是什么？

2．写出常用转移与循环语句的功能及其表达式。

3．什么是宏程序？宏程序的主要作用是什么？

4．应用宏程序编程方法加工如图 7-23 所示的锥台。

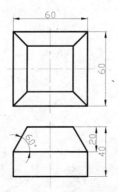
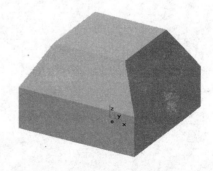

图 7-23　锥台加工

5．编制一个加工圆周上均匀分布的孔类零件的宏程序（如图 7-24 所示）。

圆周的半径为 I，起始角度为 A，间隔角度为 B，钻孔数为 H，圆的中心是（X，Y）。

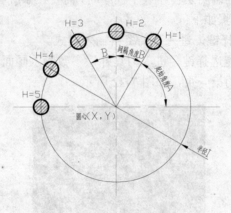

图 7-24　圆周分布孔类零件的加工

模块八　配合类零件的加工

能力目标：

- 配合类零件的加工工艺
- 特殊材料的铣削加工方法
- C、R 倒角到圆弧命令的使用
- 插补原理

相关知识：

- 塞尺的使用
- 配合公差的实际应用

任务描述

如图 8-1 所示为某厂一配合型腔零件，材料为 40Gr 钢，型腔为月形槽和凸台配合以及两 H7 小孔做定位销检测，中心由 Φ30mm 大孔组成。此零件要求加工完成以后四边做去除毛刺工作，使零件配合导向更好。配合类零件在加工中要特别注意倒圆和倒角的问题，如果处理不当，两配合零件是不可能完成配合的。再者该零件材料为 40Gr 钢，为特殊钢，解决配合类零件在加工过程中可能会遇到的困难是这个模块的主要任务。

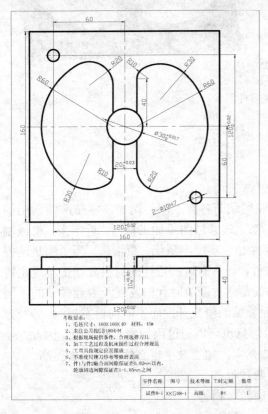

件 1

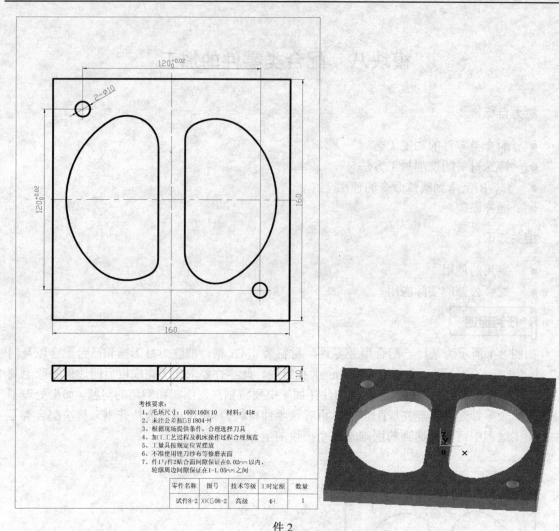

考核要求：
1、毛坯尺寸：160×160×10 材料：45#
2、未注公差按GB 1804-M
3、根据现场提供条件，合理选择刀具
4、加工工艺过程及机床操作过程合理规范
5、工量具按规定位置摆放
6、不准使用锉刀纱布等修磨表面
7、件1与件2贴合面间隙保证在0.02mm以内，
轮廓周边间隙保证在1~1.05mm之间

零件名称	图号	技术等级	工时定额	数量
试件8-2	XKG08-2	高级	4H	1

件 2

图 8-1 配合类零件图

知识链接

一、特殊材料零件的铣削加工方法

难加工材料的界定及具体品种，随时代及专业领域而各有不同，例如，宇航产业常用的超耐热合金、钛合金及含有碳纤维的复合材料等，都是该领域的难加工材料。近年来，机械制品多功能、高功能化的发展势头十分强劲，要求零件必须实现小型化、微细化。为了满足这些要求，所用材料必须具有高硬度、高韧性和高耐磨性，而具有这些特性的材料其加工难度也特别大，因此又出现了新的难加工材料。难加工材料就是这样随着时代的发展及专业领域的不同而出现的，其特有的加工技术也随着时代及各专业领域的研究开发而不断向前发展。 另一方面，随着信息化社会的到来，难加工材料切削技术信息也可以通过因特网互相交流，因此，今后有关难加工材料切削加工的数据等信息将会更加充实，加工效率也必然会进一步提高。

1. 在切削加工中，通常出现的刀具磨损包括两种形态
（1）由于机械作用而出现的磨损，如崩刃或磨粒磨损等。

（2）由于热及化学作用而出现的磨损，如粘结、扩散、腐蚀等磨损，以及由切削刃软化、溶融而产生的破断、热疲劳、热龟裂等。

切削难加工材料时，在很短时间内即出现上述刀具磨损，这是由于被加工材料中存在较多促使刀具磨损的因素。例如，多数难加工材料均具有热传导率较低的特点，切削时产生的热量很难扩散，致使刀具刃尖温度很高，切削刃受热影响极为明显。这种影响的结果会使刀具材料中的粘结剂在高温下粘结强度下降，WC（碳化钨）等粒子易于分离出去，从而加速了刀具磨损。另外，难加工材料中的成分和刀具材料中的某些成分在切削高温条件下产生反应，出现成分析出、脱落，或生成其他化合物，这将加速形成崩刃等刀具磨损现象。　在切削高硬度、高韧性被加工材料时，切削刃的温度很高，也会出现与切削难加工材料时类似的刀具磨损。如切削高硬度钢时，与切削一般钢材相比，切削力更大，刀具刚性不足将会引起崩刃等现象，使刀具寿命不稳定，而且会缩短刀具寿命，尤其是加工生成短切屑的工件材料时，会在切削刃附近产生月牙洼磨损，往往在短时间内即出现刀具破损。　在切削超耐热合金时，由于材料的高温硬度很高，切削时的应力大量集中在刃尖处，这将导致切削刃产生塑性变形；同时，由于加工硬化而引起的边界磨损也比较严重。

2．难加工材料的铣削特点

（1）难加工材料的热导率大多比较低，热强度高，故铣削温度较高。

（2）切削变形系数大，变形硬化程度严重。

（3）材料的强度和热强度一般都较大，故铣削力大。

（4）铣刀磨损快，使用寿命降低。

由于这些特点，要求在切削难加工材料时，必须慎重选择刀具品种和切削条件，以获得理想的加工效果。在切削难加工材料时，切削刃受热影响较大，常常会降低刀具寿命，切削方式如为铣削，则刀具寿命会相对长一些。但难加工材料不能自始至终全部采用铣削加工，中间总会有需要进行车削或钻削加工的时候，因此，应针对不同切削方式，采取相应的技术措施，提高加工效率。切削难加工材料用的刀具材料 CBN 的高温硬度是现有刀具材料中最高的，最适用于难加工材料的切削加工。新型涂层硬质合金是以超细晶粒合金作基体，选用高温硬度良好的涂层材料加以涂层处理，这种材料具有优异的耐磨性，也是可用于难加工材料切削的优良刀具材料之一。难加工材料中的钛、钛合金由于化学活性高，热传导率低，可选用金刚石刀具进行切削加工。CBN 烧结体刀具适用于高硬度钢及铸铁等材料的切削加工，CBN 成分含量越高，刀具寿命也越长，切削用量也可相应提高。金刚石烧结体刀具适用于铝合金、纯铜等材料的切削加工。金刚石刀具刃口锋利，热传导率高，刃尖滞留的热量较少，可将积屑瘤等粘附物的发生控制在最低限度之内。在切削纯钛和钛合金时，选用单晶金刚石刀具切削比较稳定，可延长刀具寿命。　涂层硬质合金刀具几乎适用于各种难加工材料的切削加工，但涂层的性能（单一涂层和复合涂层）差异很大，因此，应根据不同的加工对象，选用适宜的涂层刀具材料。

3．切削难加工材料的刀具形状

在切削难加工材料时，刀具形状的最佳化可充分发挥刀具材料的性能。选择与难加工材料特点相适应的前角、后角、切入角等刀具几何形状，及对刃尖进行适当处理，对提高切削精度和延长刀具寿命有很大的影响，因此，在刀具形状方面决不能掉以轻心。但是，随着高速铣削技术的推广应用，近来已逐渐采用小切深以减轻刀齿负荷，采用逆铣并提高进给速度，因此，对切削刃形状的设计思路也有所改变。　对难加工材料进行钻削加工时，增大钻尖角，进行十字形修磨，是降低扭矩和切削热的有效途径，它可将切削与切削面的接触面积控制在最小范围之内，这对延长刀具寿命和提高切削条件十分有利。钻头在钻孔加工时，切削热极易滞留在切削刃附近，而且排屑也很困难，在切削难加工材料时，这些问题更为突出，必须给以足够的关注。为了便于排屑，通常在钻头切削刃后侧设有冷却液喷出口，可供给充足的水溶性冷却液或雾状冷却剂等，使排屑变得更为顺畅，这种方式对切削刃的冷却效果也很理想。

4. 难加工材料的切削条件

难加工材料的切削条件历来都设定得比较低，随着刀具性能的提高，高速高精度 CNC 机床的出现，以及高速铣削方式的引进等，目前，难加工材料的切削已进入高速加工、刀具长寿命化的时期。用球头立铣刀对难加工材料进行粗加工时，工具形状和夹具应很好配合，这样可提高刀具切削部分的振摆精度和夹持刚性，以便在高速回转条件下，保证将每齿进给量提高到最大限度，同时也可延长工具寿命。

如前所述，难加工材料的最佳切削方法是不断发展的，新的难加工材料不断出现，对新材料的加工总是不断困扰着工程技术人员。最近，新型加工中心、切削工具、夹具及 CNC 切削等技术发展非常迅速。难加工材料零件的加工将采取 CAD/CAM、CNC 切削加工等计算机控制的生产方式，难加工材料切削加工中，适用的刀具、夹具、工序安排、工具轨迹的确定等有关切削条件的数据，均应作为基础数据加以积累，使零件生产方式沿着以 IT 化为基础的方向发展，这样，难加工材料的切削加工技术才能较快地步入一个新的阶段。

如 40Gr 作为低合金钢，可以用于制造形状不太复杂的中小型塑料注射模具。40Gr 钢还可以进行淬火、调质处理，制作型芯、推杆等零件。但 40Gr 钢在加工中存在断屑难的问题，易出现"缠刀"和"打刀"的问题，这样可以通过改变加工刀具几何角度的方法来解决这一问题。

二、配合类零件加工工艺

配合类零件实际是具有一定的尺寸关系，相互之间形状相同的一类零件，如孔与轴的配合、机器上各个零部件之间的组合形式都属于配合。

配合类零件加工中的注意事项：

1. 配合类零件加工中的尺寸、形状处理

根据零件图中标注的尺寸、配合公差等选择加工零件的尺寸大小。一般来讲，将凸件或容易保证尺寸的零件部位加工到公差的一个极限尺寸，而将与之配合的另一尺寸在实际操作中与凸件进行配做，既可保证其尺寸的合格性又可保证其配合公差。

这样在加工配合类零件时，应先加工凸件，保证其尺寸后，再加工凹件与凸件配做完成。

由于配合类零件大部分凸、凹两件形状相同，只有尺寸有略微差异，可以利用子程序、刀具半径补偿等指令简化编程，减少编程时间及程序所占内存（灵活掌握）。

配合类零件在设计时必须考虑配合工艺，如倒角、圆角、过渡面等，在加工时首先要考虑到哪些地方需要倒角、倒圆，具体分析过图纸之后再进行加工，如图 8-2 和图 8-3 所示。

2. 配合类零件加工中的变形处理

配合类零件加工时由于零件的材料不同，热膨胀系数不同，在加工过程中要通过查表等确定该零件的伸缩系数，然后考虑需要加工的尺寸要加工到什么样的位置，防止零件在线测量与离线测量尺寸差异太大，而造成废件，增加生产成本。

配合零件加工中要进行配做，需要配做的零件要在线检测，则要防止零件因夹紧力的变化而造成零件卸下后的配合误差。

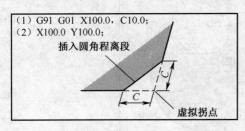

图 8-2 倒角

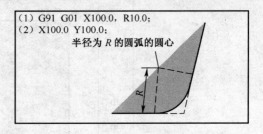

图 8-3 拐角圆弧过渡

三、任意角度倒角/拐角圆弧

1. 倒角和拐角圆弧过渡程序段可以自动地插入下面的程序段之间
- 在直线插补和直线插补程序段之间。
- 在直线插补和圆弧插补程序段之间。
- 在圆弧插补和直线插补程序段之间。
- 在圆弧插补和圆弧插补程序段之间。

2. 指令格式

，C_ 倒角

，R_ 拐角圆弧过渡

3. 说明

（1）上面的指令加在直线插补（G01）或圆弧插补（G02 或 G03）程序段的末尾时，加工中自动在拐角处加上倒角或过渡圆弧。

（2）倒角和拐角圆弧过渡的程序段可以连续指定。

4. 倒角

在 C 之后，指定从虚拟拐点到拐角起点和终点的距离。虚拟拐点是假定不执行倒角的话，实际存在的拐角点。

（1）拐角圆弧过渡。在 R 之后，指定拐角圆弧的半径。

例（见图 8-4）：

```
N001 G54 G90 X0 Y0;
N002 G00 X10.0 Y10.0;
N003 G01 X50.0 F100，C5.0;
N004 Y25.0，R8.0;
N005 G03 X80.0 Y50.0 R30.0，R8.0;
N006 G01 X50.0，R8.0;
N007 Y70.0，C5.0;
N008 X10.0，C5.0;
N009 Y10.0;
N010 G00 X0 Y0;
N011 M05;
N011 M30;
```

（2）注意事项。

1）平面选择。倒角和拐角圆弧过渡只能在（G17，G18 或 G19）指定的平面内执行。平行轴不能执行这些功能。

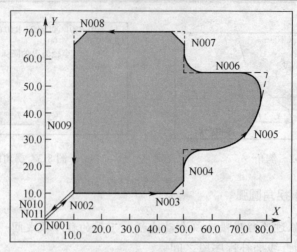

图 8-4 拐角圆弧过渡

2）下一个程序段。指定倒角或拐角圆弧过渡的程序段必须跟随一个用直线插补（G01）或圆弧插补（G02 或 G03）指令的程序段。如果下一个程序段不包含这些指令，出现 P/S 报警 No.052。

3）平面切换。只能在同一平面内执行的移动指令才能插入倒角或拐角圆弧过渡程序段。在平面切换之后（G17，G18 或 G19 被指定）的程序段中，不能指定倒角或圆角圆弧过渡。

4）超过运动范围。如果插入的倒角或圆弧过渡的程序段引起刀具超过原插补移动的范围，发出 P/S 报警 No.055。

5）坐标系。在坐标系变动（G92 或 G52 到 G59）或执行返回参考点（G28 到 G30）之后的程序段中，不能指定倒角或拐角圆弧过渡。

6）移动距离为 0。当执行两个直线插补程序段时，如果两个直线之间的角度是 ±1° 以内，那么，倒角或拐角圆弧过渡程序段被当作一个移动距离为 0 的移动。当执行直线插补和圆弧插补程序段时，如果直线和在交点处的圆弧的切线之间的夹角是在 ±1° 以内，那么，拐角圆弧过渡程序段被当作移动距离为 0 的移动。当执行两个圆弧插补程序段时，如果在交点处的圆弧切线之间的角度是在 ±1° 以内，那么，拐角圆弧过渡程序段被当作移动距离为 0 的移动。

7）不可用的 G 代码。下面的 G 代码不能用在指定倒角和拐角圆弧过渡的程序段中。它们也不能用在决定一个连续图形的倒角和拐角圆弧过渡的程序段之间。

● 00 组 G 代码（除了 G04 以外）
● 16 组的 G68

8））螺纹加工。拐角圆弧过渡不能在螺纹加工程序段中指定。

9）DNC 操作。DNC 运行不能使用任意角度倒角和拐角圆弧过渡。

四、插补原理

1. 脉冲当量

（1）脉冲与脉冲电路。

1）脉冲的概念。数控离不开计算机，计算机离不开"脉冲"。严格地讲，任何一种机床的数控系统，实质上都是一个复杂的脉冲系统。从广义上看，脉冲具有间断的、突然变化的特征，它含有"脉冲"和"冲击"的意思。例如，锻造、手摇铃及无线电发报等过程都具有脉冲现象。在脉冲技术中，脉冲电流、脉冲电压、脉冲信号（波形）等被称为脉冲。

2）脉冲电路。脉冲电路是近代电子技术中极其重要的组成部分之一，它是数控技术的基础。所有对脉冲信号进行"处理"的电路通称为脉冲电路。所谓处理，主要指脉冲信号的产生、变换、传输、放大、整形、记忆、计数、寄存、运算、译码、识别及显示等。

（2）脉冲当量。脉冲当量是机床数控的一个参数。数控系统工作时，必须先将某一坐标方向上需要的位移转换为脉冲数，并置于计数器内，然后启动由主控制器控制的脉冲发生器并输出脉冲，驱动伺服电动机运动；另一方面，置于计数器内的脉冲数同时在计数器内做减法，当原置入的脉冲数减至零时，脉冲输出立即停止，该坐标方向上的位移也相应停止。这就是说，该系统每发出一个进给脉冲，机床机构就产生一个相对的位移量，一个脉冲所对应的位移量称为脉当量。

数控系统一般规定各轴的脉冲当量为 0.001mm，另外，对于机床的旋转坐标轴，因其位移为角位移，故其脉冲当量的单位为"°"，如 0.001°等。

2. 插补的概念

（1）插补运动的产生。在普通机床上加工较复杂轮廓的零件时，刀具的运动轨迹主要是靠操作者凭借经验及技巧进行控制的。但在数控机床上能自动加工出各种复杂轮廓的零件来。各种数控机床加工复杂轮廓的零件时，需要将两个或两个以上的进给轴的直线运动合成，以实现所需要轮廓的运动轨迹。在数控技术中，这种合成的复杂运动称为插补运动。数控装置为了完成机床所需插补运动而进行的一系列运算，称为插补运算；在其插补运动过程中，每一个单位脉冲即每一步所达到的终点称为插补点。

（2）插补运动轨迹分析。

例 1 设数控系统规定 X 和 Z 坐标轴方向的脉冲当量均为 0.01mm，如最小设定单位为一个脉冲，现分析图 8-5 中从 A 点到 B 点的插补运动轨迹。

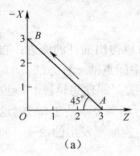
（a）

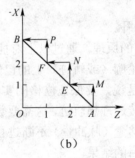
（b）

图 8-5 插补运算轨迹分析

根据图样要求，当从 A 点沿负 X 方向位移一个脉冲后，在负 Z 方向也要位移一个脉冲，其后以此运动下去到达 B 点，才能满足直线的斜率要求。

因为 A 到 B 点的轨迹是由 X 和 Z 两个坐标方向唯一合成的，所以，实际运动轨迹（A→M→E→N→F→-P→B）不可能与其理想轨迹（即直线 AB）完全相同，而是由一些折线段形成。显然，进给的最小设定单位越小，实际运动轨迹越接近理想运动轨迹。

例 2 设数控系统规定 X 和 Y 坐标方向的脉冲当量均为 0.01mm，如最小设定单位为一个脉冲，分析图 8-6 中从 O 点到 M 点的插补运动轨迹。

当从 O 点沿正 X 方向移一个脉冲时，正 Y 方向应按其斜率要求移动 0.577 个脉冲，实际轨迹点可落到理想轨迹（即直线 OM）上。但 Y 方向的位移量不能仅仅位移 0.577 个脉冲，故实际轨迹点落在了 A 点。

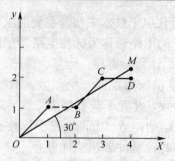

图 8-6　插补运动轨迹分析

当正 X 方向再继续位移一个脉冲，即在正 X 方向位移了两个脉冲时，正 Y 方向按斜率要求则应位移 1.154 个脉冲，由于 Y 方向的最小位移单位为一个脉冲，故这时应使 Y 方向不发生位移，插补点 B 才最接近理想轨迹 OM。

依次运动下去，即可达到终点。实际终点 D 与理想终点 M 间将存在极小的误差。

通过上述分析，可以得出以下结论：

1）插补运动轨迹始终不可能与其理想轨迹完全相同，插补点一般也不会落到理想轨迹上。

2）当进给运动的轨迹不与坐标平行时，则经数控系统插补后的实际轨均由很多折线组成，七折线段交点（即插点）一般不能与理想轨迹重合，每一个交点的位置将由数控系统确定并控制。

3）因为数控系统所进行的插补运算是最小设定单位（一般为一个脉冲）为插补单位的，所以在完工零件的轮廓上，看不出实际插补轨迹的折线形状。实际终点与理想终点的误差一般不大于半个脉冲。

4）数控系统规定的脉冲当量越小，插补运动的实际轨迹就越接近理想轨迹，加工精度也就越高。

（3）插补。

1）插补的原理。通过以上对插补运动的一些分析，可以得出插补的概念：根据给定的信息，在理想轮廓（或轨迹）上的已知两点之间，确定一些中间点的一种方法。

这也就是说，要保证位移的实际轨迹尽量与给定的轮廓（即理想轨迹）一致，中间点的位置就应越接近理想轨迹，这需要数控系统中的计算机进行相当复杂的工作，对这个坐标方向上的动态位移量（脉冲量）不断进行精确的计算，然后按主控制器发出的命令，向输出路线送出插补计算后的结果。

通过插补计算的结果，对各进给坐标所需要的脉冲的个数、频率、及方向进行分配，以实现进给轨迹控制，这就是插补原理。

插补原理是数控技术中的基本原理之一，它广泛应用在除点位控制机床以外的各种机床数控装置中。掌握插补原理，对指导实践具有重要的意义。

2）插补的类型。插补的类型由其给定的信息的类型决定，当给定信息为一次函数时，计算机所进行的插补类型为直线插补；当给定信息为二次函数时，根据二次曲线的不同类型，有圆弧、抛物线、椭圆、渐开线及螺旋线等插补类型。它们都可以通过计算机用软件方法实现。

3．逐点比较法

应用插补原理的方法有很多种，如逐点比较法、数值积分法及单步追踪法等。在对平面曲线进行插补的各种方法中，最常用的就是逐点比较法。采用这种方法进行插补的优点是运算直观，插补误差小于一个脉冲当量，输入脉冲的速度变化小，调节方便、简单易行。

（1）逐点比较法的工作节拍。逐点比较法是一种边判别边逼近的方法，故又称为逼近法或区域判别法。在逐点比较法的应用中，插补点在主运动坐标轴方向每进给一步，都必须经过如图 8-7 所示的四个工作节拍。

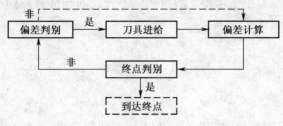

图 8-7　四个工作节拍

1）偏差判别。在刀具进给的过程中，因为刀尖（刀位点）位移的实际轨迹点一般不会落到理想轨迹上，所以，通过偏差判别（由计算机按其轨迹方程分析动点位置）后，即可知道加工点是否偏离了理想轨迹，以及偏离的情况如何。对于圆弧插补，其动点位置相对于理想轨迹圆的情况有落到圆内、落到圆外和落到圆上三种情况。这一节拍非常重要，因为通过这一节拍进行准确判别后，将决定其下一步该向哪个方向进给。

2）刀具进给。根据偏差判别的结果，即可控制刀具向靠近其理想轨迹的方向进给一步，这一步既可以是主运动坐标轴方向的，也可以是从运动坐标轴方向的（通过计算机分析和确定），也可以两者同时进给。

3）偏差计算并判别。当刀具在其偏差判别节拍之后进给一步，从而到达一个新插补点位置时，这个新的插补点是否在其理想轨迹上或是否距离理想轨迹小于一个脉冲，则需要进行计算并判别。如果不是，则需要确定其偏离的位置及方向，以便继续进行插补工作。

4）终点判别。在插补过程中，每位移一步，就判别一次该插补点是否到达终点。当经过偏差判别之后已确定插补点尚未到达终点时，计算机就自动重复进行前述三个工作节拍，这样一直循环下去，直到被确认到达终点，数控装置就会向伺服系统发出停止进给的命令，该加工程序段的插补过程也就结束了。

（2）直线插补的过程分析。

已知插补要求如图 8-6 所示，试按逐点比较法分析图中直线的插补过程。

当第一个主运动脉冲从正 X 方向位移一步时，从运动脉冲是否向着正 Y 方向位移以及位移量为多少，这在主运动坐标轴执行之前，已由计算机内的运算器处理好了。即按理想轨迹直线 OM 的斜率计算出 X 方向位移一步，Y 方向相应位移 0.577 步，而 0.577 步不能实现。当沿 Y 方向位移一步即在 A 点时，插补点与理想轨迹点的距离（Y 方向上）为 0.423 步，故 Y 方向应该继续位移，其位移在正 Y 方向上大于 0.577 步，为一个脉冲。

第一步位移进行后，经过偏差计算，知道其插补点 A 位于直线 OM 的上方，故 Y 坐标轴在下一步位移中不能继续沿其正向运动，也不能沿负向运动（1-0.423=0.577 步，即运动后偏离增大）。而应暂停 Y 坐标轴运动，并沿 X 坐标轴正方向位移一步，以向理想轨迹靠拢。执行刀具进给，其主运动在正 X 方向走完一步，使插补点到达 B 点位置。

第三步的插补点在什么位置以及是否到达终点，都将由偏差计算这一工作节拍予以确定。经高速计算分析后，确认这一步的插补点未到达终点及下一个插补点 C 的偏离位置相似于 A 点，然后将通过终点判别并把上述偏差计算和分析的结果移至偏差判别环节，以执行正 Y 和正 X 方向各进给一个脉冲的第三步位移。

最后一步插补（C 点到达 D 点）执行前，经终点判别其主运动将到达终点，数控装置会自动向伺服系统发出插补点到达 D 点后停止进给的命令。

这时，D 点与 M 点在 X 坐标轴方向上的位移已经相同，而在 Y 坐标轴方向上则相差 0.31 个脉冲。因为这一插补误差小于半步，故将忽略不计，即当插补点到达 D 点时，可认为实际加工终点到达 M 点。

任务实施

一、件 1 工艺分析

（1）装夹方法：采用平口钳装夹，底面用标准垫块支承，支承位置不要与工件三个孔的加工发生干涉，零件上表面露出钳口适当位置，保证加工过程不干涉钳口。

（2）零点位置：设定在工件上表面中心位置。

（3）对刀方法：左右表面可对 X 轴，前后表面对 Y 轴，上表面对 Z 轴。

（4）刀具选择：ϕ16 立铣刀、ϕ9.7 钻头、ϕ28.8 钻头、ϕ10H7 铰刀、ϕ30 镗刀。

（5）编程思路：以一个凸轮台的加工程序作为子程序；通过调整刀具半径补偿值，先粗铣后精铣，但是刀补值不能过大，即余量不能留得过大，加工过程考虑顺逆铣的影响，否则伤及另一凸台；利用坐标系旋转、子程序等编程功能，改变程序的起刀点、退刀点和刀补值进行凸凹件的加工；由于凸凹件的配合间隙要求很高，所以钻孔时采用同方向定位。中间大孔必须先钻制粗加工，如果后钻制，中间沟槽已加工出，给钻孔带来困难。

二、件 2 工艺分析

（1）装夹方法：采用平口钳装夹，底面用标准垫块支承，支承位置不要与工件两个孔及配合凹轮廓位置的加工发生干涉；夹紧力不要过大，以免工件变形。

（2）零点位置：设定在工件上表面中心。

（3）对刀方法：左右表面可对 X 轴，前后表面对 Y 轴，上表面对 Z 轴。

（4）刀具选择：ϕ16 立铣刀、ϕ9.7 钻头、ϕ10H7 铰刀、ϕ28.8 钻头。

（5）编程思路：采用预钻孔的下刀方式，注意下刀点位置，避免碰伤零件轮廓，通过调整刀具半径补偿值，先粗铣后精铣，由于凸凹件的配合间隙要求很高，所以钻孔时采用同方向定位原则；利用坐标系旋转、子程序等编程功能，改变子程序的起刀点、退刀点和刀补值进行凸凹模的加工。

三、切削用量及参数（见表 8-1 和表 8-2）

表 8-1　件 1 数控加工工艺卡

工序号	工序内容	刀具号	刀具名称	刀具规格（mm）	主轴转速 n/（r/min）	进给速度 F/（mm/min）	刀补地址		备注
							长度	半径	
1	钻孔	T01	钻头	ϕ28.8	350	50~75			
2	镗孔	T02	镗刀	ϕ30	150	35~50			
3	铣月型凸台	T03	立铣刀	ϕ16	1000	200~300		D01	
4	钻孔	T04	钻头	ϕ9.7	500	70~100			
6	铰孔	T05	铰刀	ϕ10H7	200	20~40			

表 8-2 件 2 数控加工工艺卡

工序号	工序内容	刀具号	刀具名称	刀具规格（mm）	主轴转速 / (r/min)	进给速度 F/ (mm/min)	刀补地址 长度	刀补地址 半径	备注
1	钻孔	T04	钻头	Φ9.7	700	50			
2	铰孔	T05	铰刀	Φ10H7	200	40			
3	钻工艺孔	T01	钻头	Φ28.8	350	50			
4	铣月型凹孔	T03	立铣刀	Φ16	1000	200		D01	

四、参考程序（见表 8-3 和表 8-4）

表 8-3 件 1 数控程序（FANUC 0i）

O0001；	件 1 主轮廓程序
G54 G90 G69 S1000；	选择 G54 坐标系，使用绝对值编程，取消坐标系旋转功能，主轴正转，转速 1000r/min
M98 P0002；	调用 O0002 号子程序一次
G68 X0 Y0 R180.0；	以坐标系原点为中心将程序旋转 180°
M98 P0002；	调用 O0002 号子程序一次
G69；	取消坐标系旋转功能
G28 G91 Y0；	使机床的 Y 轴返回到参考点（便于测量）
M05；	主轴停止
M30；	程序停止，光标返回程序头
O0002；	
G00 X-100.0 Y-100.0；	快速定位到工件的外侧
G00 Z10.0；	Z 轴定位
G01 Z-10.0 F200；	Z 轴以 200mm/min 的速度工进到指定深度
G41 G01 X-70.0 D01；	建立刀具半径补偿
Y0；	切线切入工件
M98 P0003；	调用 O0003 号子程序一次
Y60.0；	切线切出工件
G00 Z50.0；	Z 轴快速抬刀
G40 G00 X0；	取消刀具半径补偿
M99；	结束子程序，返回主程序
O0003；	
G02 X-10.0 Y60.0 R60.0，R20.0；	圆弧加工至尖点，在尖点处做 R20 的圆角
G01 Y-60.0 ，R20.0；	直线加工至尖点，在尖点处做 R20 的圆角
G02 X-70.0 Y0 R60.0；	圆弧加工

M99;	结束子程序，返回主程序
O0004;	2×φ10 和 φ30 孔的钻孔加工
G54　G90　M03　S300;	
G00　X-60.0　Y60.0;	快速定位
Z30.0;	初始平面高度
G98　G81　X-60.0　Y60.0　Z-45.0　R5.0　F70;	钻孔
X0　Y0;	
X60.0　Y-60.0;	
G80　Z50.0;	
G28　G91　Y0;	
M05;	
M30;	
O0005;	φ30 孔的粗精加工
G54　G90　M03　S800;	
G00　X-100.0　Y-100.0;	
Z10.0;	
G41　G01　X14.0　D01　F200;	
Y0;	
M98　P140006;	调用 O0006 号子程序 14 次
G90　G03　X0　YO　R7.0;	
G03　X15.0　Y0　R7.5;	孔的精加工
G03　I-15.0;	
G03　X0　Y0　R7.5;	
G00　Z50.0;	
G40　Y60.0;	
G28　G91　Y0;	
M05;	
M30;	
O0006;	
G91　G03　I-14.0　Z-3.0;	螺旋下刀
M99;	

表 8-4　件 2 数控程序（FANUC 0i）

O0010；	
G54　G90　M03　S300；	
G00　X-60.0　Y60.0；	
Z30.0；	
G98　G81　X-60.0　Y60.0　Z-45.0　R5.0　F70；	
X60.0　Y-60.0；	取消坐标系旋转功能
X-20.0　Y0；	使机床的 Y 轴返回到参考点（便于测量）
X20.0　YO；	主轴停止
G80　Z50.0；	程序停止，光标返回程序头
G28　G91　Y0；	
M05；	
M30；	
O00011；	
G54　G90　G69　M03　S1000；	
M98　P0012；	
G68　X0　Y0　R180.0；	
M98　P0012；	
G69；	取消坐标系旋转功能
G28　G91　Y0；	使机床的 Y 轴返回到参考点（便于测量）
M05；	主轴停止
M30；	程序停止，光标返回程序头
O0012；	
G00　X-100.0　Y-100.0；	
Z10.0；	
G41　G01　X-30.0　D01　F200；	
Y0；	
Z-11.0	
G03　X-70.0　Y0　R20.0；	
M98　P0013；	
G03　X-30.0　Y0　R20.0；	
G00　Z50.0；	
M99；	
O0013；	
G03　X-10.0　Y-60.0　R60.0，R20.0；	

续表

G01　　Y60.0 ，R20.0；	
G03　　X-70.0　　Y0　　R60.0；	
M99；	

思考与练习

1. 简述加工配合类零件时的工艺过程。

2. 插补原理中的逐点比较法的四个工作节拍是什么？其先后有怎样的顺序？

3. 如图 8-8 所示，完成该配合零件的加工及工艺路线的制定。

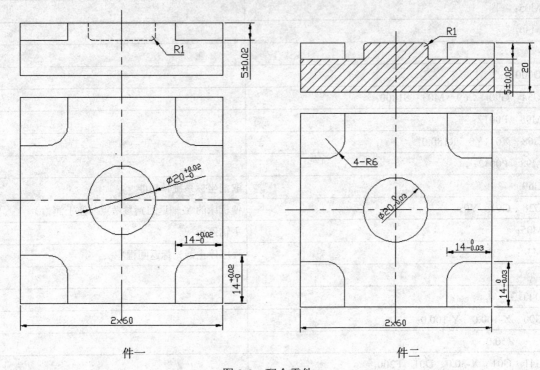

件一　　　　　　　　　　　　　　件二

图 8-8　配合零件

模块九　薄壁类零件的加工

能力目标：

- 薄壁类零件加工工艺
- G10 指令的使用

相关知识：

- 高速加工
- 专用夹具的设计与制造方法

任务分析

薄壁零件由于自身结构以及尺寸原因造成其刚性较差，抵抗外力能力较弱，极容易受外力而变形。所以不仅要在加工过程中防止受切削力等引起的变形，而且加工完成后运转过程中也需特别注意，即使轻微的磕碰也会使零件变形，造成报废。另外，由于加工时去除零件材料过程中改变了毛坯的原有内部结构，零件内部聚集大量内应力需要释放，内应力的释放有个过程，较慢的释放过程会使已合格品慢慢变成废品；较快的内应力释放甚至会造成"爆裂"，引发安全事故。解决薄壁易变形零件加工过程中变形问题和加工完成后预防再变形是薄壁零件加工主要任务。如图 9-1 所示是加强筋零件。

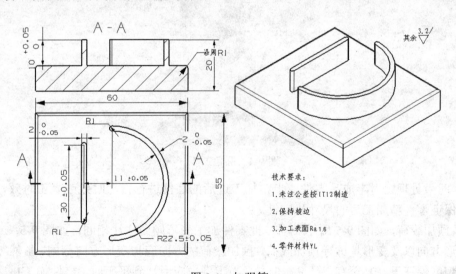

图 9-1　加强筋

知识链接

一、薄壁零件的加工

薄壁零件加工时常采用的工艺手段及注意事项如下：

1. **加工过程切削力引起的变形，主要有两种**

（1）单一几何尺寸产生的变形，如图 9-2 所示。单一几何尺寸加工时产生的变形，实际加工中较好解决，可以适当减小切削量；将粗铣、半精铣、精铣分开，在一定程度上满足加工要求。有时多次半精铣也有助于得到更好的加工精度。

（2）关联几何尺寸加工时产生的变形（如图 9-3），相对来说不易解决，除了采用单一几何尺寸变形加工方法外，有时需要借助辅助支撑等工艺方法，增加零件刚性，保证加工精度。

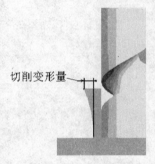
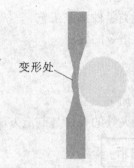

图 9-2　单一几何尺寸产生的变形　　　　　　图 9-3　关联几何尺寸产生的变形

2. **内应力造成的变形预防方法**

（1）增加圆角过渡，在不影响零件使用的情况下，可适当增加圆角过渡。圆角过渡可针对零件或者刀具来调整，如图 9-4 所示。

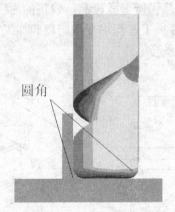

图 9-4　圆角过渡

（2）时效处理。对半成品零件或半精加工过后的零件进行自然时效或人工时效，释放其内应力，保证零件精加工后的尺寸稳定性。

（3）预加载荷，如图 9-5 所示。同一批零件加工变形倾向往往相同，如图 9-5（a）所示。根据其变形方向以及变形量进行预加载荷，预加载荷的方向应与变形方向相同。虽然零件精加工后尺寸精度保证不好甚至有点超差，但是，当零件内应力达到平衡时，零件加工精度都能够较好保持，如图 9-5（b）所示。

3. **薄壁易变形零件的装夹方法**

尽量增大零件与夹具的接触面积，提高刚性防止变形；夹紧时注意施加夹紧力的方位一定要有支撑，对已加工表面可垫铜皮，防止压伤零件表面。有条件时可采用真空吸盘，真空吸盘不仅能够防止压伤零件表面，还能避开装夹部件与刀具加工时产生的干涉问题。增加辅助支撑也是加工过程中防止变形常用的工艺方法之一，铣削加工过程中零件的变形是随时的，如果不考虑零件加工变形的随时性，会导致加工完成后的变形更加严重，所以要进行实时调整释放变形。调整时常用的活支撑，如图9-6所示。

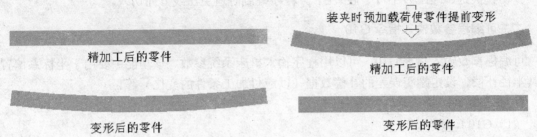

装夹时预加载荷使零件提前变形

精加工后的零件　　　　　　　　　精加工后的零件

变形后的零件　　　　　　　　　　变形后的零件

（a）常规装夹加工方法成品零件　　　（b）加载荷方法加工成品零件

图 9-5　加工方法与预加载荷加工方法对比

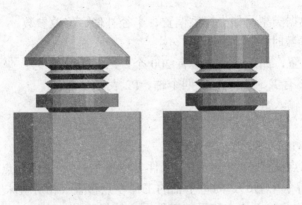

图 9-6　动支撑

4. 加工过程中的处理方法

刀具在工件上长时间停留或较慢的进给速度加工都会造成零件局部频繁的受力振动，加重零件的变形，应尽量避免上述情况的出现。应避免切削温度过高引发的零件退火、氧化等问题，如实际生产中常因设计等原因在淬火后的刚件上用硬质合金钻头钻孔，造成孔壁周围退火。冷却液可以有效地降低切削过程中的温度、切削力，但使用不当会带来负面作用。尤其薄壁零件的加工切忌使用高压冷却，高压力的冷却液会造成零件的变形。如果加工过程必须使用冷却，可采用雾冷等其他措施，避免冷却液的冲击力量使零件变形。

5. 刀具的选择问题

薄壁易变形零件加工尽量选择与零件材料等相适应刀具。粗加工宜选用疏齿大容屑槽刀具，如图9-7所示。精加工时宜选用大螺旋角密齿刀具。此刀具加工时切削平稳，切削力相对较小，较适合精加工时使用，如图9-8所示。

图 9-7　齿大容屑槽立铣刀　　　　　　图 9-8　旋角密齿立铣刀

6. 避免切削产生振动

振动产生的原因有多种。选择刚性较好的机床，可有效防止切削加工过程中的振动，同时要保证高速切削过程不能因高速而有丢步的情况出现；选择精度较好的机床，防止定位出现误差，机床最好有独立的地基，同时有防振动隔离沟。

7．其他措施

少切、快跑、装配时不可"硬装配"。程序编制时避免法线方向切入。

二、可编程参数输入指令 G10

可编程参数输入指令 G10，可以用程序输入机床系统参数。该功能主要用于坐标系偏置、刀具半径补偿、设定螺距误差的补偿数据（以应付加工条件的变化）等。

1．指令格式

（1）G10 L__ P__ R__

（2）G10 L__

（3）G10 L__ P__ IP__

　　G10 N__ P__ R__

L__：决定输入数据类型，如坐标系偏置、半径补偿、修改参数。

N__：只有输入参数时指定参数号。

P__：数据输入位置，如：刀具补偿有 200 个，P1 表示 001 号；坐标系有 6 个，P2 表示 G55；参数号 NO.1322 有 X、Y、Z、A 四个轴，P2 表示 Y 轴。

R__、IP__：表示输入数据值。

2．坐标系偏置

G10 L2 P（0—6）IP_（X__Y__Z__）；

P=0：外部工件零点偏移值，P=1～6：工件坐标系 1～6 的工件零点偏移。

IP：对于绝对值指令（G90），为每个轴的工件零点移置（相对机床零点）。对于增量值指令（G91），为当前轴加与输入值求和后的工件零点的偏移量。

G10 L20 P（1—48）IP_（X__Y__Z__）；

P（1—48）：分别表示 48 个附加坐标系，

IP：对于绝对值指令（G90），为每个轴的工件零点移置（相对机床零点）。对于增量值指令（G91），为当前轴加与输入值求和后的工件零点的偏移量。

3．刀具补偿

G10　L10　P__ R__；输入刀具长度补偿值。

G10　L11　P__ R__；输入刀具长度补偿磨损值。

G10　L12　P__ R__；输入刀具半径补偿值。

G10　L13　P__ R__；输入刀具半径补偿磨损值。

4．参数输入

G10　L50

　N__ R__ 非轴型参数输入方式。

G11

G10　L50

　N__ P__ R__ 轴型参数输入方式。

G11

机床参数有轴型参数和非轴型参数，通常把一个参数号只有一个子项，使用非轴型参数格式，反之，使用轴型参数。如：设定参数 NO.5200 第 3 位（CRG）为"1"，改变 X 轴"+"行程极限为 1.5mm。

5200	#7	#6	#5	#4	#3	#2	#1	#0
	SRS	FHD		DOV	SIG	CRG	VGR	G84

G10 L50
N5200 R00000100
G11

| 1320 |

X	1500
Y	500
Z	500
A	0000

G10 L50
N1320 P1　　R1500
G11

三、专用夹具的设计与制造

1. 专用夹具装夹工件的优点

（1）保证工件加工精度。用夹具装夹工件时，工件相对于刀具及机床的位置精度由夹具保证，不受工人技术水平的影响，使一批工件的加工精度趋于一致。

（2）提高劳动生产率。使用夹具装夹工件方便、快速，工件不需要划线找正，可显著地减少辅助工时，提高劳动生产率；工件在夹具中装夹后提高了工件的刚性，因此可加大切削用量，提高劳动生产率；同时使用多件、多工位装夹工件的夹具，可采用高效夹紧机构，进一步扩大了机床的使用范围。在通用机床上采用专用夹具可以扩大机床的工艺范围，充分发挥机床的潜力，达到一机多用的目的。例如，使用专用夹具可以在普通车床上很方便地加工小型壳体类工件。甚至在车床上拉出油槽，减少了昂贵的专用机床，降低了成本。这对中小型工厂尤其重要。

（3）改善了操作者的劳动条件。气动、液压、电磁等动力源在夹具中的应用，一方面减轻了工人的劳动强度；另一方面也保证了夹紧工件的可靠性，并能实现机床的互锁，避免事故，保证了操作者和机床设备的安全。

（4）降低了成本。在批量生产中使用夹具后，由于劳动生产率的提高、使用技术等级较低的工人以及废品率下降等原因，夹具制造成本分摊在一批工件上，每个工件增加的成本是极少的，明显地降低了生产成本。工件批量愈大，使用夹具所取得的经济效益就愈显著。

2. 专用夹具的缺点

专用夹具设计制造周期长；因为工件直接装在夹具体中，不需要找正工序，因此对毛坯质量要求较高。专用夹具主要适用于生产批量较大，产品品种相对稳定的场合。

3. 专用夹具的设计

尽可能做到在一次装夹后，能加工出全部或大部分待加工表面，尽量减少装夹次数，以提高加工效率和保证加工精度。装卸零件要方便可靠，能迅速完成零件定位、夹紧和拆卸过程，以减少加工辅助时间。装夹方式需有利于数控编程计算的方便和精确，便于编程坐标系的建立。夹具要敞开，避免加工路径中刀具与夹具元件发生碰撞。具体实例如图 9-9、图 9-10 和图 9-11 所示。

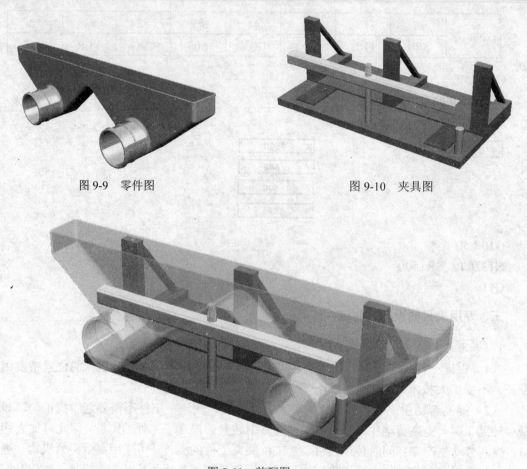

图 9-9　零件图　　　　　　　　　　　　图 9-10　夹具图

图 9-11　装配图

四、高速加工

1. 高速加工的概念

通常人们把比常规切削速度高 5～10 倍以上的切削加工叫做高速加工（High Speed Machining，HSM 或 High Speed Cutting，HSC）。

根据 ISO1940 标准，主轴转速高于 8000r/min 为高速切削加工。主轴轴承孔直径 D 与主轴最大转速 N 的乘积达（500000～2000000）mm.r/min 时为高速主轴。30 号锥柄以及 HSK 刀柄为高速刀柄。

2. 高速加工的优点

随切削速度的大幅度提高，进给速度也相应提高 5~10 倍。高速切削的材料去除率通常是常规的 3～6 倍，甚至更高。同时机床快速空程速度的大幅度提高，也大大减少了非切削的空行程时间，从而极大地提高了机床的生产率，降低了成本。

刀具切削状况好，切削力小，主轴轴承、刀具和工件受力均小。由于切削速度高，吃刀量很小，剪切变形区窄，变形系数减小，切削力降低大概 30%~90%。同时，由于切削力小，让刀也小，提高了加工质量。

刀具和工件受热影响小。切削产生的热量大部分被高速流出的切屑带走，故工件和刀具热变形小，有效地提高了加工精度。

工件表面质量好。首先 a_p 与 a_e 小，工件粗糙度好，其次切削线速度高，机床激振频率远高于工艺系统的固有频率，因而工艺系统振动很小，十分容易获得好的表面质量。

高速切削刀具热硬性好，且切削热量大部分被高速流动的切屑带走，可进行高速干切削，不用冷却液，减少了对环境的污染，能实现绿色加工。

可完成高硬度材料和硬度高达 HRC40～62 淬硬钢的加工。如采用带有特殊涂层（tialn）的硬质合金刀具，在高速、大进给和小切削量的条件下，完成高硬度材料和淬硬钢的加工，不仅效率高出电加工的 3~6 倍，而且可获得十分高的表面质量（Ra0.4），基本上不用钳工抛光。

3. 高速加工工具系统

HSK 整体式刀柄如图 9-12 所示。

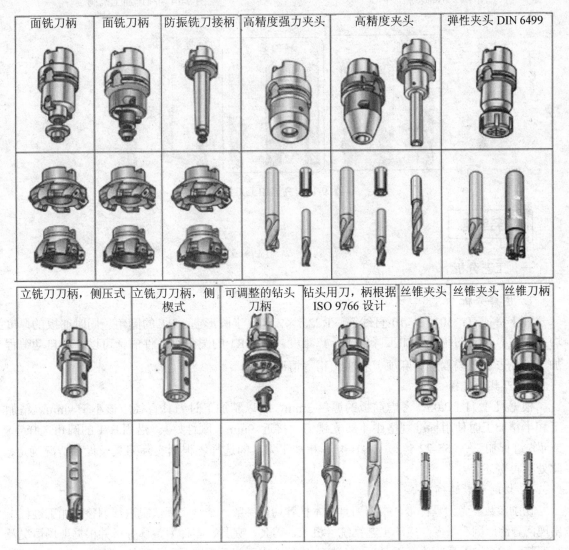

图 9-12　HSK 刀柄系统

高速机床与高速铣削如图 9-13 和图 9-14 所示。

高速加工对机床要求基础构件的三刚度（静刚度、动刚度和热刚度）更高。

高速加工刀具如图 9-15 所示。

图 9-13　高速加工中心　　　　　　　　　图 9-14　高速加工范例

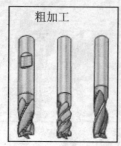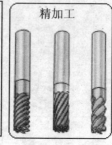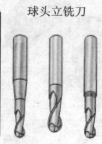

图 9-15　高速加工刀具

任务实施

一、工艺分析

1. 图样分析

加工特征有：50×2×10 直线筋、R22.5×2×10 半圆形筋、R1 的圆角。同时筋板的厚度均为 $2^{0}_{-0.05}$，尺寸的统一为加工降低了一点难度。沿周 R1 的圆角有条件的话可以使用自动编程加工，免去手工编程计算麻烦、容易出错等情况出现。

2. 刀具的选择

根据尺寸 11±0.05，考虑筋板的厚度 2mm，所以精加工时刀具直径应该小于 9mm。精加工和半精加工时使用标准规格中 φ8 立铣刀（接近 9mm、刚性好）。沿周 R1 的圆角选择 φ8 或 φ6 进行加工（(55-22.5*2)/2 -1=4）。粗加工刀具的选择，根据实际刀具及设备情况确定，此处不再赘述。

3. 切削参数的确定

切削参数参考刀具样本，根据刀具样本推荐切削参数，结合实际情况进行调整。加工过程中出现问题的原因有很多，应从工艺系统（机床、刀具、夹具、零件）整体分析并根据现场情况及时调整。如表 9-1 所示为某刀具厂商对加工过程中出现问题后刀具方面的解决方法。对于零件的装夹方案，不需要考虑过多，零件底部为方形轮廓，选择通用夹具进行零件的装夹就可以。

二、程序编制

表 9-2 为 50×2×10 直线筋参考程序，表 9-3 为 R22.5×2×10 半圆参考程序。表 9-4 为

沿周 R1 圆角参考程序。工件零点确定 R22.5 圆心处（同时也是方形轮廓中心），零件上表面定 Z 零。

表 9-1　铣削常见问题及解决办法

铣削问题	补救和解决方法								
	降低切削速度	提高切削速度	减小每齿进给量	增大每齿进给量	选择耐磨性更好的牌号	选择韧性更好的牌号	使用粗齿铣刀	改变铣刀位置	不要使用切削液
后刀面磨损	√			√	√				
沟槽磨损	√			√	√				√
月牙洼磨损	√				√				
塑性变形	√		√						
积屑瘤		√		√					√
垂直于切削刃的小裂缝	√					√			√
切削刃的细小崩碎		√				√			√
刀片破裂			√			√		√	
振动				√			√	√	
已加工表面粗糙		√	√		√				

表 9-2　50×2×10 直线筋参考程序

程序内容	说明
O0091；	程序名
G90 G54 G40 G17 G80；	设定编程环境
M3 S2800；	设定主轴转速
G43 G0 Z50. H01；	刀具下降至安全平面 Z50mm 处
X-18 Y-30 M08	刀具快速移动到起刀点，切削液开
Z2.	快速下刀到 2mm 处
G1 Z-10.02　F1500	切削下刀到-10mm 处，粗加工进行修改
G41 G1 X-12. D1 ；	建立刀具半径补偿
Y15. ；	开始加工，采用顺铣
G2 X-10. R1. ；	
G1 Y-15.；	
G2X-12. R1. ；	
Y18.；	沿加工面退刀
G0 Z50.；	提刀
G40	取消刀补
M30；	程序结束

表 9-3　R22.5×2×10 半圆筋参考程序

程序内容	说明
O0092;	程序名
G90 G54 G40 G17 G80;	设定编程环境
M3 S2800;	设定主轴转速
G43 G0 Z50. H02;	刀具下降至安全平面 Z50mm 处
G0 X-10.Y-30. M08;	刀具快速移动到起刀点，切削液开
Z2.	快速下刀到 2mm 处
G1 Z-10.02　F1500	切削下刀到-10mm 处，粗加工进行修改
G41 G1 X-1. D1;	建立刀具半径补偿
Y-21.5 ;	开始加工，采用顺铣。切线切入
G2 X0.Y-20.5 R1.;	
G3 Y-20.5 J20.5;	
G2 Y22.5 R1.	
Y-22.5 J-22.5	
X-1.Y-21.5 R1.	
G1Y-10.	切线切出
G0 Z50.;	提刀
G40	取消刀补
M30;	程序结束

表 9-4　沿周 R1 圆角参考程序

程序内容	说明
O0093;	程序名
G90 G54 G40 G17 G80 G0 Z100.;	设定编程环境
M3 S3500;	设定主轴转速
G43 G0 Z50. H02;	刀具下降至安全平面 Z50mm 处
#1 = 0	#1 为角度变量
N1 #1 = #1 + 5	R1 分 16 份（90÷5=16）
#2 =SIN[#1]*[r+R]	#2 刀具半径补偿值
#3 =[COS[#1]* [r+R] – r -10.02]	#3 球刀球心的 Z 坐标值
G10 L12 P3 R#2	利用 G10 随着加工过程，改变刀具半径补偿
X-38 Y-35. M08	到达起刀点，切削液开
Z2.	快速下刀到 2mm 处
G1 Z#3　F500	切削下刀到开始处，跟随 R 变化
G41 G1 X-30. D3;	建立刀具半径补偿，注意此处 D3 与前面 G10P3 对应
Y27.5	开始加工，采用顺铣
X30.;	如果使用任意倒圆角功能，此程序段删除
Y-27.5;	

程序内容	说明
X-38.;	
G40Y-35.;	取消刀补，返回起始点
IF [#1 LT 90] GOTO 1	条件判断
G0 Z50.;	提刀
M30;	程序结束

三、加工方法与技巧

（1）薄壁顶面要提前加工，若加工轮廓后再加工顶面，会导致薄壁变形，甚至折弯。

（2）粗加工可以先将轮廓"连起来"，然后分开精加工，如图 9-16 和图 9-17 所示。

　　　　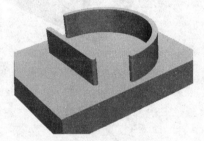

图 9-16　粗加工连接方法　　　　　图 9-17　精加工方法

（3）有条件的话，精加工时使用压缩空气（气压不可过大，避免直吹）及时清理铝屑，防止划伤零件表面。

（4）精加工后，开始精加工考虑以极限尺寸（1.95）加工，当然能够总结"让刀"（扛刀）量最好。

四、加工注意事项

（1）粗加工时底面要留精加工余量，防止扛刀，出现深度超差。

（2）避免刀具在零件表面低速切削，杜绝刀具加工过程中在零件表面停留。

（3）机床性能差时，高速切削可能会导致薄壁 R1"缺肉"，最好取一个较大值。

（4）半圆筋抗变形的能力超过直线筋，也就是说加工直线筋时要注意变形。

（5）能够提供雾冷，会获得更好的表面粗糙度，增加刀具的耐用度，最重要的一点是有效防止粘刀。

五、加工误差分析

加工误差分析如表 9-5 所示。

表 9-5　加工误差分析

表面粗糙度差	①机床刚性差；②加工时振动；③刀具刃口磨损进给速度快；④刀具粘刀；⑤排屑不畅，铝屑划伤；⑥刀具刚性差；⑦零件未夹紧；⑧步距太大，角度变量变化太大
尺寸超差	①程序错误；②扛刀；③精加工余量太小；④更改刀补未考虑变形量；⑤夹具定位差；⑥机床刚性差；⑦刀具磨损厉害；⑧测量不正确；⑨工件坐标系错误；⑩机床"丢步"

思考与练习

　　如图 9-18 所示零件，完成零件的加工并设计出夹具。

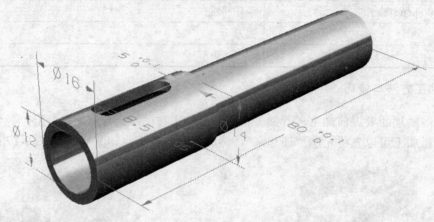

图 9-18　练习题

模块十 螺纹的铣削加工

能力目标:

- 螺纹铣削程序的编制
- 掌握螺纹铣削加工工艺
- 掌握螺旋下刀的方法

相关知识:

- 螺纹铣削基本指令
- 螺纹铣削刀具

任务分析

如图 10-1 所示零件为一板类零件,需加工 φ75 圆柱顶部平面和 M54×2 的内螺纹。

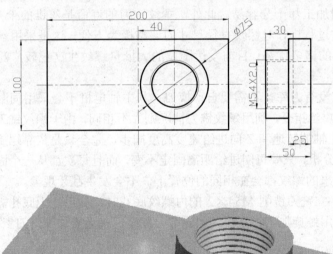

图 10-1 内螺纹零件

此零件的加工工序为:

(1) 使用 φ80 面铣刀铣削 φ75 圆柱顶部平面。

(2) 使用 φ20 立铣刀铣削 M54×2 的内螺纹底孔。

(3) 加工 M54×2 的内螺纹,深度为 30mm。

　　传统的螺纹加工方法主要为采用螺纹车刀车削螺纹或采用丝锥、板牙攻丝及套扣。这个零件如在车床上车削需制作专用夹具，如进行攻丝，需使用 M54×2 丝锥，而且将会产生较大的切削力，随着数控加工技术的发展，尤其是三轴联动数控加工系统的出现，在这里可利用系统提供的螺旋加工指令使用更先进的螺纹加工方式——螺纹的数控铣削，如图 10-2 所示。

图 10-2　螺纹的数控铣削加工

　　螺纹的铣削加工与传统螺纹加工方式相比，在加工精度、加工效率方面具有极大的优势，且加工时不受螺纹结构和螺纹旋向的限制，如一把螺纹铣刀可加工多种不同旋向的内、外螺纹，对于不允许有过渡螺纹或退刀槽结构的螺纹，采用传统的车削方法或丝锥、板牙很难加工，但采用数控铣削加工却十分容易。此外，螺纹铣刀的寿命是丝锥的十多倍甚至数十倍，而且在数控铣削螺纹过程中，对螺纹直径尺寸的调整极为方便，这是采用丝锥和板牙不易做到的。由于螺纹铣削的诸多优势，目前发达国家的大批量螺纹生产已较广泛地采用了螺纹铣削加工工艺。

　　另外，数控铣床没有刀库，不需要自动换刀，其主轴电机不会采用伺服电机，没有主轴准停功能，无法采用攻丝指令，利用螺纹铣刀情况则大不相同，由于螺纹铣刀本身并不带有导程（螺距），不要求主轴的转速和 Z 向进给速度高度同步，完全只是依靠螺旋插补功能实现三轴联动，从轨迹运动分析，只要每圈进给距离固定不变，而且每次都从一个固定不变的高度开始下刀，那么加工出来的螺纹都会在相同的位置上，不会发生乱牙现象。

　　另外在使用 φ20 立铣刀铣削 M54×2 的内螺纹底孔时，如毛坯无底孔需预先加工落刀工艺孔，在这里可以采用螺旋加工指令编制螺旋下刀程序，就无需加工落刀工艺孔。

知识链接

一、螺纹铣刀类型

1. 圆柱螺纹铣刀

　　圆柱螺纹铣刀如图 10-3 所示，它的外形很像是圆柱立铣刀与螺纹丝锥的结合体，但它的螺纹切削刃与丝锥不同，刀具上无螺旋升程，加工中的螺旋升程靠机床运动实现。由于这种特殊结构，使该刀具既可加工右旋螺纹，也可加工左旋螺纹，但不适用于较大螺距螺纹的加工。

2. 机夹螺纹铣刀及刀片

　　机夹螺纹铣刀如图 10-4 所示，适用于较大直径（如 $D>25mm$）的螺纹加工，其特点是刀片易于制造，价格较低，在正常使用的情况下只有刀片的损耗，刀杆拥有较长的使用寿命，具有良好的经济性。

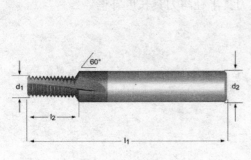

图 10-3　圆柱螺纹铣刀

图 10-4　机夹式螺纹铣刀

一般而言，机夹螺纹铣刀的刀片从齿形结构上可分为两种：一种是单齿结构，与车床上使用的螺纹车刀基本相同，加工轨迹与车削螺纹本质上也较相似，其配用的刀片为单齿结构。另一种是梳状多齿结构，齿形结构与上述的圆柱螺纹铣刀类似，加工轨迹较为独特。

3. 组合式多工位专用螺纹镗铣刀

组合式多工位专用螺纹镗铣刀的特点是一刀多刃，一次完成多工位加工，可节省换刀等辅助时间，显著提高生产率。

4. 螺纹铣刀的应用和特点

（1）丝锥加工时，咬合长度大，所以切削力大，排屑空间又小，所以螺纹表面质量差，而螺纹铣刀进行铣削可以用高速度，又可以从下往上走刀，不存在排屑问题，表面质量好，在难加工材料时往往是唯一选择。

（2）适用范围广，一种规格的丝锥只能加工一个直径规格的螺纹，而螺纹铣刀可以加工相同螺距、左右旋螺纹、任意尺寸的螺纹。

（3）加工效率高，加工螺纹的精度高，质量稳定可靠。

（4）可加工大直径内外螺纹时，产生的切削力小，可以很好地保护主轴的精度。

二、螺旋插补指令（G02/G03）

1. 功能

在 G17/G18/G19 指定的平面内作圆弧运动时，还在与该平面垂直的直线轴上做直线运动。

2. 指令格式

G17 G02/G03 X_ Y_ R_ （I_ J_ ）Z_ F_;

X_ Y_：螺旋线终点坐标。

R：圆弧半径。

I_ J_：圆弧起点相对于圆心的矢量，矢量的方向从起点指向圆心。

Z_：非圆弧插补平面直线移动轴终点坐标。

F_：刀具沿圆弧的进给速度，直线轴的进给速度 f=F×直线轴的长度/圆弧的长度。

其他平面的指令格式：

G18 G02/G03 X_ Z_ R_ （I_ K_ ）Y_ F_;

G19 G02/G03 Y_ Z_ R_ （J_ K_ ）X_ F_;

3. 注意事项

（1）螺旋线插补只能对圆弧进行刀具半径补偿。

（2）在指定螺旋线插补的程序段中不能指定刀具半径与刀具长度补偿。

4. 适用范围

（1）铣削内外螺纹。

（2）编制螺旋下刀程序。

（3）加工螺旋槽。

5. 举例

编制如图 10-5 所示螺旋线插补程序。

G17 G02 X0 Y100.0 R100.0 Z90.0 F200；

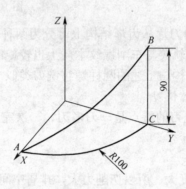

图 10-5　螺旋线插补

三、螺纹铣削轨迹

螺纹铣刀本身并不带有导程（螺距），依靠螺纹铣刀走螺旋轨迹来实现螺纹的铣削，螺纹铣削运动轨迹为一螺旋线，可通过数控机床的三轴联动来实现。与一般轮廓的数控铣削一样，螺纹铣削开始进刀时也可采用圆弧切入或直线切入。如为梳状多齿螺纹刀片，铣削时应尽量选用刀片宽度大于被加工螺纹长度的铣刀，这样，铣刀只需旋转 360°即可完成螺纹加工。如为单齿刀片，则需沿整条螺旋线进行切削加工，螺纹铣刀的轨迹分析如图 10-6 所示，图中为左旋和右旋外螺纹的铣削运动示意图。

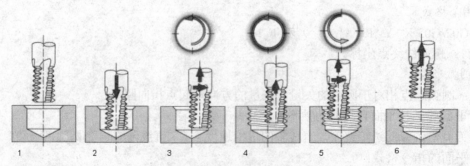

图 10-6　内螺纹刀具轨迹

图 10-6 所示加工工位流程为：第一步螺纹铣刀快速运行至工件安全平面；第二步螺纹铣刀快速降至螺纹深度尺寸；第三步螺纹铣刀以圆弧切入螺纹起始点；第四步螺纹铣刀绕螺纹轴

线作 X、Y 方向插补运动，同时作平行于轴线的 Z 方向运动，即每绕螺纹轴线运行 360°，沿 Z 方向上升（或下降）一个螺距，三轴联动运行轨迹为一螺旋线；第五步螺纹铣刀以圆弧从结束点退刀；第六步螺纹铣刀快速退至工件安全平面。

由于顺铣的切削力较小，能提高螺纹表面加工质量，延长刀具的使用寿命，因此优先考虑使用顺铣。对于表面材料较硬、难铣削的材料，可采用逆铣加工。表 10-1 为螺纹铣削加工工艺分析，图 10-7 为内外螺纹顺、逆铣加工路线图。

表 10-1　螺纹铣削加工工艺分析

主轴转向	Z轴移动方向	螺纹类别							
		右旋内螺纹		右旋外螺纹		左旋内螺纹		左旋外螺纹	
		插补指令	铣削方式	插补指令	铣削方式	插补指令	铣削方式	插补指令	铣削方式
正转（M03）	自上而下	G02	逆铣	G02	顺铣	G03	顺铣	G03	逆铣
	自下而上	G03	顺铣	G03	逆铣	G02	逆铣	G02	顺铣

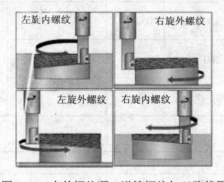

图 10-7　内外螺纹顺、逆铣螺纹加工路线图

四、螺纹相关尺寸计算

普通公制外螺纹经验计算公式：

$d_{大径}=d-0.13P$（0.2~0.4mm）

$d_{小径}=d-1.3P$

普通公制内螺纹经验计算公式：

$D_{大径}=D$

$D_{小径}=D-P$

其中 d 为外螺纹公称直径，D 为内螺纹公称直径，P 为螺距。

图 10-1 中 M54×2 内螺纹小径加工尺寸为：$D_{小径}=D-P=54-2=52.0$。

M54×2 内螺纹大径加工尺寸为：$D_{大径}=D=54.0$。

任务实施

一、加工工序

加工如图 10-1 所示零件，零件材料为 45#钢，加工内容为铣削 $\phi75$ 圆柱顶部平面和加工 M54×2 的内螺纹，深度为 30mm。工件坐标系原点（X0 Y0）定义在毛坯中心，其 Z0 定义在

Φ75 圆柱顶部平面。装夹方式采用通用虎钳夹持。详见加工工序卡表 10-2，表 10-3 为刀具卡。

表 10-2　内螺纹零件加工工序卡

数控加工工序卡

零件名称	内螺纹零件	零件图号	010		夹具名称	精密虎钳
设备名称及型号		数控铣床 XK713				

材料名称及牌号	45	硬度	HRC18-22	工序名称	数控综合加工	工序号	3

工步号	工步内容	切削用量			刀具		量具
		主轴转速 r/min	进给速度 mm/min	背吃刀量 mm	编号	名称	名称
1	粗加工上表面	400	300	1.0	T1	Φ80 端面铣刀	
2	精加工上表面	550	160	0.2	T1	Φ80 端面铣刀	0～200 游标卡尺
3	螺旋下刀粗铣 M54×2 内螺纹底孔	320	120	5	T2	Φ20 立铣刀 4 刃	0～200 游标卡尺
4	精铣 M54×2 内螺纹底孔至尺寸	380	80	0..2	T2	Φ16 立铣刀 4 刃	0～200 游标卡尺
5	铣削 M54×2 内螺纹	2000	220	1.5	T5	螺纹铣刀	M54×2 螺纹塞规

表 10-3　刀具卡

数控铣床刀具调整卡

零件名称		内螺纹零件			零件图号		010
设备名称	数控铣床	设备型号		数控铣床 XK713	程序号		0000001
材料名称及牌号	45	硬度	HRC18-22	工序名称	数控综合加工	工序号	3

序号	刀具编号	刀具名称	刀片材料牌号	刀具参数	刀补地址	
					半径	长度
1	T1	Φ80 端面铣刀（5 个刀片）	硬质合金	Φ80		H1
2	T2	Φ20 立铣刀 4 刃	高速钢	Φ20	D2	H2
3	T3	螺纹铣刀	硬质合金	Φ16 单齿螺纹铣刀	D3	H3

二、编写加工程序

铣削 Φ75 圆柱顶部平面程序在前面章节已经讲过，这里不再编写。铣削 M54×2 内螺纹底孔程序如表 10-4 所示，此程序采用螺旋下刀方式落刀。铣削 M54×2 内螺纹采用单齿螺纹铣刀，加工轨迹由下而上逆时针旋转加工，加工轨迹路线如图 10-8 所示，加工程序如表 10-5 所示。

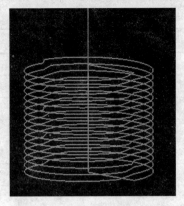

图 10-8　M54×2 内螺纹加工轨迹路线图

表 10-4　铣削 M54×2 内螺纹底孔程序

程序内容	说明
O0001;	程序名
N10 G94 G97 G40;	设定编程环境
N20 G0 G28 G91 Z0;	刀具返回 Z 轴机床参考点
N30 G0 G90 G54 X40.0 Y0;	刀具快速定位至落刀点
N40 G43 Z100.0 H01 M03 S320;	刀具下降至安全平面 Z100mm 处
N50 M08;	开切削液
N60 G0 G90 Z2.;	刀具快速下降至 Z2mm 处
N70 G01 G90 Z0 F120;	刀具直线插补至 Z0 平面
N80 #100=5.0;	设每次加工深度#100=5.0mm
N90 G01 X55.0 Y0;	刀具直线插补至 X55.0mm 处
N100 G03 I-15. Z-#100;	刀具螺旋下刀至 Z 轴加工深度
N110 G01 G41 X-66. D01;	加刀补 X 轴移动至螺纹底孔位置
N120 G03 I-26.0;	加工螺纹底孔
N130 G01 G40 X0;	取消刀补回退至落刀点
N140 #100=#100+5.;	Z 轴落刀深度每次递增 5mm
N150 IF[#100LE30.]GOTO90;	如果#100≤30., 将跳转至 N90 执行, 如不满足, 将顺序执行下面的程序段
N160 G0 G90 Z100.0;	刀具升高至安全平面 Z100.0mm 处
N170 M05;	主轴停转
N180 M09;	切削液停
N190 M30;	程序结束

表 10-5　铣削 M54×2 内螺纹程序

程序内容	说明
O0001;	程序名
N10 G94 G97 G40;	设定编程环境
N20 G0 G28 G91 Z0;	刀具返回 Z 轴机床参考点

程序内容	说明
N30 G0 G90 G54 X40.0Y0;	刀具快速定位至落刀点
N40 G43 Z100.0 H01 M03 S2000;	刀具下降至安全平面 Z100mm 处
N50 M08;	开切削液
N60 G0 G90 Z2.;	刀具快速下降至 Z2mm 处
N70 G01 Z-30.0 F220;	刀具直线插补至螺纹深度 Z-30.0mm
N80 G01 G41 X67.0 D01;	加刀补直线插补至螺纹大径位置
N90 #100=-28;	螺纹第一刀深度
N90 WHILE [#100LE2.] DO1;	如果#100≤2，执行 DO 至 END 之间的程序段，如果不满足，执行 END 以后的程序段
N100 G03 I-27. Z-#100 F220;	刀具进行螺旋线插补
N110 #100=#100+2.0;	每次递增一个螺距 2mm
N120 END1;	循环 1 结束
N130 G01 G40 X40.0;	取消刀补回退至落刀点
N140 G0 G90 Z100.0;	刀具升高至安全平面 Z100.0mm 处
N150 M05;	主轴停转
N160 M09;	切削液停
N170 M30;	程序结束

三、加工方法与技巧

（1）铣削螺纹时一般采用顺铣加工，加工难加工材料或较硬表面螺纹可采用逆铣加工。

（2）使用单齿螺纹铣刀加工时，被加工螺纹的螺距在一定范围内可以发生变化，进退刀可以直线或圆弧切入。使用多齿梳状螺纹铣刀时，被加工螺纹的螺距不能发生变化，进退刀要求圆弧切入或切出。单齿与多齿铣刀的特点对比如表 10-6 所示。

表 10-6　单齿与多齿螺纹铣刀的特点对比

项目	齿形结构	
	单齿	多齿（梳状）
铣刀旋转角度	N×360°（N 为螺纹圈数）	360°（进/退刀不计）
被加工螺纹的螺距 P	在一定范围内连续可变（如 1.5~3）	固定
进/退刀方式	不一定要求 圆弧（或螺旋）方式	要求 圆弧（或螺旋）方式

（3）可以通过刀具半径补偿方式控制螺纹中径尺寸和实现螺纹铣削的粗精加工。

四、螺纹精度检验

1. 用螺纹量规及卡板测量

对于一般标准螺纹，都采用螺纹环规或塞规来测量，如图 10-9 所示。如果被测螺纹能够与螺纹通规旋合通过，且与螺纹止规不完全旋合通过（螺纹止规只允许与被测螺纹两端旋合，旋合量不得超过两个螺距），就表明被测螺纹的作用中径没有超过其最大实体牙型的中径，且单一中径没有超出其最小实体牙型的中径，就可以保证旋合性和连接强度，则被测螺纹中径合格，否则不合格。

2. 用螺纹千分尺测量

螺纹千分尺是用来测量螺纹中径的，如图 10-10 所示，一般用来测量三角螺纹，其结构和使用方法与外径千分尺相同，有两个和螺纹牙形角相同的触头，一个呈圆锥体，一个呈凹槽。有一系列的测量触头可供不同的牙形角和螺距选用。

 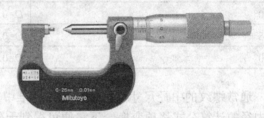

图 10-9 螺纹量规　　　　　　　　　　图 10-10 螺纹千分尺

测量时，螺纹千分尺的两个触头正好卡在螺纹的牙形面上，所得的读数就是该螺纹中径的实际尺寸。

3. 三针测量法

用量针测量螺纹中径的方法称为三针测量法，测量时，在螺纹凹槽内放置具有同样直径 d_0 的三根量针，如图 10-11 所示，然后用适当的量具（如千分尺等）来测量尺寸 M 的大小，以验证所加工的螺纹中径是否正确。

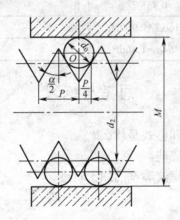

图 10-11 三针测量示意图

螺纹中径的计算公式：

$$d_2 = M - d_0 \left[1 + \frac{1}{\sin\frac{\alpha}{2}} \right] + \frac{P}{2}\cot\frac{\alpha}{2}$$

M 表示千分尺测量的数值（mm）；d_0 表示量针直径（mm）、$\alpha/2$ 表示牙形半角、P 表示工件螺距（mm）。

量针直径 D 的计算公式：

$$d_0 = \frac{P}{2\cos\dfrac{\alpha}{2}}$$

如果已知螺纹牙形角，也可用如表 10-7 所示的简化公式计算。

表 10-7　简化公式表

螺纹牙形角 α	简化公式
29°	$D=0.516P$
30°	$D=0.518P$
40°	$D=0.533P$
55°	$D=0.564P$
60°	$D=0.577P$

通常螺纹的中径尺寸都可以从螺纹标准中查得或在加工图样上直接注明，所以只要将螺纹中径的计算公式移项变换一下，便可得到千分尺应测得的读数 M 的计算式：

$$M = d_2 + d_0\left[1+\frac{1}{\sin\dfrac{\alpha}{2}}\right] - \frac{P}{2}\cot\frac{\alpha}{2}$$

当已知螺纹牙型角时，也可按表 10-8 所列简化公式计算。

表 10-8　M 值的简化计算公式

螺纹牙型角 α（°）	简化计算公式	螺纹牙型角 α（°）	简化计算公式
60	$M=d_2+3d_0-0.855P$	40	$M=d_2+3.924d_0-1.374P$
55	$M=d_2+3.166d_0-0.960P$	29	$M=d_2+4.994d_0-1.933P$
30	$M=d_2+4.864d_0-1.866P$		

思考与练习

1．螺旋线插补指令的功能和格式是什么？
2．简述螺纹铣刀的类型有哪些。
3．简述铣削内、外左右旋螺纹顺铣的加工轨迹。

模块十一　零件的多轴加工

能力目标：

● 认识多轴加工机床
● 多轴零件的加工

相关知识：

● 多轴机床介绍
● 加工指令
● 数控机床的位置检测元件

任务一　旋转体表面刻字

任务描述

加工如图 11-1 所示零件，圆柱直径为 φ60mm，长 100mm，工件外圆面与两端为已加工表面，需要加工圆柱外表面，刻字 2008，刻字使用 φ1.5 中心钻，深为 0.15mm。此零件需使用四轴机床进行加工。

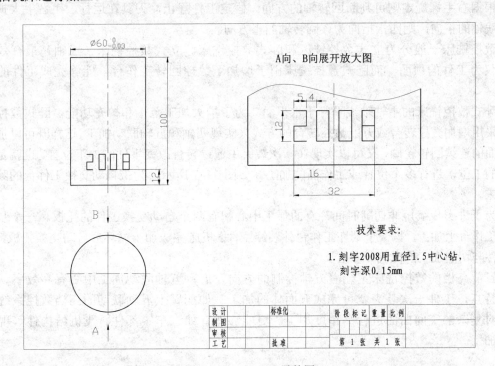

图 11-1　"2008"零件图

一、多轴数控铣床概述

所谓多轴加工就是在原有三轴加工的基础上增加了回转轴的加工,当数控加工增加了旋转运动以后,坐标点的计算就会变得相对复杂。如图 11-2 所示为立式四轴数控铣床,X、Y、Z 为机床的三个直线轴。A 轴为回转轴,在数控编程中,定义回转轴为绕直线轴作回转运动的轴称为回转轴。其中:绕 X 轴做回转运动的轴为 A 轴;绕 Y 轴做回转运动的轴为 B 轴;绕 Z 轴做回转运动的轴为 C 轴。

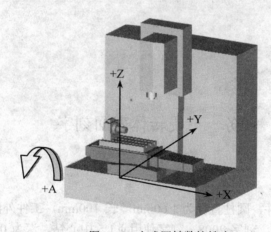

图 11-2   立式四轴数控铣床

根据右手螺旋定则可判断回转轴的方向。假定工件静止,刀具在运行,用右手大拇指指向直线轴的正向,则四指指向为该回转轴的正方向。

数控铣床一般分为立式数控铣床和卧式数控铣床,立式数控铣床(三轴)最有效的加工面仅为工件的顶面,而卧式数控铣床由于增加了数控回转工作台,能够完成工件的多面加工。

卧式数控铣床的主轴轴线平行于水平面。为了扩大加工范围和扩充功能,卧式数控铣床通常采用增加数控转台或万能数控转台的方式来实现四轴和五轴联动加工。这样既可以加工工件侧面的连续回转轮廓,又可以实现在一次装夹中通过转台改变零件的加工位置,也就是通常所说的工位,进行多个位置或工作面的加工。如图 11-3 所示,为带自动交换工件台的卧式数控铣床。

为了进一步缩短非切削时间,有的加工中心配有两个自动交换工件的托板。一个装着工件在工作台上加工,另一个则在工作台外装卸工件。机床完成加工循环后自动交换托板,使装卸工件与切削加工的时间相重合。

目前高档的数控铣床正朝着五轴控制的方向发展,五轴联动加工中心有高效率、高精度的特点,工件一次装夹就可完成五面体的加工。如配置上五轴联动的高档数控系统,还可以对复杂的空间曲面进行高精度加工,更能够适宜如汽车零部件、飞机结构件等现代模具的加工。

图 11-3　带自动交换工件台的卧式数控铣床

二、多轴加工的情况分类

（1）利用多轴数控机床进行三轴以上的联动加工。如三个直线轴同一个或两个旋转轴的联动加工，这种情况称为四轴联动或五轴联动加工，如图 11-4 所示。

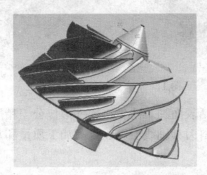

图 11-4　需要五轴联动加工的某斜流压气机转子叶轮

（2）利用多轴数控机床进行任意两轴或三轴联动加工。如 1~2 个直线轴和 1~2 个旋转轴的联动加工，如图 11-5 和图 11-6 所示。

图 11-5　一直线轴和一旋转轴联动加工的凸轮　　图 11-6　一直线轴和一旋转轴联动加工的柱面凸轮

三、多轴加工的目的

（1）加工复形曲面。

1）加工曲面：模具形面、叶片形面。

2）加工直纹面：可展直纹面和非可展直纹面（也称扭曲直纹面）。

3）加工复杂曲面：整体叶轮。

（2）提高加工质量。

1）充分利用切削速度。

2）充分利用刀具直径。

3）可使用大直径铣刀加工，如图 11-7 所示，利用大直径铣刀进行宽行加工。

4）可改善接触点的切削速度。

5）减小刀具长度，以提高刀具强度。

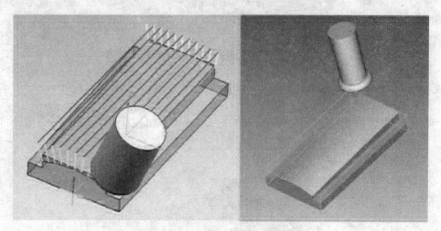

图 11-7　大直径铣刀宽行加工

（3）提高工作效率，包括表面加工质量、零件形位公差精度和切削效率。

1）利用球刀加工时，倾斜刀具轴线后可以提高加工质量和加工效率，如图 11-8 所示。

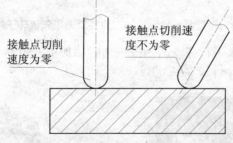

图 11-8　倾斜刀具轴线加工对比图

2）多轴加工可以把点接触改为线接触，从而提高加工质量，如图 11-9 所示。

3）可以提高变斜角的平面质量。多刃加工可以利用端刃和侧刃切削，使得变斜角平面表面粗糙度质量提高，如图 11-10 所示。

4）多轴联动加工可以提高叶片加工质量。三轴加工叶片编程简单，走刀路线比较好控制，但单面加工易变形、叶片前后边缘质量不好控制。多轴加工时，叶片前后边缘质量好，环绕加工对控制变形有利，大型叶片可以采用端刃切削提高效率。但缺点是编程复杂、装夹要求高、设置要求高。三轴和四轴加工如图 11-11 和图 11-12 所示。

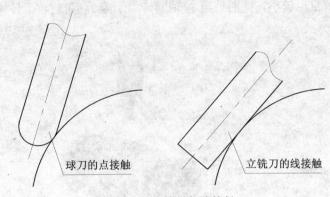

图 11-9 点接触与线接触

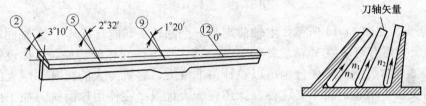

图 11-10 变斜角加工

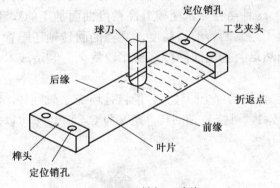

图 11-11 三轴加工叶片

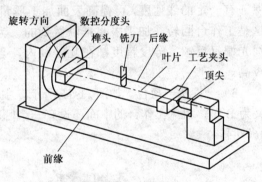

图 11-12 四轴加工叶片

四、多轴加工所用的设备

（1）四轴卧式加工中心：带旋转工作台，B 轴。

（2）立式加工中心：带数控分度头，A 轴。

（3）车削中心或车铣复合机床：车床有 C 轴、有 C 轴和 Y 轴、有 C、Y 和 B 轴。

（4）任意五轴联动加工中心：双摆台、双摆头、一摆头一摆台。

1）双摆台。如图 11-13 所示，设置在床身上的工作台可以环绕 X 轴回转，定义为 A 轴，A 轴一般工作范围为+30°～-120°。工作台的中间还设有一个回转台，可绕 Z 轴回转，定义为 C 轴，C 轴都是 360°回转。这样通过 A 轴与 C 轴的组合，固定在工作台上的工件除了底面之外，其余的五个面都可以由立式主轴进行加工。A 轴和 C 轴最小分度值一般为 0.001°，这样又可以把工件细分成任意角度，加工出倾斜面、倾斜孔等。A 轴和 C 轴如与 XYZ 三直线轴实现联动，就可加工出复杂的空间曲面，当然这需要高档的数控系统、伺服系统以及软件的支持。

这种设置方式的优点是主轴的结构比较简单，主轴刚性非常好，制造成本比较低。但一般工作台不能设计太大，承重也较小，特别是当 A 轴回转大于等于 90°时，工件切削时会对工作台带来很大的承载力矩。

图 11-13　五轴双摆台

2）双摆头。如图 11-14 所示，主轴前端是一个回转头，能自行环绕 X 轴回转，定义为 A 轴，回转头上还有可环绕 Y 轴旋转的 B 轴，可实现上述同样的功能。这种设置方式的优点是主轴加工非常灵活，工作台也可以设计得非常大，客机庞大的机身、巨大的发动机壳都可以在这类加工中心上加工。这种设计还有一大优点：在使用球面铣刀加工曲面时，当刀具中心线垂直于加工面时，由于球面铣刀的顶点线速度为零，顶点切出的工件表面质量会很差，采用主轴回转的设计，令主轴相对工件转过一个角度，使球面铣刀避开顶点切削，保证有一定的线速度，可提高表面加工质量。这种结构非常受模具高精度曲面加工的欢迎，这是工作台回转式加工中心难以做到的。为了达到回转的高精度，高档的回转轴还配置了圆光栅尺反馈，分度精度都在几秒以内，当然这类主轴的回转结构比较复杂，制造成本也较高。

3）一摆头一摆台。如图 11-15 所示，主轴前端是一个回转头，能自行环绕 Y 轴回转，定义为 B 轴，机床工作台的中间还设有一个回转台，可绕 Z 轴回转，定义为 C 轴，C 轴可以是 360°回转。

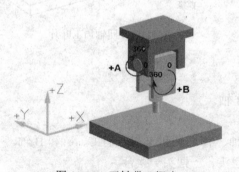

图 11-14　五轴带双摆头

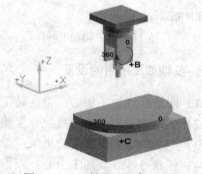

图 11-15　五轴带一摆头一摆台

任务实施

一、工艺分析

在圆弧面上进行刻线，如果使用三轴机床也可完成零件的加工，由于机床结构关系，主轴轴线无法与圆弧面上各点垂直，使用投影加工会使线的粗细不一致，且当 A 向加工结束后要加工 B 向时，需要重新装夹工件，加工精度较低。在此选择使用四轴机床进行加工，使用回转轴（A 轴）回转以完成零件的加工，选择带有一回转轴的四轴立式数控铣床。工件装夹时使用 A 轴上三爪自定心卡盘装夹，如图 11-16 所示。

图 11-16　A 轴数控分度盘

1. 分度头的作用

（1）使工件绕本身轴线进行分度（等分或不等分）。如六方、齿轮、花键等等分的零件。

（2）使工件的轴线相对铣床工作台台面扳成所需要的角度（水平、垂直或倾斜）。因此，可以加工不同角度的斜面。

（3）在铣削螺旋槽或凸轮时，能配合工作台的移动使工件连续旋转。

2. 弧度的计算

如图 11-17 所示，当走刀方向与 X 轴平行时，只需要控制刀具沿 X 轴进行移动即可，当走刀方向沿圆弧表面时，则需要 A 轴的回转运动，在编程时需要计算 A 轴的回转角度，已知：外圆表面半径为 30，刻线弧长为 5mm，求圆心角 θ。

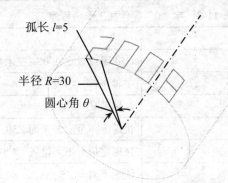

弧长 l=5

半径 R=30

圆心角 θ

图 11-17　弧度的计算

根据圆心角计算公式：

$$\theta = \frac{l \times 180}{R \times \pi}$$

式中：θ 为圆心角；l 为弧长；R 为圆弧半径。

3. 编程指令

编程时使用直线插补指令：G01 X__Y__Z__A__F__；

A：指定旋转轴角度，单位为度。

二、加工参考程序（见表 11-11 至表 11-3）

表 11-1　字"2"加工参考程序

程序内容	备注
O1001;	
G54 G90 G40 G17 G69;	G54 零点设定在 2 字左上角
M03 S2000;	主轴正转
M60;	A 轴锁紧
Z50. A0;	快速下刀至安全平面 Z50.
X0 Y0;	快速定位至下刀位置
G00 Z5. ;	快速下刀至 Z5.点
G01 Z-0.15 F200;	切削下刀至 Z-0.15
A9.549;	开始切削加工
X-6.;	
A0;	
X-12.;	
A9.549;	
G00 Z50.;	加工结束抬刀
M61;	A 轴松开
M30;	程序结束并返回

表 11-2　字"0"零件加工参考程序

O1002;	
G54 G90 G40 G17 G69;	G54 零点设定在 0 字左上角
M03 S2000;	主轴正转
M60;	A 轴锁紧
G0 Z50. A0;	快速下刀至安全平面 Z50.
G00 X0 Y0 ;	快速定位至下刀位置
Z5.	快速下刀至 Z5.点
G01 Z-0.15 F200;	切削下刀至 Z-0.15
A9.549;	开始切削加工
X-12.;	
A0;	
X0;	
G00 Z50.;	加工结束抬刀
M61;	A 轴松开
M30;	程序结束并返回

表 11-3　字 "8" 零件加工参考程序

O1003;	
G54 G90 G40 G17 G69;	G54 零点设定在 8 字左上角
M03 S2000;	主轴正转
M60;	A 轴锁紧
G00 Z50. A0;	快速下刀至安全平面 Z50.
X0 Y0;	快速定位至下刀位置
Z5.;	快速下刀至 Z5.点
G01 Z-0.15 F200;	切削下刀至 Z-0.15
A9.549;	开始切削加工
X-12.;	
A0;	
X-6.;	
A9.549;	
A0;	
X0;	
G00 Z50.;	加工结束抬刀
M61;	A 轴松开
M30;	程序结束并返回

三、加工方法与技巧

为了方便程序的编制，可将工件坐标系零点设定在每个字的左上角点，如图 11-18 所示，当 "2" 加工完成后，加工 "0" 字时，工件坐标系 G54 的 XYZ 三个轴的坐标原点位置保持不变，将 A 轴 0°坐标位置旋转至 0 字的左上角，以便数值计算，在此需要计算旋转的角度，已知 2 字的弧长为 5mm，间隙为 4mm，即总旋转的弧长为 9mm，圆柱半径为 30mm，根据公式计算，旋转角度为 17.189°，如图 11-19 中偏置设置所示。

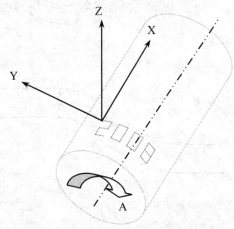

图 11-18　工件坐标系位置设置

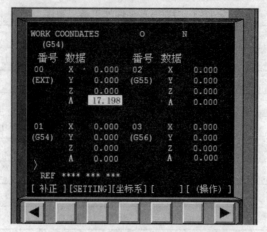

图 11-19　工件坐标系偏置设置

任务二　圆柱凸轮零件的加工

任务描述

加工如图 11-20 所示零件，圆柱直径为 φ60mm，长 200mm，工件外圆面与两端为已加工表面，需要加工圆柱外表面凹槽，槽宽为 20mm，深 8mm。由于该零件凹槽的圆柱外表面在三轴机床上无法完成加工，只能使用带有回转的机床加工。下面主要介绍圆柱插补指令、回转轴的使用及数控机床主要检测元件。

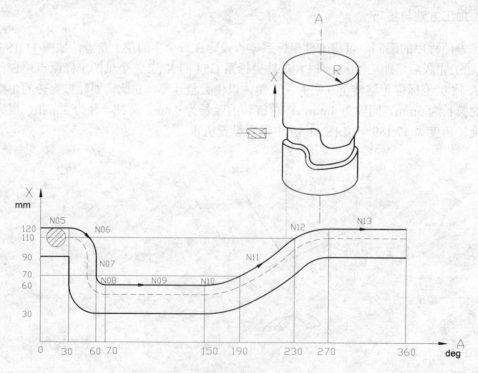

图 11-20　圆柱零件展开图

知识链接

一、四轴加工指令

1. 圆柱插补

（1）功能。用角度指定的旋转轴的移动量在 CNC 内部换成沿外表面的直线轴的距离，这样可以与另一个轴进行直线插补或圆弧插补。在插补之后，这一距离再变为旋转轴的移动量。圆柱插补功能允许用圆柱的侧面编程，这样可以非常容易地编制此类零件（如圆柱凸轮切槽）的程序。

（2）指令格式。

G07.1 IPr（启动圆柱插补方式）

（圆柱插补有效）

…

…

G07.1 IP0（圆柱插补方式取消）

在不同的程序段中指定 G07.1 IPr 和 G107 IP0。G107 可以替代 G07.1。

（3）说明。

1）平面选择（G17，G18，G19）。用参数 NO.1022 指定旋转轴是 X 轴、Y 轴或 Z 轴，还是这些轴的一个平行轴。指定 G 代码选择平面，对这个平面，旋转轴是指定的直线轴。例如，当旋转轴平行于 X 轴，G17 必须指定 Xp-Yp 平面，该平面是由旋转轴和 Y 轴或平行于 Y 轴的轴所决定的平面。对圆柱插补，只能设定一个旋转轴。

2）进给速度。在圆柱插补方式中指定的进给速度是展开的圆柱面上的速度。

3）圆弧插补（G02，G03）。在圆柱插补方式中，可以用一个旋转轴和另一个直线轴进行圆弧插补。指令中使用半径 R 与之前叙述的方法相同。在圆柱插补方式中可以使用刀具偏置，但应在进入圆柱插补方式之前清除任何正在进行的刀具半径补偿方式。然后，在圆柱插补方式中，开始和结束刀具偏置。

旋转轴的单位不是度，而是 mm 或 in。

例如：在 Z 轴和 C 轴之间的圆弧插补，对于 C 轴，可以将参数 No.1022 设为 5（X 轴的平行轴）。在这种情况下，圆弧插补的指令是：

G18 Z__ C__ ;

G02（G03）Z__ C__ R__ ;

对于 C 轴，也可以将参数 No.1022 设为 6（Y 轴的平行轴）。在这种情况下，圆弧插补的指令是：

G19 C__ Z__ ;

G02（G03）Z__ C__ R__ ;

（4）G07.1、G107 使用时的注意事项。

1）非法 G107 指令：启动或取消圆柱插补时的条件不正确，进入圆柱插补方式的指令格式应为：

G07.1 旋转轴名 圆柱半径

例：G07.1 A60.

2）G107 中有不正确的 G 代码：在圆柱插补方式中不能指定下述任意一种 G 代码。

①定位 G 代码，如 G28，G73，G74，G76，G81-G89 等，包括在快速移动循环时指定的这些代码。

②设定坐标系的 G 代码：G52，G92。

2. 回转轴轴的松开与夹紧指令

这包括 M60、M61，该指令与机床厂家参数设置有关。

M60：A 轴松开指令。

M61：A 轴夹紧指令。

二、数控机床的位置检测元件

检测装置是数控机床闭环伺服系统的重要组成部分。它的主要作用是检测位移和速度，并发出反馈信号，与数控装置发出的指令信号进行比较，若有偏差，经过放大后控制执行部件，使其向消除偏差的方向运动，直至偏差为零为止。闭环控制的数控机床的加工精度主要取决于检测系统的精度。因此，精密检测装置是高精度数控机床的重要保证。一般来说，数控机床上使用的检测装置应满足以下要求：

（1）准确性好，满足精度要求，工作可靠，能长期保持精度。

（2）满足速度、精度和机床工作行程的要求。

（3）可靠性好，抗干扰性强，适应机床工作环境的要求。

（4）使用、维护和安装方便，成本低。

通常，数控机床检测装置的分辨率一般为 0.0001~0.01mm/m，测量精度为 ±0.001～0.01mm/m，能满足机床工作台以 1~10m/min 的速度运行。不同类型数控机床对检测装置的精度和适应的速度要求是不同的，对大型机床以满足速度要求为主，对中、小型机床和高精度机床以满足精度为主。表 11-4 是目前数控机床中常用的位置检测装置。

表 11-4　位置检测装置的分类

类型	数字式		模拟式	
	增量式	绝对式	增量式	绝对式
回转型	圆光栅	编码器	旋转变压器、圆形磁栅、圆感应同步器	多极旋转变压器
直线型	长光栅、激光干涉仪	编码尺	直线感应同步器、磁栅、容栅	绝对值式磁尺

1. 旋转变压器

旋转变压器是一种角度测量装置，如图 11-21 所示，它是一种小型交流电动机。其结构简单，动作灵敏，对环境无特殊要求，维护方便，输出信号幅度大，抗干扰强，工作可靠，广泛应用于数控机床上。

旋转变压器是根据互感原理工作的。它的结构保证了其定子和转子之间的磁通呈正（余）弦规律。定子绕组加上励磁电压，通过电磁耦合，转子绕组产生感应电动势。其所产生的感应电动势的大小取决于定子和转子两个绕组轴线在空间的相对位置。二者平行时，磁通几乎全部穿过转子绕组的横截面，转子绕组产生的感应电动势最大；二者垂直时，转子绕组产生的感应电动势为零。感应电动势随着转子偏转的角度呈正（余）弦变化。

2. 感应同步器

感应同步器是一种电磁感应式的高精度位移检测装置。实际上它是多极旋转变压器的展开形式。感应同步器分为旋转式和直线式两种。旋转式用于角度测量，直线式用于长度测量，两者的工作原理相同。

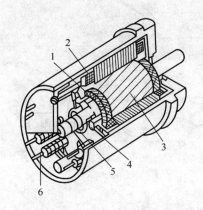 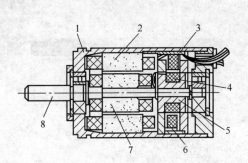

（a）有刷式旋转变压器　　　　　　　　（b）无刷式旋转变压器

1—转子绕组；2—定子绕组；3—转子；　　　1—壳体；2—旋转变压器本体定子；3—附加变压器
4—整流子；5—电刷；6—接线柱　　　　　定子；4—附加变压器原边线圈；5—附加变压器转子

线轴；6—附加变压器次边线圈；7—旋转变压器本

体转子；8—转子轴

图 11-21　旋转变压器结构图

3. 脉冲编码器

（1）脉冲编码器的分类和结构。

脉冲编码器是一种旋转式脉冲发生器，把机械转角转化为脉冲。它是数控机床上应用广泛的位置检测装置。同时也作为速度检测装置用于速度检测。

根据脉冲编码器的结构，脉冲编码器分为光电式、接触式、电磁感应式三种。从精度和可靠性方面来看，光电式编码器优于其他两种。数控机床上常用的是光电式编码器。

脉冲编码器是一种增量检测装置，它的型号由每转发出的脉冲数来区分。数控机床上常用的脉冲编码器每转的脉冲数有：2000p/r、2500p/r 和 3000p/r 等。在高速、高精度的数字伺服系统中，应用高分辨率的脉冲编码器，如 20000p/r、25000p/r 和 30000p/r 等。

脉冲编码器的结构如图 11-22 所示。在一个圆盘的圆周上刻有相等间距的线纹，分为透明和不透明部分，称为圆光栅。圆光栅和工作轴一起旋转。与圆光栅相对的，平行放置一个固定的扇形薄片，称为指示光栅。上面制有相差 1/4 节距的两个狭缝，称为辨向狭缝。此外，还有一个零位狭缝（一转发出一个脉冲）。脉冲编码器与伺服电动机相连，它的法兰盘固定在伺服电动机的端面上，构成一个完整的检测装置。

（2）光电脉冲编码器的工作原理。

当圆光栅旋转时，光线透过两个光栅的线纹部分，形成明暗条纹。光电元件接收这些明暗相间的光信号，转换为交替变化的电信号，该信号为两组近似于正弦波的电流信号 A 和 B，如图 11-23 所示，A 和 B 信号的相位相差 90°。经放大整形后变成方波，形成两个光栅的信号。光电编码器还有一个"一转脉冲"，称为 Z 相脉冲，每转产生一个，用来产生机床的基准点。

脉冲编码器输出信号有 A、$\overline{A}$、B、$\overline{B}$、Z、$\overline{Z}$ 等信号，这些信号作为位移测量脉冲以及经过频率/电压变换作为速度反馈信号，进行速度调节。

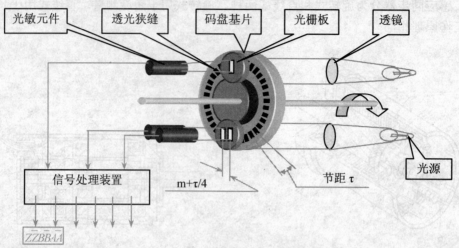

图 11-22　光电编码器的结构示意图

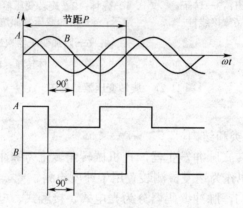

图 11-23　脉冲编码器的输出波形

4. 绝对式编码器

增量式编码器只能进行相对测量，一旦在测量过程中出现计数错误，在以后的测量中会出现计数误差。而绝对式编码器克服了其缺点。

绝对式编码器是一种直接编码和直接测量的检测装置，它能指示绝对位置，没有累积误差。即使电源切断后位置信息也不丢失。常用的编码器有编码盘和编码尺，统称位码盘。

从编码器使用的计数制来分类，有二进制编码、二进制循环码（葛莱码）、二一十进制码等编码器。从结构原理来分类，有接触式、光电式和电磁式等。常用的是光电式二进制循环码编码器。

如图 11-24 所示为绝对式码盘结构示意图。图 11-24（a）为二进制码盘，图 11-24（b）为葛莱码盘。码盘上有许多同心圆（码道），它代表某种计数制的一位，每个同心圆上有绝缘与导电的部分。导电部分为"1"，绝缘部分为"0"，这样就组成了不同的图案。每一径向若干同心圆组成的图案代表了某一绝对计数值。二进制码盘的计数图案的改变按二进制规律变化。葛莱码的计数图案的切换每次只改变一位，误差可以控制在一个单位内。

接触式码盘可以做到 9 位二进制，优点是结构简单，体积小，输出信号强，不需放大。缺点是由于电刷的摩擦，使用寿命低，转速不能太高。

光电式码盘没有接触磨损，寿命长，转速高，精度高。单个码盘可以做到 18 位进制。缺点是结构复杂，价格高。

5. 光栅

在高精度的数控机床上，可以使用光栅作为位置检测装置，将机械位移转换为数字脉冲，反馈给 CNC 装置，实现闭环控制。由于激光技术的发展，光栅制作精度得到很大的提高，现在光栅精度可达微米级，再通过细分电路可以做到 0.1μm 甚至更高的分辨率。

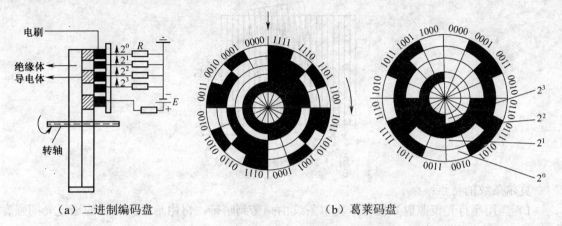

（a）二进制编码盘　　　　　　　（b）葛莱码盘

图 11-24 接触式编码盘结构及工作原理图

（1）光栅的种类。根据形状可分为圆光栅和长光栅。长光栅主要用于测量直线位移；圆光栅主要用于测量角位移。

根据光线在光栅中是反射还是透射，分为透射光栅和反射光栅。透射光栅的基体为光学玻璃。光源可以垂直射入，光电元件直接接受光照，信号幅值大。光栅每毫米中的线纹多，可达 200 线/mm（0.005mm），精度高。但是由于玻璃易碎，热膨胀系数与机床的金属部件不一致，影响精度，不能做的太长。反射光栅的基体为不锈钢带（通过照相、腐蚀、刻线），反射光栅和机床金属部件一致，可以做得很长。但是反射光栅每毫米内的线纹不能太多，线纹密度一般为 25~50 线/mm。

（2）光栅的结构和工作原理。光栅由标尺光栅和光学读数头两部分组成。标尺光栅一般固定在机床的活动部件上，如工作台。光栅读数头装在机床固定部件上。指示光栅装在光栅读数头中。标尺光栅和指示光栅的平行度及二者之间的间隙（0.05~0.1mm）要严格保证。当光栅读数头相对于标尺光栅移动时，指示光栅便在标尺光栅上相对移动。

光栅读数头又叫光电转换器，它把光栅莫尔条纹变成电信号。如图 11-25 所示为垂直入射读数头。读数头由光源、聚光镜、指示光栅、光敏元件和驱动电路等组成。

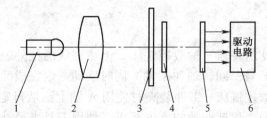

1—光源；2—透镜；3—标尺光栅；4—指示光栅；

5—光电元件；6—驱动线路

图 11-25 光栅读数头

当指示光栅上的线纹和标尺光栅上的线纹呈一小角度 θ 放置时，造成两光栅尺上的线纹交叉。在光源的照射下，交叉点附近的小区域内黑线重叠，形成明暗相间的条纹，这种条纹称为莫尔条纹。莫尔条纹与光栅的线纹几乎成垂直方向排列，见图11-26。

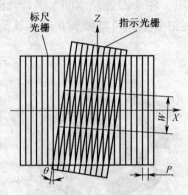

图 11-26　光栅的莫尔条纹

莫尔条纹的特点：

1）当用平行光束照射光栅时，莫尔条纹由亮带到暗带，再由暗带到光带的透过光的强度近似于正（余）弦函数。

2）起放大作用：用 W 表示莫尔条纹的宽度，P 表示栅距，θ 表示光栅线纹之间的夹角，则

$$W = \frac{P}{\sin\theta} \qquad\qquad (6\text{-}14)$$

由于 θ 很小，$\sin\theta \approx \theta$，则

$$W \approx \frac{P}{\theta} \qquad\qquad (6\text{-}15)$$

3）起平均误差作用。莫尔条纹是由若干光栅线纹干涉形成的，这样栅距之间的相邻误差被平均化了，消除了栅距不均匀造成的误差。

4）莫尔条纹的移动与栅距之间的移动成比例。当干涉条纹移动一个栅距时，莫尔条纹也移动一个莫尔条纹宽度 W，若光栅移动方向相反，则莫尔条纹移动的方向也相反。莫尔条纹的移动方向与光栅移动方向相垂直。这样测量光栅水平方向移动的微小距离就用检测垂直方向的宽大的莫尔条纹的变化代替。

任务实施

一、工艺分析

加工该零件时，若使用普通三轴数控铣床，无法完成圆柱外表面上的凹槽，加工时必须使用一直线轴（X轴）与一回转轴（A轴）同时联动，以完成凹槽的加工，所以选择带有一回转轴的四轴立式数控铣床。工件装夹时使用A轴上三爪自定心卡盘装夹，使用φ14平底立铣刀加工凹槽，为了保证凹槽的宽度要求，使用刀具半径补偿的编程方法加工以保证尺寸。

二、加工程序（见表 11-4）

表 11-4 FANUC 数控加工参考程序

O0001;	
...	
N01 G00 G90 X100. A0 M60	
N02 G01 G91 G17 X0 A0	
N03 G07.1 A60.	启用圆柱插补，圆柱直径为 φ60
N04 G90 G01 G42 X120. D01 F250	建立刀具半径右补偿
N05 A30.	
N06 G02 X90. A60.R30.	
N07 G01 X70.	
N08 G03 X60.A70.R10.	
N09 G01 A150.	
N10 G03 X70.A190.R75.	
N11 G01 X110.A230.	
N12 G02 X120.A270.R75.	
N13 G01 A360.	
N14 G40 X100.	取消刀具半径补偿
N15 G07.1 A0	取消圆柱插补
...	

三、加工方法与技巧

三爪自定心卡盘装夹圆柱形，工件找正时使用百分表，先将百分表固定在主轴上，触头接触外圆侧母线最高处，沿 X 轴方向左右移动工作台，根据百分表的读数用铜棒轻敲工件进行调整，当工作台左右移动过程中百分表读数不变时，表示工件母线平行于 X 轴。

当找正工件外圆圆心时，可旋转 A 轴，如图 11-27 所示，根据百分表的读数找到在工件圆周角度方向的最大值与最小值，用铜棒轻敲工件进行调整，直至手动旋转 A 轴时百分表的读数值不变，此时，工件中心与 X 轴轴心同轴。

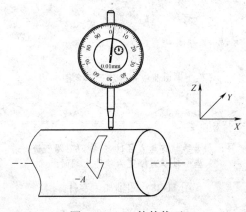

图 11-27 工件的找正

四、加工注意事项

（1）A 轴正负方向确定。如图 11-27 所示，如果要使工件沿箭头方向回转，则应在手动方式下，按 A 轴负方向，在此要注意在数控编程中，均按工件静止，刀具运动的方法判断正负方向。

（2）由于工件用三爪自定心卡盘装夹，Z 向切削深度较大，刚性较低，轮廓 Z 向应采用分层切削方法进行。在分层切削时，为了避免分层切削的接刀痕迹，通过修改刀具半径补偿值的办法留出精加工余量，选取精加工余量为单边 0.1mm。

思考与练习

1．数控机床的回转轴如何定义？正负方向如何判别？

2．五轴联动加工中心的机床结构如何分类？

3．简述脉冲编码器的作用和分类。

4．简述光栅的作用和分类。

5．完成图 11-28 零件的加工，制定合理的加工工艺并编制零件加工程序。

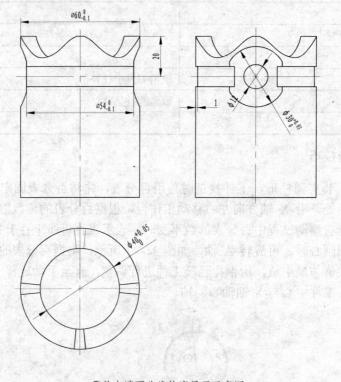

零件上端面曲线轮廓展开示意图

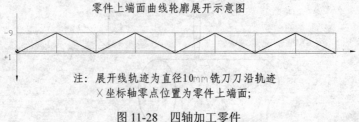

注：展开线轨迹为直径10mm铣刀刀沿轨迹
　　X 坐标轴零点位置为零件上端面；

图 11-28　四轴加工零件

附录一　数控铣床/加工中心技能鉴定练习题

中级工样题一：

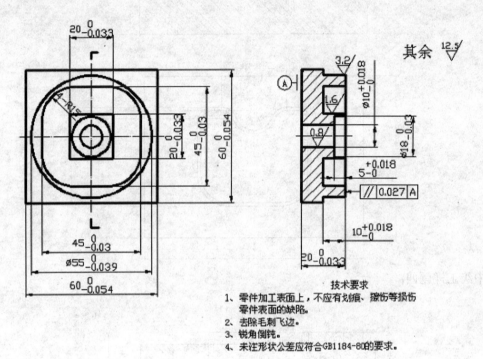

其余 12.5

技术要求
1、零件加工表面上，不应有戈痕、擦伤等损伤零件表面的缺陷。
2、去除毛刺飞边。
3、锐角倒钝。
4、未注形状公差应符合GB1184-80的要求。

中级工练习题二：

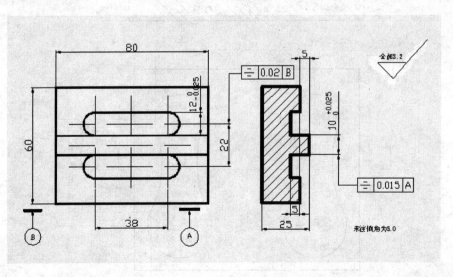

未注倒角为5.0

中级工样题三：

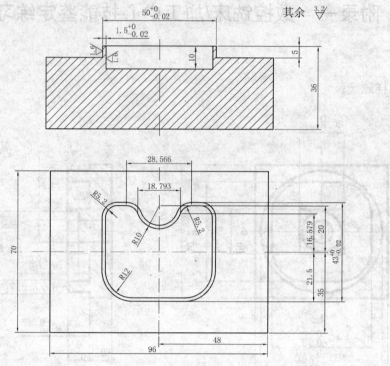

中级工样题四：

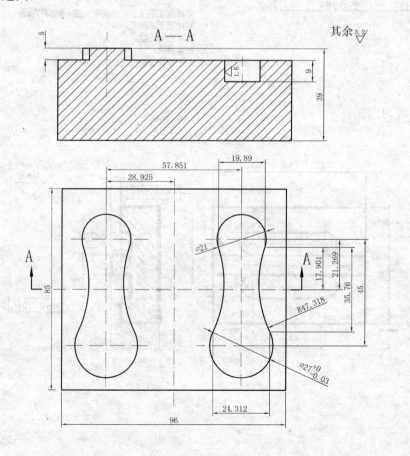

中级工样题五:

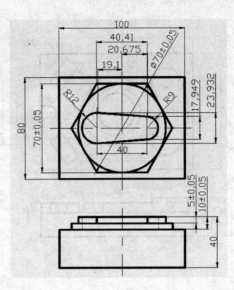

中级工样题六:

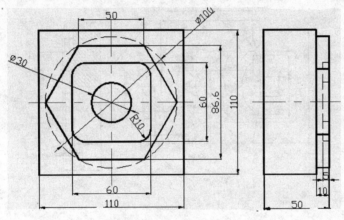

高级工样题一:

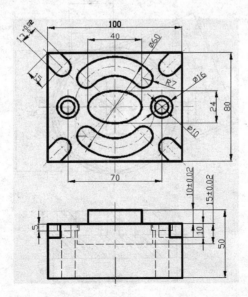

高级工样题二：

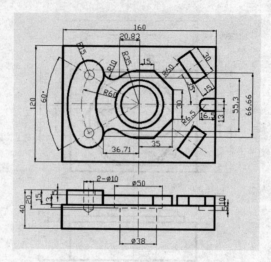

高级工样题三：

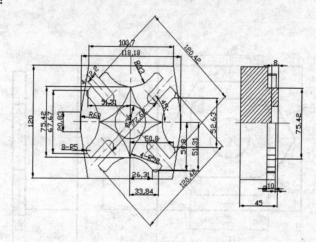

高级工样题四：

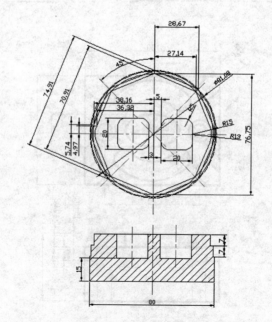

高级工样题五：

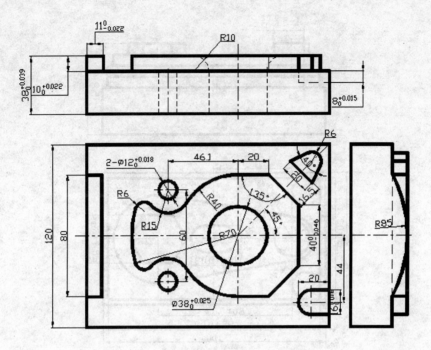

高级工样题六：

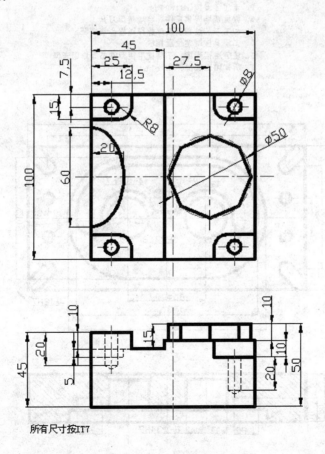

所有尺寸按IT7

高级工样题七：

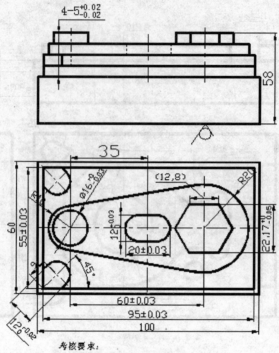

考核要求：
1、毛坯尺寸：100×60×60   材料：45#
2、未注公差按GB1804-M
3、根据现场提供条件，合理选择刀具
4、加工工艺过程及机床操作过程合理规范
5、工量具按规定定位置摆放
6、轮廓连接光顺，不准使用锉刀纱布等修磨表面
7、所有加工表面保证Ro1.6

高级工样题八：

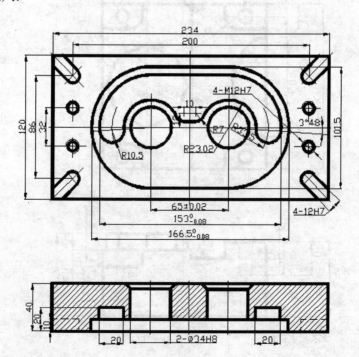

技师样题一：

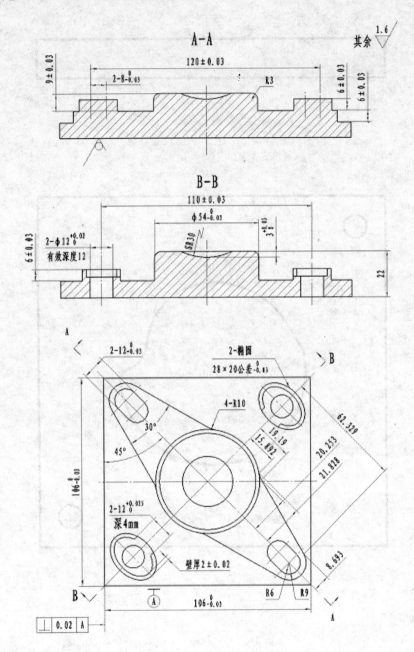

技师样题二：

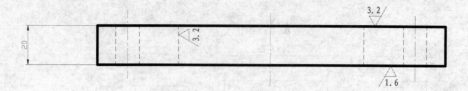

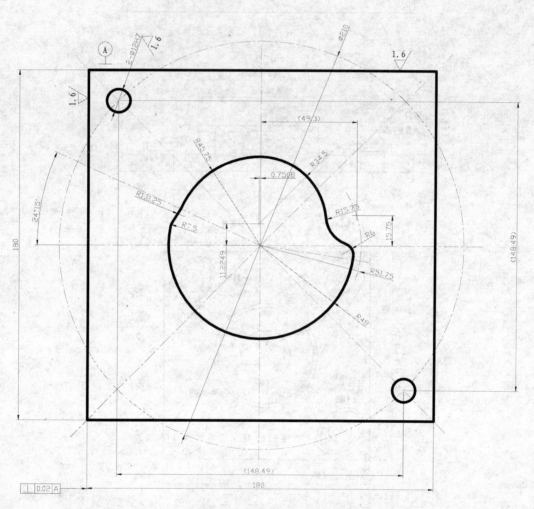

要求：件1和件2的配合间隙为0.06mm

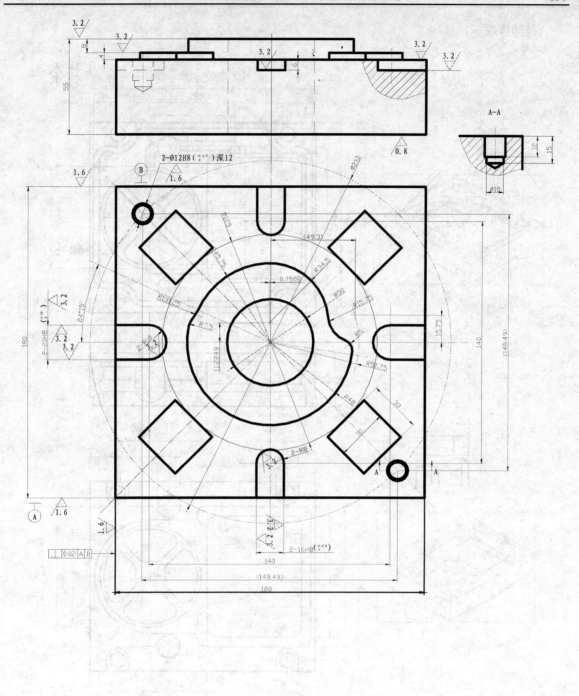

技师样题三：

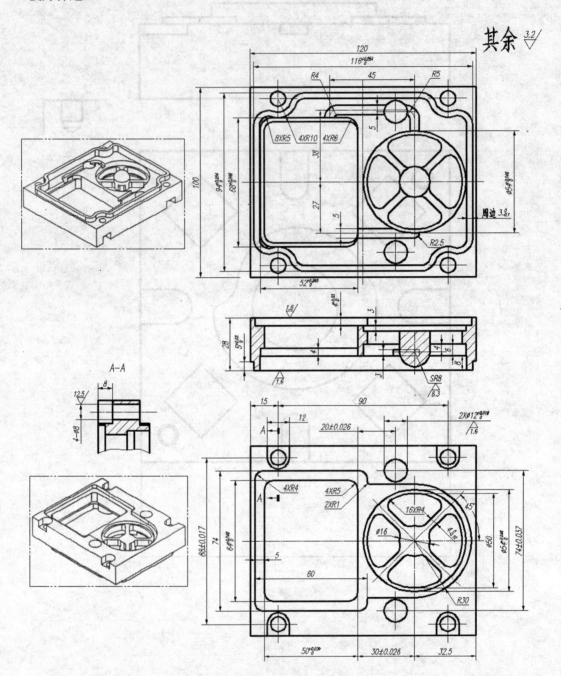

附录二　常用数控系统指令格式

1. FANUC 数控铣床和加工中心

G 功能代码

代码	分组	意义	格式
G00		快速进给、定位	G00 X-- Y-- Z--
G01		直线插补	G01 X-- Y-- Z--
G02	01	圆弧插补 CW（顺时针）	XY 平面内的圆弧： $$G17 \begin{Bmatrix} G02 \\ G03 \end{Bmatrix} X----- Y----- \begin{Bmatrix} R----- \\ I----- J----- \end{Bmatrix}$$
G03		圆弧插补 CCW（逆时针）	ZX 平面的圆弧： $$G18 \begin{Bmatrix} G02 \\ G03 \end{Bmatrix} X---- Z---- \begin{Bmatrix} R----- \\ I---- K---- \end{Bmatrix}$$ YZ 平面的圆弧： $$G19 \begin{Bmatrix} G02 \\ G03 \end{Bmatrix} Y----- Z----- \begin{Bmatrix} R---- \\ J----- K---- \end{Bmatrix}$$
G04	00	暂停	G04 [P|X] 单位秒，增量状态单位毫秒，无参数状态表示停止
G15	17	取消极坐标指令	G15 取消极坐标方式
G16	17	极坐标指令	Gxx Gyy G16 开始极坐标指令 G00 IP_　极坐标指令 Gxx：极坐标指令的平面选择（G17，G18，G19） Gyy：G90 指定工件坐标系的零点为极坐标的原点，G91 指定当前位置作为极坐标的原点 IP：指定极坐标系选择平面的轴地址及其值 第 1 轴：极坐标半径 第 2 轴：极角
G17	02	XY 平面	G17 选择 XY 平面
G18	02	ZX 平面	G18 选择 XZ 平面
G19	02	YZ 平面	G19 选择 YZ 平面
G20	06	英制输入	
G21	06	米制输入	
G30	00	回归参考点	G30 X-- Y-- Z--
G31	00	由参考点回归	G31 X-- Y-- Z--
G40	07	刀具半径补偿取消	G40
G41	07	左半径补偿	$\begin{Bmatrix} G41 \\ G42 \end{Bmatrix}$ Dnn
G42	07	右半径补偿	
G43	08	刀具长度补偿+	$\begin{Bmatrix} G43 \\ G44 \end{Bmatrix}$ Hnn

续表

代码	分组	意义	格式
G44		刀具长度补偿	
G49		刀具长度补偿取消	G49
G50		取消缩放	G50　缩放取消
G51	11	比例缩放	G51 X_Y_Z_P_：缩放开始 X_Y_Z_：比例缩放中心坐标的绝对值指令 P_：缩放比例 G51 X_Y_Z_I_J_K_：缩放开始 X_Y_Z_：比例缩放中心坐标值的绝对值指令 I_J_K_：X、Y、Z 各轴对应的缩放比例
G52	00	设定局部坐标系	G52 IP_：设定局部坐标系 G52 IP0：取消局部坐标系 IP：局部坐标系原点
G53		机械坐标系选择	G53 X-- Y-- Z--
G54	14	选择工作坐标系 1	GXX
G55		选择工作坐标系 2	
G56		选择工作坐标系 3	
G57		选择工作坐标系 4	
G58		选择工作坐标系 5	
G59		选择工作坐标系 6	
G68	16	坐标系旋转	(G17/G18/G19) G68 a_ b_R_：坐标系开始旋转 G17/G18/G19：平面选择，在其上包含旋转的形状 a_ b_：与指令坐标平面相应的 X，Y，Z 中的两个轴的绝对指令，在 G68 后面指定旋转中心 R_：角度位移，正值表示逆时针旋转。根据指令的 G 代码（G90 或 G91）确定绝对值或增量值 最小输入增量单位：0.001deg 有效数据范围：-360.000 到 360.000
G69		取消坐标轴旋转	G69：坐标轴旋转取消指令
G73	09	深孔钻削固定循环	G73 X-- Y-- Z-- R-- Q-- F--
G74		左螺纹攻螺纹固定循环	G74 X-- Y-- Z-- R-- P-- F--
G76		精镗固定循环	G76 X-- Y-- Z-- R-- Q-- F--
G90	03	绝对方式指定	GXX
G91		相对方式指定	
G92	00	工作坐标系的变更	G92 X-- Y-- Z--
G98	10	返回固定循环初始点	GXX
G99		返回固定循环 R 点	
G80	09	固定循环取消	
G81		钻削固定循环、钻中心孔	G81 X-- Y-- Z-- R-- F--

代码	分组	意义	格式
G82		钻削固定循环、锪孔	G82 X-- Y-- Z -- R-- P-- F--
G83		深孔钻削固定循环	G83 X-- Y-- Z -- R-- Q-- F--
G84		攻螺纹固定循环	G84 X-- Y-- Z-- R-- F--
G85	09	镗削固定循环	G85 X-- Y-- Z-- R-- F--
G86		退刀形镗削固定循环	G86 X-- Y-- Z-- R-- P-- F--
G88		镗削固定循环	G88 X-- Y-- Z-- R-- P-- F--
G89		镗削固定循环	G89 X-- Y-- Z -- R-- P-- F--

M 功能代码

代码	意义	格式
M00	停止程序运行	
M01	选择性停止	
M02	结束程序运行	
M03	主轴正向转动开始	
M04	主轴反向转动开始	
M05	主轴停止转动	
M06	换刀指令	M06 T--
M08	冷却液开启	
M09	冷却液关闭	
M32	结束程序运行且返回程序开头	
M98	子程序调用	M98 Pxxnnnn 调用程序号为 Onnnn 的程序 xx 次
M99	子程序结束	子程序格式: Onnnn … … … M99

2. PA 系统数控铣床和加工中心

G 功能代码

代码	意义	格式
G00	快速定位	G00 X-- Y-- Z--
G01	直线运动	G01 X-- Y-- Z--
G02	顺时针圆弧插补（圆心+终点）	XY 平面的圆弧:
G03	逆时针圆弧插补（圆心+终点）	$G17 \begin{Bmatrix} G02 \\ G03 \end{Bmatrix}$ X---- Y---- I---- J----

代码	意义	格式
		ZX 平面的圆弧： $G18\begin{Bmatrix}G02\\G03\end{Bmatrix}X---- \quad Z---- \quad I---- \quad K----$ YZ 平面的圆弧： $G19\begin{Bmatrix}G02\\G03\end{Bmatrix}Y---- \quad Z---- \quad J---- \quad K----$
G04	暂停	G04 F--　　F：整数以毫秒为单位的暂停时间
G12	顺时针圆弧插补（半径+终点）	XY 平面的圆弧： $G17\begin{Bmatrix}G12\\G13\end{Bmatrix}X---- \quad Y---- \quad k----$ ZX 平面的圆弧： $G18\begin{Bmatrix}G12\\G13\end{Bmatrix}X---- \quad Z---- \quad k----$
G13	逆时针圆弧插补（半径+终点）	YZ 平面的圆弧： $G19\begin{Bmatrix}G12\\G13\end{Bmatrix}Y---- \quad Z---- \quad k----$ "K" 表示圆弧半径，当圆弧≤180°，K＞0，否则，K＜0
G17	选择 XY 平面	
G18	选择 XZ 平面	Gxx
G19	选择 YZ 平面	
G40	刀具半径补偿取消	G40
G41	左侧刀具半径补偿-2	$\begin{Bmatrix}G41\\G42\end{Bmatrix}$
G42	右侧刀具半径补偿-2	
G43	左侧刀具半径补偿	$\begin{Bmatrix}G43\\G44\end{Bmatrix}$
G44	右侧刀具半径补偿	
G53	选择机械坐标系（模态）	
G54	选择工作坐标系 1	
G55	选择工作坐标系 2	
G56	选择工作坐标系 3	Gxx
G57	选择工作坐标系 4	
G58	选择工作坐标系 5	
G59	选择工作坐标系 6	
G70	采用英制单位	
G71	采用公制单位	
G74	一轴或多轴直接复位到原点	G74 X-- Y-- Z--　　X、Y、Z 后为大于等于 1 的数
G90	绝对量编程	Gxx
G91	增量编程	
G92	设置工作坐标系	G92 X-- Y-- Z--

M 功能代码

代码	格式	意义
M00		停止程序运行
M01		停止程序运行
M02	$\left\{\begin{array}{l} \text{M02} \\ \text{M30} \end{array}\right\}$	结束程序运行
M30		结束程序运行且返回程序开头
M03		主轴正向转动开始
M04		主轴反向转动开始
M05		主轴停止转动

PA 系统支持的语句如下：

以下语句构成的程序行的顺序号前加上"*"号，如*N100。

（1）赋值语句：变量=表达式，例：X=P2，　P3=P4+56000

（2）条件语句：IF 表达式 1　（>|=|<）表达式 2（GO 表达式 3|DO 赋值语句）

（3）GO 语句：GO 表达式

变量：可以为各类变量，如：U，X，D01，H04，P5 等。

表达式：可以为 P 变量与算术运算符的组合。

P 变量：如 P2，P6 等。

算术运算符：加，减，乘，除（+, -, *, /）算术运算只能出现在顺序号 N 前带""的语句中。

注：不支持递归变量，例：DP2，PP5 等

子程序调用：

N100　　Q100 L5　　调用文件名为 P100 的程序 5 次

3.　SIEMENS 810D 数控系统指令格式

G 功能代码

分类	分组	代码	意义	格式	备注
插补	1	G0	快速插补（笛卡尔坐标）	G0 X… Y… Z…	
		G1	直线插补（笛卡尔坐标）	G1 X… Y… Z…	
		G2	顺时针圆弧（笛卡尔坐标，终点+圆心）	G2 X… Y… Z… I… J… K…	XYZ 确定终点，IJK 确定圆心
			顺时圆弧（笛卡尔坐标，终点+半径）	G2 X… Y… Z… CR=…	XYZ 确定终点，CR 为半径（大于 0 为优弧，小于 0 为劣弧）
			顺时圆弧（笛卡尔坐标，圆心+圆心角）	G2 AR=… I… J… K…	AR 确定圆心角（0～360°），IJK 确定圆心
			顺时圆弧（笛卡尔坐标，终点+圆心角）	G2 AR=… X… Y… Z…	AR 确定圆心角（0～360°），XYZ 确定终点
		G3	逆时针圆弧（笛卡尔坐标，终点+圆心）	G3 X… Y… Z… I… J… K…	
			逆时针圆弧（笛卡尔坐标，终点+半径）	G3 X… Y… Z… CR=…	

续表

分类	分组	代码	意义	格式	备注
插补	1	G3	逆时针圆弧（笛卡尔坐标，圆心+圆心角）	G3 AR=… I… J… K…	
			逆时针圆弧（笛卡尔坐标，终点+圆心角）	G3 AR=… X… Y… Z…	
		CIP	圆弧插补（笛卡尔坐标，三点圆弧）	CIP X… Y… Z… I1=… J1=… K1=…	XYZ 确定终点，I1，J1，K1 确定中间点
					是否为增量编程对终点和中间点均有效
平面	6	G17*			
		G18	指定 ZX 平面	G18	
		G19	指定 YZ 平面	G19	
增量设置	14	G90*	绝对量编程	G90	
		G91	增量编程	G91	
单位	13	G70	英制单位输入	G70	
		G71*	公制单位输入	G71	
工件坐标	9	G53	取消工件坐标设定	G53	
	8	G54	工件坐标 1	G54	
		G55	工件坐标 2	G55	
		G56	工件坐标 3	G56	
		G57	工件坐标 4	G57	
复位	2	G74	回参考点（原点）	G74 X1=… Y1=…	回原点的速度为机床固定值，指定回参考点的轴不能有 Transformation，若有，需用 TRAFOOF 取消
刀具补偿	7	G40*	取消刀补	G40	在指令 G40，G41 和 G42 的一行中必须同时有 G0 或 G1 指令（直线），且要指定当前平面内的一个轴。如在 XY 平面下，N20 G1 G41 Y50
		G41	左侧刀补	G41	
		G42	右侧刀补	G42	
	17	NORM	设置刀补开始和结束为正常方法		
		KONT	设置刀补开始和结束为其他方法		接近或离开刀补路径的点为 G451 或 G450 计算的交点
	18	G450	刀补时拐角走圆角	G450 DISC=…	DISC 的值为 0～100，为 0 时表示最大的圆弧，100 时与 G451 相同
		G451	刀补时到交点时再拐角		

M 功能代码

代码	意义	格式	功能
M0	编程停止		
M1	选择性暂停		
M2	主程序结束返回程序开头		

续表

代码	意义	格式	功能
M3	主轴正转		
M4	主轴反转		
M5	主轴停转		
M6	换刀（缺省设置）		选择第 x 号刀，x 范围为 0～32000，T0 取消刀具
		M6	T 生效且对应补偿 D 生效
M17	子程序结束		若单独执行子程序，则此功能与 M2 和 M30 相同
M30	主程序结束且返回		

其他指令代码

指令	意义	格式
IF	有条件程序跳跃	LABEL: IF expression GOTOB LABEL 或 IF expression GOTOF LABEL LABEL: IF　　　　条件关键字 GOTOB　　带向后跳跃目的的跳跃指令（朝程序开头） GOTOF　　带向前跳跃目的的跳跃指令（朝程序结尾） LABEL　　目的（程序内标号） LABEL:　　跳跃目的；冒号后面的跳跃目的名 ==　　　　等于 <>　不等于；>　大于；<　小于 >=　大于或等于；<=　小于或等于
COS	余弦	Sin(x)
SIN	正弦	Cos(x)
SQRT	开方	SQRT(x)
GOTOB	无条件程序跳跃	标号: GOTOB LABEL 参数意义同 IF
GOTOF	无条件程序跳跃	GOTOF LABEL 标号: 参数意义同 IF
MCALL	调用子程序	
CYCLE81	中心钻孔固定循环	CYCLE81（RTP，RFP，SDIS，DP，DPR） RTP：回退平面（绝对坐标） RFP：参考平面（绝对坐标） SDIS：安全距离 DP：最终孔深（绝对坐标） DPR：相对于参考平面的最终钻孔深度

指令	意义	格式
CYCLE81	中心钻孔固定循环	例： N10 G0 G90 F200 S300 N20 D3 T3 Z110 N30 X40 Y120 N40 CYCLE81（110，100，2，35） N50 Y30 N60 CYCLE81（110，102，，35） N70 G0 G90 F180 S300 M03 N80 X90 N90 CYCLE81（110，100，2，，65） N100 M30
CYCLE82	平底扩孔固定循环	CYCLE82（RTP，RFP，SDIS，DP，DPR，DTB） DTB：在最终深度处停留的时间 其余参数的意义同 CYCLE81 例： N10 G0 G90 F200 S300 M3 N20 D3 T3 Z110 N30 X24 Y15 N40 CYCLE82（110，102，4，75，，2） N50 M30
CYCLE83	深孔钻削固定循环	CYCLE83（RTP，RFP，SDIS，DP，DPR，FDEP，FDPR，DAM，DTB，DTS，FRF，VARI，_AXN，_MDEP，_VRT，_DTD，_DIS1） FDEP：首钻深度（绝对坐标） FDPR：首钻相对于参考平面的深度 DAM：递减量（>0，按参数值递减；<0，递减速率；=0，不做递减） DTB：在此深度停留的时间（>0，停留秒数；<0，停留转数） DTS：在起点和排屑时的停留时间（>0，停留秒数；<0，停留转数） FRF：首钻进给率 VARI：加工方式（0，切削；1，排屑） _AXN：工具坐标轴（1 表示第一坐标轴；2 表示第二坐标轴；其他的表示第三坐标轴） _MDEP：最小钻孔深度 _VRT：可变的切削回退距离（>0，回退距离；0 表示设置为 1mm） _DTD：在最终深度处的停留时间（>0，停留秒数；<0，停留转数；=0，停留时间同 DTB） _DIS1：可编程的重新插入孔中的极限距离 其余参数的意义同 CYCLE81 例： N10 G0 G17 G90 F50 S500 M4 N20 D1 T42 Z155 N30 X80 Y120 N40 CYCLE83（155，150，1，5，，100，，20，，，1，0，，，0.8） N50 X80 Y60

指令	意义	格式
CYCLE83	深孔钻削固定循环	N60 CYCLE83（155，150，1，，145，，50，-0.6，1，，1，0，，10，，，0.4） N70 M30
CYCLE84	攻螺纹固定循环	CYCLE84（RTP，RFP，SDIS，DP，DPR，DTB，SDAC，MPIT，PIT，POSS，SST，SST1） SDAC：循环结束后的旋转方向（可取值为3，4，5） MPIT：螺纹尺寸的斜度 PIT：斜度值 POSS：循环结束时，主轴所在位置 SST：攻螺纹速度 SST1：回退速度 其余参数的意义同 CYCLE81 例： N10 G0 G90 T4 D4 N20 G17 X30 Y35 Z40 N30 CYCLE84（40，36，2，，30，，3，5，，90，200，500） N40 M30
CYCLE85	钻孔循环 1	CYCLE85（RTP，RFP，SDIS，DP，DPR，DTB，FFR，RFF） FFR：进给速率 RFF：回退速率 其余参数的意义同 CYCLE81 例： N10 FFR=300 RFF=1.5*FFR S500 M4 N20 G18 Z70 X50 Y105 N30 CYCLE85（105，102，2，25，，300，450） N40 M30
CYCLR86	钻孔循环 2	CYCLE86（RTP，RFP，SDIS，DP，DPR，DTB，SDIR，RPA，RPO，RPAP，POSS） SDIR：旋转方向（可取值为3，4） RPA：在活动平面上横坐标的回退方式 RPO：在活动平面上纵坐标的回退方式 RPAP：在活动平面上钻孔的轴的回退方式 POSS：循环停止时主轴的位置 其余参数的意义同 CYCLE81 例： N10 G0 G17 G90 F200 S300 N20 D3 T3 Z112 N30 X70 Y50 N40 CYCLE86（112，110，，77，，2，3，-1，-1，+1，45） N50 M30

指令	意义	格式
CYCLE87	钻孔循环 3	CYCLE87（RTP，RFP，SDIS，DP，DPR，SDIR） 参数意义同 CYCLE86 例： N10 G0 G17 G90 F200 S300 N20 D3 T3 Z113 N30 X70 Y50 N40 CYCLE87（113，110，2，77，，3） N50 M30
CYCLE88	钻孔循环 4	CYCLE88（RTP，RFP，SDIS，DP，DPR，DTB，SDIR） DTB：在最终孔深处的停留时间 SDIR：旋转方向（可取值为 3，4） 其余参数的意义同 CYCLE81 例： N10 G17 G90 F100 S450 N20 G0 X80 Y90 Z105 N30 CYCLE88（105，102，3，，72，3，4） N40 M30
CYCLE89	钻孔循环 5	CYCLE89（RTP，RFP，SDIS，DP，DPR，DTB） DTB：在最终孔深处的停留时间 其余参数的意义同 CYCLE81 例： N10 G90 G17 F100 S450 M4 N20 G0 X80 Y90 Z107 N30 CYCLE89（107，102，5，72，，3） N40 M30
CYCLE93	切槽循环	CYCLE93（SPD，SPL，WIDG，DIAG，STA1，ANG1，ANG2，RCO1，RCO2，RCI1，RCI2，FAL1，FAL2，IDEP，DTB，VARI） 例： N10 G0 G90 Z65 X50 T1 D1 S400 M3 N20 G95 F0.2 N30 CYCLE93（35，60，30，25，5，10，20，0，0，-2，-2，1，1，10，1，5） N40 G0 G90 X50 Z65 N50 M02
CYCLE94	凹凸切削循环	CYCLE94（SPD，SPL，FORM） 例： N10 T25 D3 S300 M3 G95 F0.3 N20 G0 G90 Z100 X50 N30 CYCLE94（20，60，"E"） N40 G90 G0 Z100 X50 N50 M02

指令	意义	格式
CYCLE95	毛坯切削循环	CYCLE95（NPP，MID，FALZ，FALX，FAL，FF1，FF2，FF3，VARI，DT，DAM，_VRT） 例： N110 G18 G90 G96 F0.8 N120 S500 M3 N130 T11 D1 N140 G0 X70 N150 Z60 N160 CYCLE95（"contour"，2.5，0.8，.8，0，0.8，0.75，0.6，1） N170 M02 PROC contour N10 G1 X10 Z100 F0.6 N20 Z90 N30 Z=AC（70）ANG=150 N40 Z=AC（50）ANG=135 N50 Z=AC（50）X=AC（50） N60 M17
CYCLE96	标准螺纹切削	CYCLE96（DIATH，SPL，FORM） 例： N10 D3 T1 S300 M3 G95 F0.3 N20 G0 G90 Z100 X50 N30 CYCLE96（40，60，"A"） N40 G90 G0 X30 Z100 N50 M02
CYCLE97	螺纹切削	CYCLE97（PIT，MPIT，SPL，FPL，DM1，DM2，APP，ROP，TDEP，FAL，IANG，NSP，NRC，NID，VARI，NUMT） 例： N10 G0 G90 Z100 X60 N20 G95 D1 T1 S1000 M4 N30 CYCLE97（，42，0，-35，42，42，10，3，1.23，0，30，0，5，2，3，1） N40 G90 G0 X100 Z100 N50 M30
CYCLE98	螺纹链切削	CYCLE98（PO1，DM1，PO2，DM2，PO3，DM3，PO4，DM4，APP，ROP，TDEP，FAL，IANG，NSP，NRC，NID，PP1，PP2，PP3，VARI，NUMT） 例： N10 G95 T5 D1 S1000 M4 N20 G0 X40 Z10 N30 CYCLE98（0，30，-30，30，-60，36，-80，50，10，10，0.92，，，，5，1，1.5，2，2，3，1） N40 G0 X55 N50 Z10 N60 X40 N70 M02

4. 大森数控系统指令格式

G 功能代码

代码	分组	意义	格式
G00		快速进给、定位	G00 X-- Y-- Z--
G01	01	直线插补	G01 X-- Y--Z--F--
G02		圆弧插补 CW（顺时针）	G02（G03）X--Y--I--J--F--;
G03		圆弧插补 CCW（逆时针）	G02（G03）X--Y--R--F--;
G04	00	暂停	G04 X_; 或 G04 P_; 单位: 秒
G17		XY 平面	G17 选择 XY 平面
G18	02	ZX 平面	G18 选择 XZ 平面
G19		YZ 平面	G19 选择 YZ 平面
G20	06	英制指令	
G21		公制指令	
G28	00	回归参考点	G28 X-- Y-- Z--
G29		由参考点回归	G29 X-- Y-- Z--
G40		刀具半径补偿取消	G40
G41	07	左半径补偿	$\left.\begin{matrix} G41 \\ G42 \end{matrix}\right\}$ Dnn
G42		右半径补偿	
G43		刀具长度补偿+	$\left.\begin{matrix} G43 \\ G44 \end{matrix}\right\}$ Hnn
G44	08	刀具长度补偿—	
G49		刀具长度补偿取消	G49
G52	00	局部坐标系设定	G54（G54～G59）G52 X_Y_Z_; 设定局部坐标系 G52 X0 Y0 Z0; 取消局部坐标系
G54		选择工作坐标系 1	
G55		选择工作坐标系 2	
G56	14	选择工作坐标系 3	GXX
G57		选择工作坐标系 4	
G58		选择工作坐标系 5	
G59		选择工作坐标系 6	
G8△ （G7△）		标准固定循环	G8△（G7△）X_Y_Z_R_Q_P_F_L_; G8△（G7△）: 孔加工模式 X_Y_: 钻孔点位置资料 Z_: 孔底部位置 R_: R 点位置 Q_: G73、G83 中, 每次的切入量 　　 G76、G87 中, 位移量指定 P_: 在孔底部位置, 暂停的时间指定 F_: 切削进给速度 L_: 固定循环重复次数

续表

代码	分组	意义	格式
G73	09	步进循环	G73 X-- Y-- Z-- Q-- R-- F-- P-- ，I--，J--； P：暂停指定
G74		反向攻牙	G74 X- Y- Z- R- P-R（or S1，S2）--，I--，J--； P：暂停指定
G76		精镗孔	G76 X-- Y-- Z-- R-- I-- J-- F--；
G80		固定循环取消	G80；固定循环取消
G81		钻孔	G81 X-- Y-- Z-- R-- F--，I--，J--；
G82		钻孔、计数式镗孔	G82 X-- Y-- Z-- R-- F-- P-，I--，J--； P：暂停指定
G83		深孔钻循环	G83 X-- Y-- Z-- R--Q-- F--，I--，J--； Q：每次切削量的指定，通常以增量值来指定
G84		攻牙循环	G84 X-- Y-- Z-- R--F--P--R（or S1，S2）--，I--，J--； P：暂停指定
G85		镗孔	G85 X-- Y-- Z-- R--F--，I--，J--；
G86		镗孔	G86 X-- Y-- Z-- R--F--P--；
G87		反向镗孔	G87 X-- Y-- Z-- R-- I--J--F--；
G88		镗孔	G88 X-- Y-- Z-- R--F--P--；
G89		镗孔	G89 X-- Y-- Z-- R--F--P--；
G90	03	绝对值指定	GXX
G91		增量值指定	
G92	00	主轴钳制速度设定	G92 Ss Qq ； Ss：最高钳制转速 Qq：最低钳制转速
G98	10	起始点基准复位	GXX
G99		R 点基准复位	

M 功能代码

代码	意义	格式	备注
M00	程序停止	M00	用 M00 停止程序的执行；按"启动"键加工继续执行
M01	选择性停止	M01	与 M00 一样，但仅在出现专门信号后才生效
M02	程序结束	M02	在程序的最后一段被写入
M03	主轴正转	M03	
M04	主轴反转	M04	
M05	主轴停转	M05	
M06	换刀指令（铣床）	M06 T_	在机床数据有效时用 M6 更换刀具，其他情况下用 T 指令进行
M30	程序结束且返回程序开头	M30	在程序的最后一段被写入
M98	调用子程序	M98 P_ H_ L_ ；	P_：指定子程序的程序编号 H_：指定子程序中，开始执行的顺序编号 L_：子程序重复执行次数

代码	意义	格式	备注
M99	子程序结束	M99 P_L_;	P_：指定子程序结束后，返回调用子程序的顺序编号 L_：重复次数变更后的次数

5. 三菱数控系统指令格式

G 功能代码

代码	分组	意义	格式
G00	01	快速进给、定位	G00 X-- Y-- Z--
G01		直线插补	G01 X-- Y-- Z--F--
G02		圆弧插补 CW（顺时针）	G02（G03）X--Y--I--J--F--;
G03		圆弧插补 CCW（逆时针）	G02（G03）X--Y--R--F--;
G04	00	暂停	G04 X_; 或 G04 P_; 单位：秒
G15		取消极坐标指令	G15 取消极坐标方式
G16	17	极坐标指令	G1x; 极坐标指令的平面选择（G17，G18，G19） G16; 开始极坐标指令 G9x G01 X_Y_ 极坐标指令 G90 指定工件坐标系的零点为极坐标的原点 G91 指定当前位置作为极坐标的原点
G17	02	XY 平面	G17 选择 XY 平面
G18		ZX 平面	G18 选择 XZ 平面
G19		YZ 平面	G19 选择 YZ 平面
G20	06	英制指令	
G21		公制指令	
G28	00	回归参考点	G28 X-- Y-- Z--
G29		由参考点回归	G29 X-- Y-- Z--
G40	07	刀具半径补偿取消	G40
G41		左半径补偿	{G41 G42} Dnn
G42		右半径补偿	
G43	08	刀具长度补偿+	{G43 G44} Hnn
G44		刀具长度补偿-	
G49		刀具长度补偿取消	G49
G50	11	比例缩放取消	G50; 缩放取消
G51		比例缩放	G51 X_Y_Z_P_; 缩放开始 X_Y_Z_：比例缩放中心坐标 P_：比例缩放倍率
G52	00	局部坐标系设定	G54（G54～G59）G52 X_Y_Z_; 设定局部坐标系 G52 X0 Y0 Z0; 取消局部坐标系
G54	14	选择工作坐标系 1	GXX
G55		选择工作坐标系 2	

代码	分组	意义	格式
G56		选择工作坐标系 3	
G57		选择工作坐标系 4	
G58		选择工作坐标系 5	
G59		选择工作坐标系 6	
G68	16	坐标回转	Gn G68 α_ β_R_：坐标系开始旋转 Gn：平面选择码 α_ β_：回转中心的坐标值 R_：回转角度 最小输入增量单位：0.001deg 有效数据范围：-360.000 到 360.000
G69		坐标回转取消	G69：坐标轴旋转取消指令
G8△ （G7△）		标准固定循环	G8△（G7△）X_Y_Z_R_Q_P_F_L_S_，S_，I_，J_； G8△（G7△）X_Y_Z_R_Q_P_F_L_S_，R_，I_，J_； G8△（G7△）：孔加工模式 X_Y_Z_：孔位置资料 R_Q_P_F_：孔加工资料 L_：重复次数 S_：主轴旋转速度 ，S_，R_：同期切换或是复位时的主轴旋转速度 ，I_：位置定位轴定位宽度 ，J_：钻孔轴定位宽度
G73	09	步进循环	G73 X-- Y-- Z-- Q-- R-- F-- P-，I--，J--； P：暂停指定
G74		反向攻牙	G74 X-- Y-- Z-- R-- P--R（or S1，S2）--，I--，J--； P：暂停指定
G76		精镗孔	G76 X-- Y-- Z-- R-- I-- J-- F--；
G80		固定循环取消	G80；固定循环取消
G81		钻孔	G81 X-- Y-- Z-- R-- F--，I--，J--；
G82		钻孔、计数式搪孔	G82 X-- Y-- Z-- R-- F-- P-，I--，J--； P：暂停指定
G83		深孔钻循环	G83 X-- Y-- Z-- R--Q-- F--，I--，J--； Q：每次切削量的指定，通常以增量值来指定
G84		攻牙循环	G84 X-- Y-- Z-- R--F--P--R（or S1，S2）--，I--，J--； P：暂停指定
G85		镗孔	G85 X-- Y-- Z-- R--F--，I--，J--；
G86		镗孔	G86 X-- Y-- Z-- R--F--P--；
G87		反向镗孔	G87 X-- Y-- Z-- R-- I--J--F--；
G88		镗孔	G88 X-- Y-- Z-- R--F--P--；
G89		镗孔	G89 X-- Y-- Z-- R--F--P--；
G90	03	绝对值指定	GXX

续表

代码	分组	意义	格式
G91		增量值指定	
G92	00	主轴钳制速度设定	G92 Ss Qq ； Ss：最高钳制转速 Qq：最低钳制转速
G98	10	起始点基准复位	GXX
G99		R 点基准复位	

M 功能代码

代码	意义	格式	备注
M00	程序停止	M00	用 M00 停止程序的执行；按"启动"键加工继续执行
M01	选择性停止	M01	与 M00 一样，但仅在出现专门信号后才生效
M02	程序结束	M02	在程序的最后一段被写入
M03	主轴顺时针旋转	M03	
M04	主轴逆时针旋转	M04	
M05	主轴停转	M05	
M06	换刀指令（铣床）	M06 T_	在机床数据有效时用 M6 更换刀具，其他情况下用 T 指令进行
M30	程序结束且返回程序开头	M30	在程序的最后一段被写入
M98	调用子程序	M98 P_ H_ L_ ；	P_：指定子程序的程序编号 H_：指定子程序中，开始执行的顺序编号 L_：子程序重复执行次数
M99	子程序结束	M99 P_ ；	P_：指定子程序结束后，返回调用子程序的顺序编号

6. 广州数控 GSK990M 系统指令格式

G 功能代码

代码	组别	功能	格式
G00		定位（快速移动）	G00 X-- Y-- Z--
G01		直线插补（切削进给）	G01 X-- Y-- Z--
G02	01	圆弧插补 CW（顺时针）	XY 平面内的圆弧： $G17 \begin{Bmatrix} G02 \\ G03 \end{Bmatrix} X----- Y----- \begin{Bmatrix} R----- \\ I----- J----- \end{Bmatrix}$ ZX 平面的圆弧： $G18 \begin{Bmatrix} G02 \\ G03 \end{Bmatrix} X----- Z----- \begin{Bmatrix} R----- \\ I----- K----- \end{Bmatrix}$ YZ 平面的圆弧： $G19 \begin{Bmatrix} G02 \\ G03 \end{Bmatrix} Y----- Z----- \begin{Bmatrix} R----- \\ J----- K----- \end{Bmatrix}$
G03		圆弧插补 CCW（逆时针）	
G04	00	暂停，准停	G04 [P|X] 单位秒，增量状态单位毫秒，无参数状态表示停止

代码	组别	功能	格式
G17	02	XY 平面选择	G17 选择 XY 平面
G18		ZX 平面选择	G18 选择 XZ 平面
G19		YZ 平面选择	G19 选择 YZ 平面
G20	06	英制数据输入	
G21		米制数据输入	
G28	00	返回参考点	G28 X-- Y-- Z--
G29		从参考点返回	G29 X-- Y-- Z--
G40	07	刀具半径补偿取消	G40
G41		左侧刀具半径补偿	$\left\{ \begin{matrix} G41 \\ G42 \end{matrix} \right\}$ Dnn
G42		右侧刀具半径补偿	
G43	08	正方向刀具长度偏移	$\left\{ \begin{matrix} G43 \\ G44 \end{matrix} \right\}$ Hnn
G44		负方向刀具长度偏移	
G49		刀具长度补偿取消	G49
G54	05	选择工作坐标系 1	GXX
G55		选择工作坐标系 2	
G56		选择工作坐标系 3	
G57		选择工作坐标系 4	
G58		选择工作坐标系 5	
G59		选择工作坐标系 6	
G73	09	深孔钻削固定循环	G73 X-- Y-- Z-- R-- Q-- F--
G74		左螺纹攻螺纹固定循环	G74 X-- Y-- Z-- R-- P-- F--
G76		精镗固定循环	G76 X-- Y-- Z-- R-- Q-- F--
G80		固定循环取消	
G81		钻孔循环（点钻循环）	G81 X-- Y-- Z-- R-- F--
G82		钻孔循环（镗阶梯孔循环）	G82 X-- Y-- Z -- R-- P-- F--
G83		深孔钻削固定循环	G83 X-- Y-- Z -- R-- Q-- F--
G84		攻丝循环	G84 X-- Y-- Z-- R-- F--
G85		镗孔循环	G85 X-- Y-- Z-- R-- F--
G86		钻孔循环	G86 X-- Y-- Z -- R-- P-- F--
G88		镗孔循环	G88 X-- Y-- Z -- R-- P-- F--
G89		镗孔循环	G89 X-- Y-- Z -- R-- P-- F--
G90	03	绝对方式编程	GXX
G91		相对方式编程	
G92	00	坐标系设定	G92 X-- Y-- Z--
G98	10	在固定循环中返回初始平面	GXX
G99		返回到 R 点（在固定循环中）	

7. 华中数控系统指令格式

G 功能代码

代码	分组	意义	格式
G00		快速定位	G00 X-----Y-----Z-----A---- X，Y，Z，A：在 G90 时为终点在工件坐标系中的坐标；在 G91 时为终点相对于起点的位移量
G01		直线插补	G01 X-----Y-----Z-----A-----F----- X，Y，Z，A：线性进给终点 F：合成进给速度
G02		顺圆插补	XY 平面内的圆弧： $G17\begin{Bmatrix}G02\\G03\end{Bmatrix}X-----Y-----\begin{Bmatrix}R-----\\I-----J------\end{Bmatrix}$ ZX 平面的圆弧： $G18\begin{Bmatrix}G02\\G03\end{Bmatrix}X-----Z-----\begin{Bmatrix}R-----\\I-----K------\end{Bmatrix}$ YZ 平面的圆弧： $G19\begin{Bmatrix}G02\\G03\end{Bmatrix}Y-----Z-----\begin{Bmatrix}R-----\\J-----K------\end{Bmatrix}$ X，Y，Z：圆弧终点 I，J，K：圆心相对于圆弧起点的偏移量 R：圆弧半径，当圆弧圆心角小于 180°时 R 为正值，否则 R 为负值 F：被编程的两个轴的合成进给速度
G03	01	逆圆插补	
G02/ G03		螺旋线进给	G17 G02（G03）X----Y----R（I----J----）---Z----F----- G18 G02（G03）X----Z-----R（I--K----）---Y----F----- G19 G02（G03）Y----Z----R（J---K---）---X----F----- X，Y，Z：由 G17/G18/G19 平面选定的两个坐标为螺旋线投影圆弧的终点，第三个坐标是与选定平面相垂直的轴终点 其余参数的意义同圆弧进给
G04	00	暂停	G04 [P|X] 单位秒，增量状态单位为毫秒
G07	16	虚轴指定	G07 X-----Y-----Z----A----- X，Y，Z，A：被指定轴后跟数字 0，则该轴为虚轴；后跟数字 1，则该轴为实轴
G09	00	准停校验	一个包括 G90 的程序段在继续执行下个程序段前，准确停止在本程序段的终点。用于加工尖锐的棱角
G17		XY 平面	G17 选择 XY 平面
G18	02	ZX 平面	G18 选择 XZ 平面
G19		YZ 平面	G19 选择 YZ 平面
G20		英寸输入	
G21	06	毫米输入	
G22		脉冲当量	
G24	03	镜像开	G24 X-----Y-----Z-----A----- X，Y，Z，A：镜像位置

代码	分组	意义	格式
G25		镜像关	指令格式和参数含义同上
G28	00	回归参考点	G28 X-----Y-----Z-----A----- X，Y，Z，A：回参考点时经过的中间点
G29		由参考点回归	G29 X-----Y-----Z-----A----- X，Y，Z，A：返回的定位终点
G40		刀具半径补偿取消	G17（G18/G19）G40（G41/G42）G00（G01）X---Y---Z---D--- X，Y，Z：G01/G02 的参数，即刀补建立或取消的终点 D：G41/G42 的参数，即刀补号码（D00～D99）代表刀补表中对应的半径补偿值
G41	09	左半径补偿	
G42		右半径补偿	
G43		刀具长度正向补偿	G17（G18/G19）G43（G44/G49）G00（G01）X---Y---Z---H--- X，Y，Z：G01/G02 的参数，即刀补建立或取消的终点 H：G43/G44 的参数，即刀补号码（H00～H99）代表刀补表中对应的长度补偿值
G44	10	刀具长度负向补偿	
G49		刀具长度补偿取消	
G50		缩放关	G51 X-----Y-----Z-----P----- M98 P-----
G51	04	缩放开	G50 X，Y，Z：缩放中心的坐标值 P：缩放倍数
G52	00	局部坐标系设定	G52 X-----Y-----Z-----A----- X，Y，Z，A：局部坐标系原点在当前工件坐标系中的坐标值
G53		直接坐标系编程	机床坐标系编程
G54		选择工作坐标系 1	GXX
G55		选择工作坐标系 2	
G56		选择工作坐标系 3	
G57	12	选择工作坐标系 4	
G58		选择工作坐标系 5	
G59		选择工作坐标系 6	
G60	00	单方向定位	G60 X-----Y-----Z-----A----- X，Y，Z，A：单向定位终点
G61		精确停止校验方式	在 G61 后的各程序段中编程轴都要准确停止在程序段的终点，然后再继续执行下一程序段
G64	12	连续方式	在 G64 后的各程序段中编程轴刚开始减速时（未达到所编程的终点）就开始执行下一程序段。但在 G00/G60/G09 程序中，以及不含运动指令的程序段中，进给速度仍减速到 0 才执行定位校验
G65	00	子程序调用	指令格式及参数意义与 G98 相同
G68	05	旋转变换	G17 G68 X-----Y-----P----- G18 G68 X-----Z-----P------ G19 G68 Y-----Z-----P------ M98 P-----

代码	分组	意义	格式
G69		旋转取消	G69 X，Y，Z：旋转中心的坐标值 P：旋转角度
G73	06	高速深孔加工循环	G98（G99）G73X----Y----Z----R----Q-----P----K----F---L----
G74		反攻丝循环	G98（G99）G74 X----Y----Z----R----P---- F----L----
G76	06	精镗循环	G98（G99）G76X----Y----Z----R----P----I----J----F----L---- G80
G80		固定循环取消	G98（G99）G81X----Y----Z----R----F----L----
G81		钻孔循环	G98（G99）G82X----Y----Z----R----P----F----L----
G82		带停顿的单孔循环	G98（G99）G83X----Y----Z----R----Q----P----K----F----L----
G83		深孔加工循环	G98（G99）G84X----Y----Z----R----P-----F----L---- G85 指令同上，但在孔底时主轴不反转
G84		攻丝循环	G86 指令同 G81，但在孔底时主轴停止，然后快速退回
G85		镗孔循环	G98（G99）G87X----Y----Z----R----P----I-----J----F----L----
G86		镗孔循环	G98（G99）G88X----Y----Z----R----P----F----L----
G87		反镗循环	G89 指令与 G86 相同，但在孔底有暂停 X，Y：加工起点到孔位的距离 R：初始点到 R 的距离 Z：R 点到孔底的距离
G88		镗孔循环	Q：每次进给深度（G73/G83）
G89		镗孔循环	I，J：刀具在轴反向位移增量（G76/G87） P：刀具在孔底的暂停时间 F：切削进给速度 L：固定循环次数
G90	13	绝对值编程	GXX
G91		增量值编程	
G92	00	工作坐标系设定	G92 X----Y----Z----A---- X，Y，Z，A：设定的工件坐标系原点到刀具起点的有向距离
G94	14	每分钟进给	
G95		每转进给	
G98	15	固定循环返回起始点	G98：返回初始平面
G99		固定循环返回到 R 点	G99：返回 R 点平面

参考文献

[1] 沈建峰，虞俊. 数控铣工加工中心操作工（高级）. 北京：机械工业出版社，2006.

[2] 吴明友. 数控铣床（FANUC）考工实训教程. 北京：化学工业出版社，2006.

[3] 《数控加工技师手册》编委会. 数控加工技师手册. 北京：机械工业出版社，2006.

[4] 金晶. 数控铣床加工工艺与编程操作. 北京：机械工业出版社，2007.

www.waterpub.com.cn

出版精品教材 ● 服务高校师生

以普通高等教育"十一五"国家级规划教材为龙头带动精品教材建设

21世纪 高职高专新概念教材

本套教材已出版百余种，发行量均达万册以上，深受广大师生和读者好评，近期根据作者自身教学体会以及各学校的使用建议，大部分教材推出第二版对全书内容进行了重新审核与更新，使其更能跟上计算机科学的发展、跟上高职高专教学改革的要求。

21世纪 高职高专案例教程系列

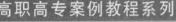

十五 普通高等教育"十一五"国家级规划教材

21世纪 高职高专计算机科学规划教材

21世纪 高职高专教学做一体化规划教材

21世纪 高职高专规划教材

21世纪 职业教育规划教材

十五 软件职业技术学院"十一五"规划教材

本套丛书特点：

● 以实际工程项目为引导来说明各知识点，使学生学为所用。
● 突出实习实训，重在培养学生的专业能力和实践能力。
● 内容衔接合理，采用项目驱动的编写方式，完全按项目运作所需的知识体系设置结构。
● 配套齐全，不仅包括教学用书，还包括实习实训材料、教学课件等，使用方便。

强调实践 面向就业 产学结合

中国水利水电出版社
www.waterpub.com.cn

软件工程、软件技术类

书号：5084-5932-5
定价：30.00元

书号：5084-5546-4
定价：22.00元

书号：5084-4007-1
定价：26.00元

书号：5084-5381-1
定价：25.00元

软件项目管理方法与实践

书号：5084-6093-2
定价：24.00元

数据库原理与技术类

书号：5084-5446-7
定价：32.00元

书号：5084-6362-9
定价：30.00元

书号：5084-5841-0
定价：36.00元

书号：5084-5346-6
定价：28.00元

书号：5084-5850-2
定价：26.00元

书号：5084-6571-5
定价：32.00元

书号：5084-6207-3
定价：35.00元

电脑美术与艺术设计类

书号：5084-6431-2
定价：56.00元（赠1DVD）

书号：5084-6432-9
定价：46.00元（赠1DVD）

书号：5084-6532-6
定价：65.00元（赠1DVD）

书号：5084-5960-8
定价：65.00元（赠1DVD）

书号：5084-6126-7
定价：69.00元（赠1DVD）